江津区

测土配方施肥技术研究与推广

——基于粮食作物的县域模式

蔡国学　李志琦　王　洋　刘继先　主编

中国农业出版社

北　京

编 委 会

FOREWORD 前言

2004年6月9日，湖北省枝江市安福镇桑树河村农民曾祥华向温家宝总理提出测土配方施肥的需求，农业部迅速派专家帮助他解决了这一问题，并提出"曾祥华今天的问题解决了，今后怎么办？曾祥华一个人的问题解决了，全国其他农民怎么办？"，从而拉开了我国新一轮测土配方施肥的大幕。

江津是农业生产大县，农村经济总量和粮食、肉类、水果产量在全国排名前列，花椒产量居全国三大花椒基地之首。1990年，江津农业总产值10.61亿元，粮食产量66.4万吨，分别居全国百强县第四十九位和第五十位。2004年，江津粮食产量68.06万吨，居全国百强县（市）第七十五位。良好的农业基础和当地政府对农业生产的重视符合测土配方施肥项目县的基本要求。2006年，江津区作为重庆市第二批项目区县正式开始实施测土配方施肥项目，实施年度从2006年3月至2009年3月。2009年后，江津区作为续建项目县继续开展测土配方施肥工作。2010年，江津区被纳入全国首批100个测土配方施肥整建制推进示范县。2015年后，根据农业部制定的《到2020年化肥零增长行动方案》，江津区开始实施基于测土配方施肥的化肥减量增效行动。从2006年到2017年，历时12年，江津区的测土配方施肥大致经历了3个阶段：一是测土、试验、耕地地力评价、配方制定、配方肥开发与示范、宣传推广阶段，时间从2006年到2009年；二是整建制推进示范推广阶段，时间从2010年到2015年；三是基于测土配方施肥的化肥减量增效阶段，时间是2015年后。3个阶段既相互联系，又各有侧重，推动江津区测土配方施肥的不断深化。本书从粮食作物入手，按照上述3个阶段的脉络，试图从中梳理、总结出一套县域模式，为测土配方施肥的深入推进和其他作物开展测土配方施肥提供技术指导和路径参考。同时，为未来江津区基于测土配方施肥的化肥减量增效行动提出框架思路。

参加本书编写的人员：第一章、第二章为蔡国学、彭清、刘继先；第三章为蔡国学、彭清、吴良泉；第四章由吴良泉完成初稿，蔡国学修改定稿；第五章为李树祥、王洋；第六、七、八章为蔡国学、李志琦、王洋、吴良泉；第九章为王洋、彭清；第十章由雷博博完成初稿，蔡国学修改定稿。刘继先、彭清、罗博、李四光等负责有关资料的收集整理，彭清和李四光负责图件制作，内封设计由尚诚制作。全书由蔡国学定稿。

　　西南大学资源环境学院石孝均教授、王正银教授、杨剑虹教授，重庆市农业技术推广总站曾卓华站长、陈松柏副站长和王帅科长等对本书的编写提出了很多建设性意见，在此一并表示衷心的感谢。同时，本书也与全区镇（街）基层农技人员的辛勤付出是分不开的，他们深入村社开展试验、示范、宣传、培训和推广，是他们把"论文"写在大地上，才有了本书的结晶，在此深深地向他们鞠一躬，表示真诚的感谢！

　　由于编者水平有限，错误在所难免，望读者批评指正。

编　者

2020 年 2 月

C O N T E N T S

目 录

第七章　主要粮食作物施肥指导意见

第八章　测土配方施肥专家咨询系统开发与应用

第九章　建立县域测土配方施肥技术长效机制

第十章　十年测土配方施肥农户调查评价与未来发展建议

第一章
江津区的基本情况

第一节　江津区地理位置及行政区划

一、地理位置

　　江津区位于重庆市西南部 50 余千米的长江上游两岸，三峡库区尾端，是重庆市水陆交通的重要门户，因地处长江要津而得名。江津区介于东经 105°49′16″~106°21′43″ 和北纬 28°31′37″~29°27′15″ 之间，东接巴南、綦江，西连永川，南与四川合江和贵州习水交界，北与璧山和九龙坡毗邻。江津全境北部宽阔（东西相距 80 余千米），形如翱翔展翼，临丰华盖槽山向北伸突，状似俯视雀头；南部狭长（南北长达 100 余千米），好似敏捷矫健的鸟尾，全区图廓酷似一只飞鸽（图 1-1）。

图 1-1　江津区区位图

二、行政区划

　　江津古为巴国地，为江州县辖；北周孝闵帝元年（公元 557 年），县治移至几江街道办事处。随开皇十八年（公元 598 年），以其地在江之津为名，改江阳为江津，隶属渝州（今重庆）。1983 年，江津成为重庆市辖县，1992 年经国务院批准撤县设市，属四川省管辖，1997 年重庆直辖后划归重庆市管辖，2006 年国务院批准撤市设区，是重庆市规划建设的 6 个区域中心城市之一。

　　江津区现辖 5 个街道办事处，25 个镇，174 个行政村，103 个社区居委会，953 个居民小组，1 422 个村民小组。区人民政府驻地在圣泉街道办事处（图 1-2）。

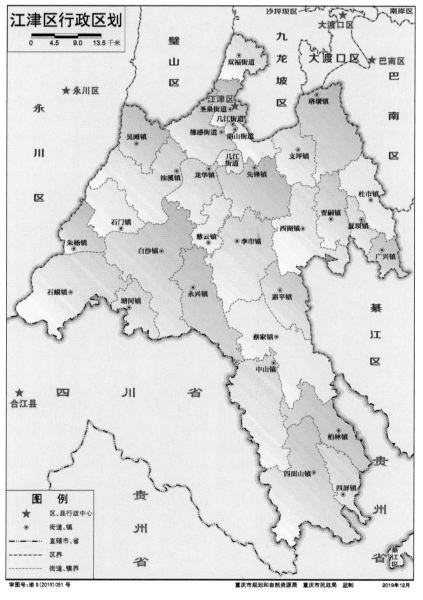

图 1-2　江津区行政区划图

第二节 江津区自然资源概况

一、地形地貌

江津处于川东平行岭谷区西南梢，南临贵州高原，地势南高北低，北部宽阔，南部狭长。北部和中部以丘陵为主，南部紧靠贵州以山区为主。全区丘陵面积占 65.1%，山地面积占 31.8%，河谷阶地平坝面积占 3.1%，最高海拔 1 709.4 米，最低海拔 179.2 米，相对高差 1 530 米（图 1-3）。

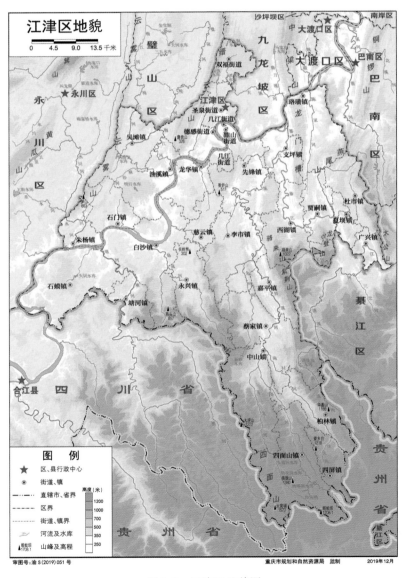

图 1-3　江津区地貌图

二、成土母质及其分布

全区主要有 9 种类型成土母质：①第四系全新纪新冲积母质；②第四系更新统老冲积母质；③侏罗系上统蓬莱镇组母质；④侏罗系中统遂宁组母质；⑤侏罗系中统沙溪庙组母质；⑥侏罗系中下统自流井组母质；⑦白垩系上统夹关组母质；⑧三叠系下统嘉陵江组母质；⑨三叠系上统须家河组母质。其中以沙溪庙组展露面积最大，为 1 218.56 千米²，占全区总幅员面积的 37.86%。以下依次为蓬莱镇组：展露面积 620.18 千米²，占 19.27%；夹关组：展露面积 443.86 千米²，占 13.79%；遂宁组：展露面积 398.85 千米²，占 12.39%；自流井组：展露 291.83 千米²，占 9.07%；须家河组：展露面积 110.21 千米²，占 3.42%；嘉陵江组：展露面积 61.15 千米²，占 1.90%；老冲积：展露面积 52.48 千米²，占 1.63%；新冲积：展露面积 21.6 千米²，占全区幅员的 0.67%（图 1-4）。

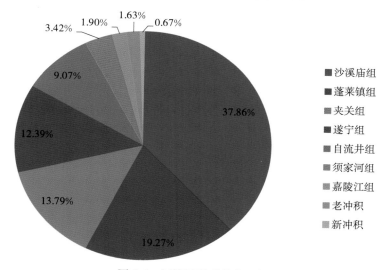

图 1-4　江津区母质分布比例

受区域地质构造的影响，江津区的成土母质分布有所不同。新冲积母质主要分布在长江沿岸的冲积坝和一级阶地上，或散布在笋溪河、綦河、塘河、璧南河、驴子溪和朱杨溪等境内河段沿岸，所成土壤主要是灰棕潮土或紫色潮土；老冲积母质主要分布在境内长江两岸的二、三级河谷阶地，如稿子长腰、河口滩盘、柳林坝、德感坝以及支坪等地，所成土壤是卵石黄泥；夹关组母质主要分布在区内南缘中、低山区，如头道河、柏林华盖山、清溪木皮槽、黄泥骆莱山、毗罗、鹅公和塘河滚子坪等地，所成土壤是红紫泥；蓬莱镇组母质主要分布在南部中、低山和坪状高丘顶部，所成土壤是棕紫泥；遂宁组母质主要呈长条带状或环状分布在南部中低山坡麓和坪状高丘四周坡地，所成土壤是红棕紫泥；沙溪庙组母质广布在江津区向斜谷地的中丘中谷和浅丘宽谷地带上，风化发育成灰棕紫泥，是江津区最多最主要的当家土壤；自流井组母质主要分布在区境内背斜低山两翼山麓的深中丘地带，呈狭长带状分布，在塘河太平杨柳狮子之间，也有少量出露，风化发育形成的土壤是暗紫泥；须家河组母质主要分布在区境内的观音峡、花果山、石龙峡和南温泉的燕尾山等背斜的无槽山顶或有槽的两侧山岭上，土壤是冷沙黄泥；嘉陵江组母质主要分布在江津区"三槽"（碑槽、华盖槽和龙门槽），土壤为矿子黄泥。

由表 1-1 可知，每个镇街皆有沙溪庙组成土母质分布，平坝丘陵区分布着 9 种类型成土母质，深丘区除更新统老冲积成土母质没有分布外，也分布着 8 种成土母质，而在南部山区多分布着侏罗系紫色泥页岩、砂岩母质，没有嘉陵江组、新冲积和老冲积母质分布。从江津区行政区划图来看，从北到南，成土母质种类逐渐减少，土壤类型也相应地逐渐减少。

表 1-1　江津区各农业分区成土母质分布情况

农业分区	镇街	土壤母质								
		沙溪庙组	蓬莱镇组	夹关组	遂宁组	自流井组	须家河组	嘉陵江组	老冲积	新冲积
平坝丘陵区	几江	√	√	—	√	—	—	—	√	√
	鼎山	√	√	—	√	—	—	—	√	√
	圣泉	√	√	—	√	—	—	—	√	√
	双福	√	—	—	—	√	√	√	√	—
	德感	√	√	—	√	—	—	—	√	√
	白沙	√	√	√	√	—	√	—	—	√
	慈云	√	√	—	√	√	√	—	—	—
	杜市	√	√	—	√	√	√	—	—	—
	广兴	√	√	—	√	√	√	—	—	—
	吴滩	√	√	—	√	√	—	—	—	—
	夏坝	√	—	—	√	√	√	—	—	√
	先锋	√	√	—	√	—	—	—	—	—
	永兴	√	√	√	√	√	—	—	—	—
	李市	√	√	—	√	√	√	—	—	—
	龙华	√	—	—	√	√	√	—	√	√
	珞璜	√	√	—	√	√	√	—	—	—
	石蟆	√	√	—	√	√	√	—	—	—
	石门	√	√	—	√	√	√	—	—	—
	油溪	√	√	—	√	√	√	—	—	—
	朱杨	√	—	—	√	√	√	—	—	—
	支坪	√	√	—	√	√	√	—	—	—
深丘区	蔡家	√	√	√	√	√	√	—	—	—
	西湖	√	√	√	√	√	√	√	—	—
	嘉平	√	√	—	√	√	√	√	—	—
	贾嗣	√	√	—	√	√	√	√	—	√

（续）

农业分区	镇街	土壤母质								
		沙溪庙组	蓬莱镇组	夹关组	遂宁组	自流井组	须家河组	嘉陵江组	老冲积	新冲积
南部山区	柏林	√	√	√	√	—	—	—	—	—
	塘河	√	√		√	√	√	—	—	—
	中山	√	√	√	√	—	—	—	—	—
	四面山	√	√	√	√	—	—	—	—	—
	四屏	√	√		√	—	—	—	—	—

注："√"表示有该母质分布，"—"表示没有该母质分布。

三、土壤类型及其分布

全区土壤分为冲积土、黄壤土、紫色土和水稻土四大土类（表 1-2）。冲积土类是河流冲积物发育而成的土壤类型，分布在境内各溪河两岸平坝和长江两岸的二、三级河谷阶地上，其面积分布较少，为 1.24 万亩[①]，占耕地面积的 0.72%；黄壤土类是我区亚热带湿润气候，常绿针阔叶混交林下的地带性土壤，主要分布在境内 5 条背斜低山和南缘中山地区，以及沿长江两岸的二、三级阶地上，在地形倒置的坪状高丘边缘的森林迹地上，也有零星分布，分布面积 6.08 万亩，占耕地面积的 3.54%；紫色土类是由各种紫色母岩风化发育而成的一种非地带性土壤类型，广布于丘陵地区和南部中低山坡麓，面积较大，为 52 万亩，占耕地面积的 30.3%；水稻土类是经过人工淹水种水稻水耕熟化而成的特殊土壤，是人类劳动的产物，遍布全区各地（海拔 200～1 300 米），尤其集中分布在境内广大的丘陵地区，且与其他土壤类型穿插交错呈复区分布，分布面积为 112.3 万亩，占耕地面积的 65.44%。

表 1-2　江津区主要农业土壤土类、亚类和土属划分

主要土类	主要分布范围	亚类	土属
冲积土	阶地、河流平坝	新冲积潮土	紫色新冲积、灰棕新积土
黄壤土	中低山、长江阶地	黄壤	矿子黄泥、冷沙黄泥、紫黄泥、老冲积黄壤
紫色土	丘陵地区、南部中低山坡麓	酸性紫色土、中性紫色土、石灰性紫色土	红紫泥、灰棕紫、暗紫泥、棕紫泥、红棕紫
水稻土	海拔 200～1 300 米范围的丘陵、平坝、阶地和低山槽谷	潜育型水稻土、潴育型水稻土、淹育型水稻土	冲积性水稻土、黄壤类水稻土、紫色水稻土

注：水稻土土属还可以细分。

① 亩为非法定计量单位，1 亩＝1/15 公顷≈667 米²。——编者注

四、土地利用现状

全区幅员面积482.85万亩。根据江津区国土局土地利用详查资料，2008年江津区土地利用结构为：耕地153.75万亩，占幅员面积的31.84%；林地188.85万亩，占39.11%；园地39.6亩，占8.20%；建设用地45.45万亩，占9.41%；水域23.85万亩，占4.94%；未利用土地31.35万亩，占6.49%。与1994年土地利用结构相比，2008年江津区土地资源利用结构变动显著；其中未利用面积减少57.75万亩，减少64.81%，变动比例为11.96%；园地、林地面积增幅巨大，分别增加18.3万亩、58.05万亩，增幅达85.92%、44.38%；建设用地增加6.15万亩，增幅达15.65%；耕地面积逐年减少，总体减少24.75万亩，减少13.87%；变动比例为5.13%，水域面积未变动。2017年与2008年相比，耕地出现恢复性增加，主要原因是实施了大量的土地整治项目，增加了部分耕地；林地面积减少，园地面积保持平稳，但建设用地面积大幅度增加，增加了12.9万亩。主要是城镇建设、工业园区和交通建设占用土地多，说明近十年来，江津城镇化和工业化推进相当快速（表1-3）。

表1-3　江津区土地利用变化

类型	1994年		2008年		2017年		2008年与1994年变动比例（%）	2008年与1994年面积增减比例（%）
	面积（万亩）	比例（%）	面积（万亩）	比例（%）	面积（万亩）	比例（%）		
耕地	178.5	36.97	153.75	31.84	169.2	35.04	−5.13	−13.87
林地	130.8	27.09	188.85	39.11	151.2	31.31	12.02	44.38
园地	21.3	4.41	39.6	8.2	40.2	8.32	3.79	85.92
建设用地	39.1	8.14	45.45	9.41	58.35	12.08	1.27	15.65
水域	23.85	4.94	23.85	4.94	23.55	4.87	0	0
未利用地	89.1	18.45	31.35	6.49	40.35	8.36	−11.96	−64.81
幅员总面积	482.85	—	482.85	—	482.85	—	—	—

五、气候资源

江津区属亚热带湿润季风气候，其气候特点是：季风明显，四季分明，气候温和，雨量充沛，日照尚足，无霜期长。春季气温回暖早，但不稳定，常有春旱；夏季温高光照强，降雨集中，易旱易涝；秋季降温快，常有秋绵雨；冬季较暖，日照偏少，湿度较大，常有冬干。光热水资源概况：无霜期长，全年无霜期253～341天。热量丰富，南北差异大，平均气温13.6～18.4℃，南北相差3～5℃；年积温（≥10℃）4 105～6 028℃，北部热量偏多，南部偏少；40℃以上高温出现在6～9月，以7～8月最多，历史极端最高气温出现在8月，为44℃；0℃以下的低温出现在1～2月，以1月最多。日照尚足，以夏季最集中，全年日照1 273.6小时，南部山区相对偏少。全区降雨量930～1 500毫米，雨量充沛，但伏旱较多。全区自然灾害主要以干旱、洪涝、冷害、冰雹和大风为主。

六、水文资源

全区有大小河流 37 条，流经全区各镇街，总流程 615.8 千米，流域面积 2 000 千米^2。常年性河流 7 条，长江由西向东贯穿全区，綦江、笋溪河、塘河、璧南河、驴子溪、朱杨溪等常年性河流由南北注入长江，构成交错纵横的自然水系，年平均总径流量 2 698 亿米^3，为江津区的蓄引提供了丰富的水资源。

长江：从石蟆和平村入境，经石门、白沙、几江等地，在珞璜镇石家沟出境，境内流长约 127 千米，据朱沱水文站资料，多年平均径流量达 2 637 亿米^3，多年平均流量 8 670 米^3/秒，最大流量 53 400 米^3/秒，最高水位 216.31 米，最小流量为 1 790 米^3/秒，最低水位 196.24 米，最大流速 5．19 米/秒。

綦河：源于贵州桐梓县三元、合理等地，在广兴镇彭桥村入境，绕经南温泉、观音峡等背斜的南部，经广兴、贾嗣至西湖顺中峰寺向斜东翼于白溪羊满咀与笋溪河汇合，在支坪镇顺江江口注入长江，境内流长 73 千米，流域面积 6 902 千米^2，多年平均流量 120.3 米^3/秒，年平均径流量 37.9 亿米^3。

笋溪河：源于贵州习水寨坝及境内四面山区，由复兴河、头道河和飞龙河 3 条汇流而成，在三合中咀汇合后，切穿蔡家金刚峡，并顺石龙峡背斜东翼流至羊满咀处汇入綦河，境内流长 109.3 千米，流域面积 1 153.1 千米^2，多年平均流量 20.1 米^3/秒，年平均径流量 6.34 亿米^3。

塘河：源于本区飞龙庙土弯头及合江县天堂坝、中尾坝等地，在塘河镇槐花社入境，经塘河、三口、河口，在石蟆镇登云村倾入长江，全长 126 千米，境内流段长 26 千米，流域面积 1 540 千米^2，多年平均流量为 31.7 米^3/秒，年平均径流量 10.01 亿米^3。

朱杨溪：在永川境内称临江河，源于永川宝峰阴山东麓，在朱杨镇茨坝入境，至朱杨注入长江，全长 104.7 千米，境内流长较短，流域面积 725 千米^2，平均流量 8 米^3/秒，年平均径流量 2.54 亿米^3。

全区平均地表径流为 471 毫米，多年平均径流总量为 15 亿多米^3；地下水总径流量为 0.635 亿米^3，但分布不平衡，除德感长冲瓦槽沟地下泉水（其流量为 0.9 米^3/秒）具有农用开采价值外，其余仅能作为辅助用水，农用水仍主要靠地表水。

江津区虽然水资源十分丰富，但径流时空分布不均，供需矛盾仍然突出。时间上，径流集中在 4～7 月雨洪季节，12 月至翌年 3 月，径流量仅占 10.7%；在空间上，径流集中在南部中低山区，而光热条件好的中、北部农耕发达地区径流又相对贫乏；北、东部长江、綦河客水虽多，但由于水低耕地高，电力提灌扬程高，加之地形复杂，至今利用率低。

第三节　江津区农村经济概况

一、户籍户数及人口状况

1. 户籍户数　2005 年，江津区户籍总数 52.23 万户，其中乡村总户数 38.02 万户。

2017 年，江津区户籍总户数 62.29 万户，其中乡村总户数 36.27 万户。相比于 2005 年，户籍总户数增加 10.07 万户，乡村总户数减少 1.74 万户。从改革开放以来的变化趋势上看，随着人口的增长，1979 年至 2017 年江津区户籍总户数呈上升的趋势，但乡村总户数总体保持稳定（图 1-5）。

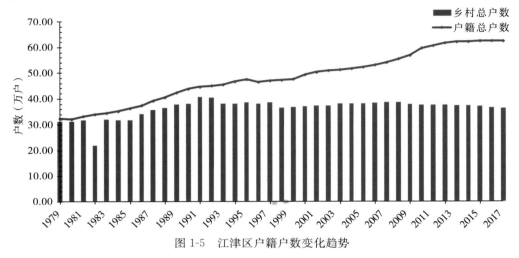

图 1-5　江津区户籍户数变化趋势

2. 户籍人口　2005 年，江津区户籍总人口 145.86 万人，其中农业人口 108.54 万人，非农业人口 37.32 万人。2017 年，江津区户籍总人口 149.66 万人，其中农业人口 78.12 万人，非农业人口 71.54 万人。相比于 2005 年，户籍人口增加 3.8 万人，其中农业人口减少 30.42 万人，非农业人口增加 34.22 万人。从中华人民共和国成立以来人口的变化趋势上看，1949 年至 2017 年江津区户籍总人口呈上升的趋势（图 1-6），其中农业人口呈先升后降的趋势，非农业人口呈上升的趋势，这是由于改革开放以来，江津区城镇化和工业化的大力推进，大量农业人口进城转化为非农业人口所致。

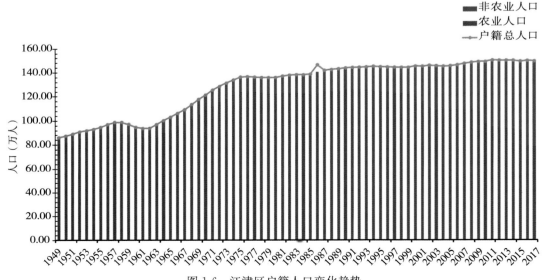

图 1-6　江津区户籍人口变化趋势

3. 常住人口及城镇化率　2005 年，江津区常住人口总数 126.54 万人，其中城镇人口 61.62 万人，乡村人口 64.92 万人，城镇化率 48.70%。2017 年，江津区常住人口总数 137.40 万人，其中城镇人口 91.47 万人，乡村人口 45.93 万人，城镇化率 66.57%。相比于 2005 年，常住人口增加 10.86 万人，其中城镇人口增加 29.85 万人，乡村人口减少 18.99 万人，城镇化率较 2005 年增长 17.87%。从变化趋势上看，2000 年至 2017 年江津区常住人口呈先降后升的趋势，乡村人口不断减少，城镇人口大幅增加，城镇化率不断上升（图 1-7）。

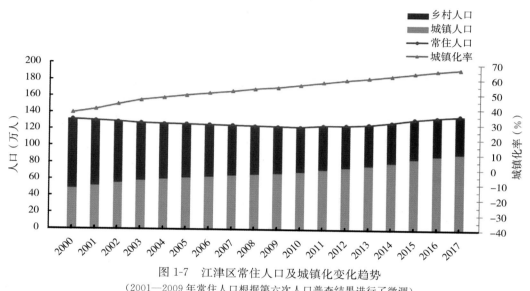

图 1-7　江津区常住人口及城镇化变化趋势

（2001—2009 年常住人口根据第六次人口普查结果进行了微调）

二、种植养殖业状况

1. 种植业状况　2005 年，江津农作物总种植面积 233.19 万亩，其中粮食作物 165.43 万亩，油料 9.3 万亩，蔬菜 33.82 万亩，柑橘 10.18 万亩，花椒 50 万亩。粮食作物总产 69 万吨，油料 1.08 万吨，蔬菜 74.92 万吨，柑橘 7.3 万吨，花椒 0.82 万吨，小水果 5.06 万吨。2017 年，农作物总种植面积 235.62 万亩，其中，粮食作物 154.16 万亩，比 2005 年减少了 6.8%；油料 14.33 万亩，比 2005 年增加了 54%；蔬菜 55.07 万亩，比 2005 年增加了 63%；柑橘 20 万亩，比 2005 年增加 173.9%，花椒 51.1 万亩，比 2005 年增加 2%。粮食作物总产 67.13 万吨，比 2005 年下降了 2.7%，油料 1.78 万吨，比 2005 年增加了 65%，蔬菜 92.78 万吨，比 2005 年增加了 23.8%，柑橘 14.11 万吨，比 2005 年增加了 93.3%，花椒 3.84 万吨，比 2005 年增加了 368.3%。小水果 8.20 万亩，产量 6.81 万吨，比 2005 年增加了 34.6%。从中华人民共和国成立以来的种植业生产变化趋势看（图 1-8、图 1-9），1949 年至 2017 年江津区农作物种植面积总体保持稳定，粮食作物种植面积呈下降趋势，2000 年以后下降趋势明显，粮食产量 1998 年达到最高峰后开始下降。主要原因是 1999 年后江津开始种植业内部结构调整，大力发展蔬菜、花椒、柑橘等经济作物，蔬菜、花椒、柑橘、小水果种植面积开始逐年增加，2017 年经济作物种植面积达到 134.37 万亩，仅比粮食作物少 19.50 万亩。

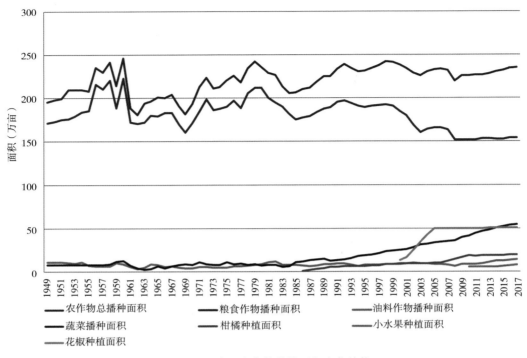

图 1-8　江津区农作物种植面积变化趋势

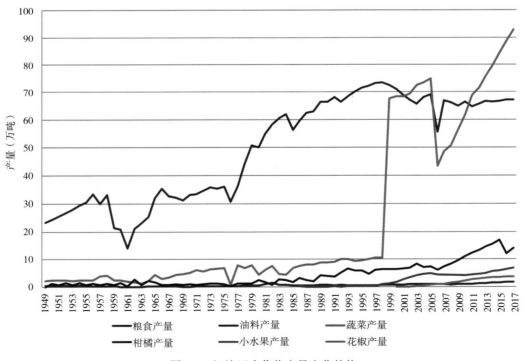

图 1-9　江津区农作物产量变化趋势

2. 养殖业状况　据《2018 年江津统计年鉴》，江津区有统计数据的禽蛋产量自 1999 年开始，当年产量 17 019 吨。至 2005 年，禽蛋产量达 22 376 吨，2017 年为 27 381 吨，相比于 2005 年增加 5 005 吨，年均增长率 1.70%（图 1-10）。

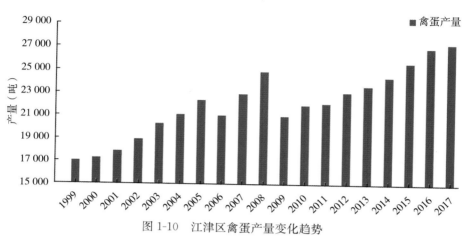

图 1-10　江津区禽蛋产量变化趋势

据《2018 年江津统计年鉴》，改革开放以来，1979 年肉类总产量 24 089 吨，其中猪肉产量 21 625 吨。2005 年，肉类总产量为 108 531 吨，其中猪肉产量 84 796 吨；2017 年肉类总产量为 96 783 吨，其中猪肉产量 72 104 吨。相比于 2005 年，2017 年肉类总产量减少 11 748 吨，年均增长率 -0.95%；猪肉产量减少 12 692 吨，年均增长率 -1.34%（图 1-11）。

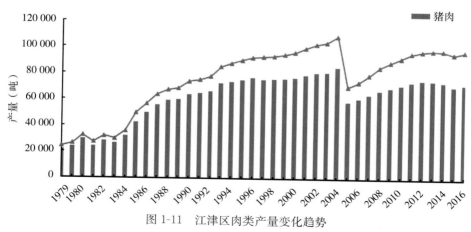

图 1-11　江津区肉类产量变化趋势

据《2018 年江津统计年鉴》，改革开放以来，1979 年水产品产量 1 373 吨，2005 年水产品产量达 17 741 吨，2017 年为 26 500 吨，相比于 2005 年增加 8 759 吨，年均增长率 3.40%（图 1-12）。

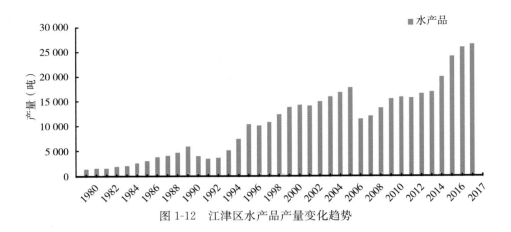

图 1-12　江津区水产品产量变化趋势

三、农林牧渔业总产值状况

2005 年，江津区农林牧渔业总产值按当年价计算为 449 652 万元，其中农业总产值为 240 296 万元，林业总产值为 37 195 万元，牧业总产值为 146 641 万元，渔业总产值为 17 027 万元，农林牧渔服务业总产值为 8 493 万元。2017 年，江津区农林牧渔业总产值按当年价计算为 1 257 908 万元，较 2005 年增加 808 256 万元，年均增长率 8.95%；其中农业总产值为 822 668 万元，较 2005 年增加 582 372 万元，年均增长率 10.80%；林业总产值为 25 960 万元，较 2005 年减少 11 235 万元，年均增长率－2.95%；牧业总产值为 338 380 万元，较 2005 年增加 191 739 万元，年均增长率 7.22%；渔业总产值为 58 283 万元，较 2005 年增加 41 256 万元，年均增长率 10.80%；农林牧渔服务业总产值为 12 617 万元，较 2005 年增加 4 124 万元，年均增长率 3.35%。从中华人民共和国成立以来的变化趋势上看（图 1-13 至图 1-17），江津区农林牧渔业总产值、农业总产值、林业总产值、牧业总产值、渔业总产值均呈大幅度增长趋势，特别是改革开放以来，增长迅速，农业农村经济发生了巨大变化。

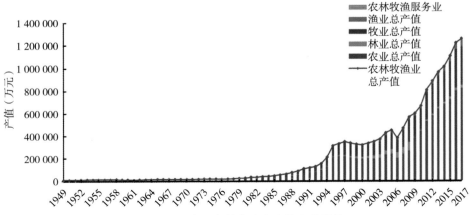

图 1-13　江津区农林牧渔业产值变化趋势
（从 1979 年起按当年价计算）

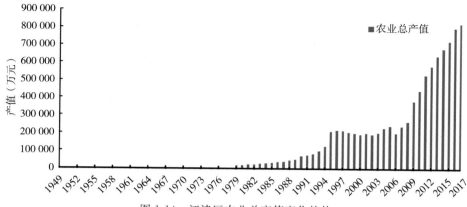

图 1-14 江津区农业总产值变化趋势

（从 1979 年起按当年价计算）

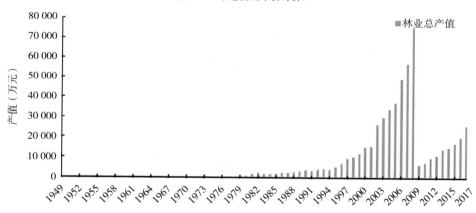

图 1-15 江津区林业总产值变化趋势

（从 1979 年起按当年价计算）

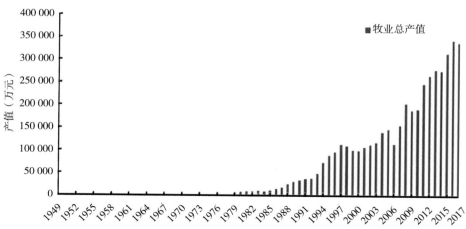

图 1-16 江津区牧业总产值变化趋势

（从 1979 年起按当年价计算）

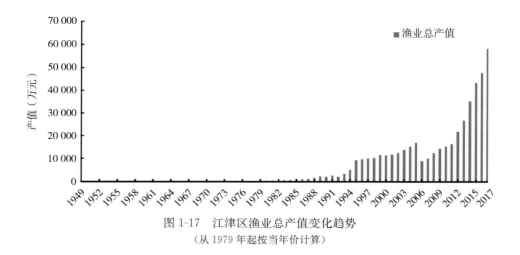

图 1-17　江津区渔业总产值变化趋势

（从 1979 年起按当年价计算）

四、地方财政收入及农民人均收入状况

2005 年，江津区地方财政收入 60 967 万元，城镇居民人均可支配收入为 9 439 元，农民人均纯收入 3 629 元。2017 年，江津区地方财政收入 1 108 419 万元，较 2005 年增加 1 047 452 万元，年均增长率 27.34%；城镇居民人均可支配收入 33 331 元，较 2005 年增加 23 892 元，年均增长率 11.09%；农民人均纯收入 16 695 元，较 2005 年增加 13 066 元，年均增长率 13.56%。从中华人民共和国成立以来变化趋势上看，江津区地方财政收入、农民人均收入都呈上升的趋势，特别是最近十几年呈指数式的增长趋势，说明江津区经济、社会发展和农民生活水平得到了大幅度提高（图 1-18、图 1-19）。

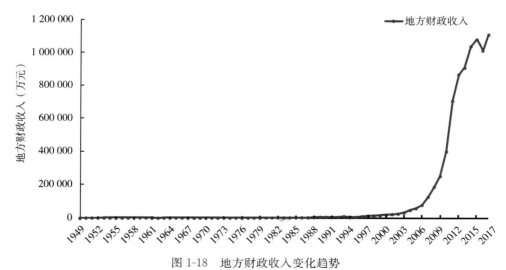

图 1-18　地方财政收入变化趋势

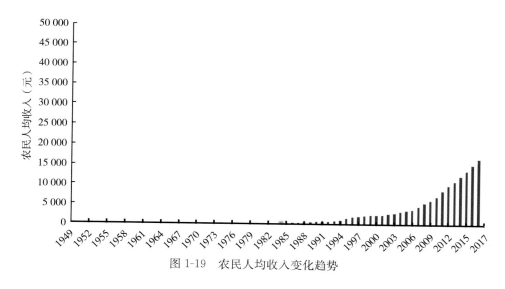

图 1-19 农民人均收入变化趋势

第四节 江津区粮食作物种植状况及耕作制度的演变

一、粮食作物种植状况及变化趋势

根据 2005、2018 年《江津区统计年鉴》，2017 年江津区粮食作物播种面积 154.16 万亩，比 2005 年减少 11.27 万亩，粮食总产量 67.13 万吨，比 2005 年减少 1.87 万吨，粮食作物单产 435.5 千克/亩，比 2005 年增加 18.4 千克/亩，人均粮食 448.6 千克，比 2005 年减少 24.5 千克。目前主要种植的粮食作物，小春以胡豌豆为主，大春以水稻、玉米、薯类（主要是甘薯）为主。从中华人民共和国成立以来的产量变化趋势看（图 1-9），1949 年至 2017 年江津区粮食作物总产量呈先增后降的趋势，1998 年达到顶峰后有所下降，而粮食单产呈不断增加的趋势，这跟农业生产水平的提高有很大的关系。

水稻：水稻是江津区的第一大粮食作物，也是江津老百姓的口粮。2017 年种植水稻面积 69.99 万亩，总产 36.96 万吨，单产 528.07 千克/亩，全区人均占有量 246.96 千克。目前水稻种植主要为一季中稻，沿长江、綦江流域海拔 300 米以下区域部分蓄留再生稻。从中华人民共和国成立以来的变化趋势看（图 1-20 至图 1-22），1949 年至 1978 年江津区水稻种植面积起伏较大，1978 年以后保持稳定；水稻总产量总体呈增长的趋势，1990 年后基本保持稳定；水稻单产总体呈增长的趋势，1995 年后基本保持稳定。

玉米：玉米是仅次于水稻的第二大粮食作物，是重要的畜牧饲料。2017 年，全区玉米种植面积 31.87 万亩，总产 13.43 万吨，单产 421.40 千克/亩。江津区的玉米种植制度是胡豆（蚕豆）—玉米—甘薯（红薯）轮作套作，玉米—甘薯套作，玉米—马铃薯套作；冬闲—玉米、蔬菜—玉米轮作等。从中华人民共和国成立以来的变化趋势看（图 1-20 至图 1-22），1949 年至 1975 年江津区玉米种植面积保持稳定，1975 年至 1980 年期间增长较快，1980年至1983年期间有所减少，之后基本保持稳定；玉米总产量和单产总体呈增长的趋势。

甘薯：甘薯是江津区第三大粮食作物。2017年，全区甘薯种植面积28.54万亩，总产量11.91万吨，单产417.31千克/亩。江津区甘薯的种植制度主要是胡豆（蚕豆）—玉米—甘薯套作，玉米—甘薯套作。从中华人民共和国成立以来的变化趋势看（图1-20至图1-22），1949年至2017年江津区薯类种植面积总体保持稳定；薯类总产量和单产总体呈增长的趋势。

胡豌豆：胡豆、豌豆是江津区小春季主要的粮食作物。2017年，全区胡豌豆种植面积10.47万亩，总产量1.6万吨，单产152.82千克/亩。江津区胡豌豆的种植制度主要是胡豆（蚕豆）—玉米—甘薯轮作。从中华人民共和国成立以来的变化趋势看（图1-20至图1-22），1949年至2017年江津区豆类种植面积呈先降后升的趋势，胡豌豆总产量和单产总体呈增长的趋势。

其他：有大豆、高粱、马铃薯和小麦。2017年，大豆种植面积4.6万亩，总产1.37万吨；高粱种植面积1.87万亩，总产0.58万吨；马铃薯种植面积0.96万亩，总产0.18万吨；小麦种植面积0.09万亩。从中华人民共和国成立以来变化趋势看，1949年至2017年江津区高粱种植面积和产量总体呈略微下降的趋势；1949年至1979年小麦种植面积和产量呈波浪式起伏增加，1979年至1999年，种植面积呈起伏式下降，产量总体保持稳定。小麦种植面积一度达到47.45万亩，总产达到8.7万吨，1999年以后种植面积和产量均呈大幅下降的趋势，至2017年小麦种植面积仅剩0.09万亩，基本退出江津种植历史舞台（图1-20至图1-22）。

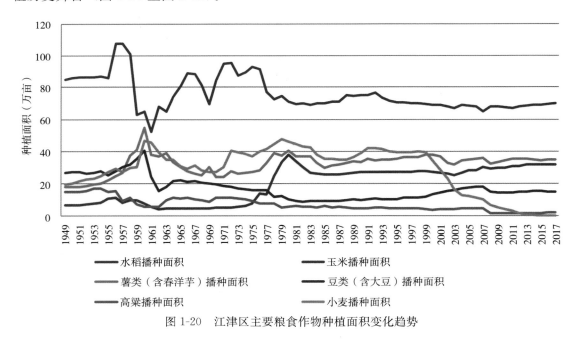

图1-20　江津区主要粮食作物种植面积变化趋势

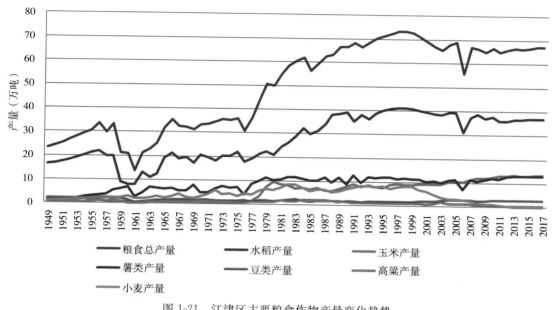

图 1-21　江津区主要粮食作物产量变化趋势

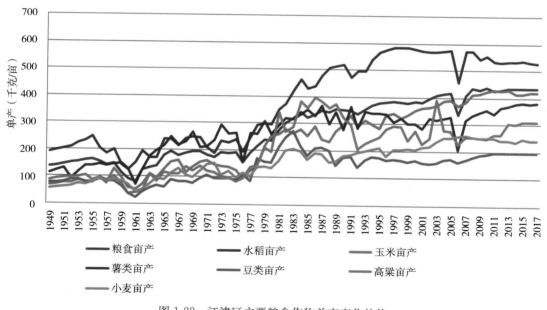

图 1-22　江津区主要粮食作物单产变化趋势

二、粮食耕作制度演变情况

1. 水田　1949 年，全县冬（闽）水田面积 73.3 万亩，占田面积的 79.07％。20 世纪 50 年代初，提倡扩大干田，冬（闽）水田面积减少，1956 年，一年一熟（关冬水种稻）面积 45.7 万亩，占田面积的 48.98%，麦—稻、双季稻一年两熟制面积 47.6 万亩，占田面积的 51.2%，麦—稻—薯、油—稻—薯、菜—稻—薯等一年三熟制面积 1.24 万亩，占田面积的 1.32%。60 年代至 70 年代，进一步扩大麦—稻、双季稻等种植面积。1978 年，一年一熟制面积减少到 33.21 万亩，占田面积的 42.8%，两熟制面积 41.53 万亩，占田面积的 53.5%，在长江沿岸的浅丘平坝地区，推广油—稻—稻、麦—稻—稻、豆—稻—稻、肥（绿肥）—稻—稻等一年三熟制，三熟制面积扩大到 6.12 万亩，占田面积的 7.7%。1981 年起，主攻水稻，一年一熟制面积逐年扩大，1985 年，一年一熟制面积扩大到 56.13 万亩，占田面积的 73.94%，与 1949 年基本持平；一年两熟制面积减少为 17.55 万亩，占田面积的 23.1%；一年三熟制面积 2.23 万亩，占田面积的 2.93%。1986 年至 2005 年，主要耕作仍为一年一熟（冬水田—水稻），稻—麦等一年两熟制面积开始逐步减少，但稻田养鸭、稻—萍—鱼、稻—菜（绿肥、油菜）等高效、用养结合种植模式得到一定面积的推广。2005 年后，由于农村劳动力外出务工，从事农业生产的人员大幅度减少，导致冬闲田面积扩大，从而种植制度趋于单一化。水稻以一年一熟制为主，以稻—菜、稻—油等两熟为辅。

2. 旱地 1949 年一年一熟制（种一季玉米、甘薯、甘蔗等）面积 26.57 万亩，占土面积的 59.2%；油—薯、油—粱（高粱）、油—玉、豆—薯、豆—粱、豆—玉、麦—薯、麦—豆等一年两熟制面积 13.53 万亩，占土面积的 30.1%；油—粱—薯、豆—粱—薯、麦—粱—薯、麦—玉—豆等三熟制面积 4.8 万亩，占土面积的 10.7%。20 世纪 50 年代初，大力推广麦—粱—薯三熟制，三熟制面积发展为 26.8 万亩，占土面积的 57.8%，1975 年后，抓麦—玉—薯三熟制的推广，1979 年后，推广"中厢对半开"带状种植方式，发展一年多熟轮作制，三粮一菜、四粮一菜、五粮一菜等多熟制迅速兴起。到 1985 年，一年三熟制面积达到 22.65 万亩，占土面积的 60.2%；一年两熟制面积 11.16 万亩，占土面积的 29.65%；一年一熟制面积 3.8 万亩，占土面积的 10.5%。1986 年至 2000 年，旱地基本形成以小麦—玉米—甘薯、胡豆—玉米—甘薯、蔬菜—玉米—甘薯等多种模式的旱地多熟耕作制度。2000 年后，由于外出劳动力增加，小麦面积逐年减少，逐步形成玉米—甘薯、胡豆（蚕豆）—玉米—甘薯、蔬菜—玉米—蔬菜、胡豆（蚕豆）—玉米—蔬菜等轮作模式。

第五节 江津区粮食作物种植生态区的划分及气候特征

江津区地处川东平行岭谷褶皱构造和向云贵高原过渡地带，南高北低，是一个倾斜地形。自北向南，依次为浅中丘、阶地、深丘、低中山。地域分布差异十分明显，立体气候非常显著。因此在农事季节上形成了沿江平坝丘陵偏早，深丘低山偏迟的特点；在农作物的光合生产潜力上随海拔的升高而降低，造成粮食作物的产量水平平坝高于浅丘、深丘和低山，玉米山区高于平坝的特点。参照 1984 年《江津县综合农业区划》，并以农业气候的相似性和农业生产关键技术措施相对一致性为原则，同时考虑区域成片，减少亚区，便于指导为出发点，将江津区的粮食作物种植划分为 3 个生态区，分别为平坝丘陵区、深丘区和南部山区，各生态区域的气候特征如下：

一、平坝丘陵区

本区域包括双福、德感、油溪、吴滩、石门、朱杨、石蟆、白沙（原鹅公乡除外）、永兴（原毗罗乡除外）、慈云、李市（原大桥、洞塘、两岔乡除外）、龙华、鼎山、几江、西湖（原河坝、黄泥乡除外）、贾嗣（原龙山乡除外）、支坪、杜市及夏坝和广兴的部分区域。

区域气候特征：本区海拔在 400 米以下（包括北部边缘槽谷区域，由于面积较少，热量、降雨与本区域有相似性，故不再单列或与深丘区域相合），热量丰富，日照较长，雨水尚足，土质肥沃。年平均气温为 17.8～18.4℃，年总积温大于 6 500℃，1 月平均气温 7.4℃，7 月平均气温 28.4℃，极端最低气温为－2.3℃，极端最高气温为 41.3℃。80％的年份，3 月均温稳定在 12℃以上，9 月低温不低于 20℃，无霜期 332～341 天。年平均雨量为 1 030 毫米，其中最大雨量集中在 5～10 月，占全年总降雨量的 78.3％，最少雨量集中在 11 月至翌年 4 月，为 224.2 毫米，占全年总降雨量的 21.7％。年日照平均为 1 273.6 小时。主要的自然灾害是春季的低温冷害、夏季的伏旱高温（洪、涝、大风）和秋季的低温绵雨。本区为重伏旱区，伏旱出现频率达 85％以上。

二、深丘区

本区主要包括塘河、永兴、白沙、李市、蔡家、西湖、贾嗣、夏坝、广兴的部分区域。

区域气候特征：海拔 400～600 米。区内有笋溪河、塘河贯穿其中，热量比平坝丘陵区稍差，年平均气温为 17.6℃，极端最低气温为－2.5℃，极端最高气温为 40℃，年积温为 6 000～6 400℃，年日照偏少，无霜期约为 285～331 天，年平均雨量为 1 116 毫米左右。主要自然灾害，春末夏初常有冰雹大风，伏旱属于轻度，夏季易发生洪涝，还有秋涝。本区农事季节比平坝丘陵区晚 10 天左右。

三、南部山区

本区包括塘河、永兴、白沙、李市、蔡家、西湖、贾嗣、夏坝、广兴的部分区域和中山、柏林、四屏、四面山。

区域气候特征：位于东南边缘，外与云贵高原和娄山山脉相接，内有塘河、笋溪河上游的复兴河、飞龙河、头道河贯穿其中。山高坡陡，沟谷纵横，平均海拔在 600 米以上，其中最高的头道河乡林海村海拔 1 600 米，最高点为蜈蚣坝，为 1 709.4 米。山脚气候变化多样，晴天吹风，早晚起雾。该区域日照少，热量不足，但雨量充沛。一般日照时数比平坝丘陵区少 1/5 以上。年平均气温为 15.3℃。极端最高气温为 37.3℃，极端最低气温为－6.2℃。年积温 5 000～6 000℃，无霜期 253～284 天。年降雨量约 1 300～1 500 毫米，多集中在春夏与秋冬之交，易造成山洪危害。夏季常有冰雹和大风危害。农事季节比平坝丘陵区晚 20 天到 1 个月。

江津区生态区域划分参见图 1-23。

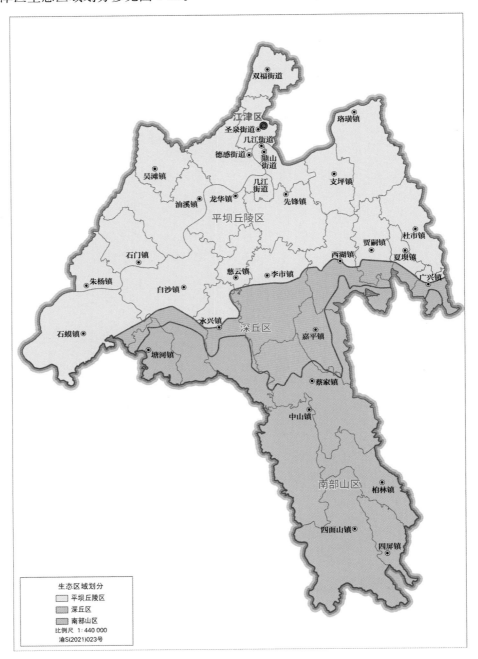

图 1-23　江津区生态区域划分

第二章
江津区粮食作物施肥状况及存在的问题

第一节　江津区化肥的施用历程

江津区自1953年开始施用化肥，到2017年，已走过65年历程。化肥应用从无到有，从少到多，有力地推进了农业的迅猛发展，为解决全区人民的温饱问题，提高人民生活水平做出了巨大贡献，为推进全区经济、社会的发展发挥了重要作用。全区的化肥使用按使用量增加的过程大致分为3个阶段：认识阶段、起步阶段和发展阶段。

一、认识阶段（20世纪50～60年代）

50年代初期，全区未施用化肥，作物所需养分全部由有机肥提供。氮肥：1953年，推广硫酸铵，1957年推广尿素。50年代，全区施用氮肥2 265吨（实物量）。磷肥：1953年推广磷矿粉，1957年推广过磷酸钙，50年代施用磷肥2 994吨（实物量）。每年每亩平均化肥施用量0.34千克（实物量）。

60年代，氮肥：1962年推广硝酸铵，1967年推广氨水，60年代全区施用氮肥24 162吨。磷肥：1962年推广钙镁磷肥，1966年，建立江津磷肥厂，生产钙镁磷肥，年产磷肥2 239吨，60年代全区施用磷肥13 164吨。每年每亩平均化肥施用量1.69千克（实物量）。本阶段的主要特点是：①对化肥的增产作用逐步开始认识。②建立了磷肥厂。③化肥的施用量增长缓慢。

二、起步阶段（70年代）

氮肥：1970年推广碳酸氢铵，1973年江津化肥厂建成，生产碳酸氢铵，年产15 000吨，1977年推广氯化铵。

磷钾肥：1978年推广进口钾肥和华东化肥厂、泸州化工厂生产的氯化钾和硫酸钾，1979年开始推广磷酸二氢钾。

微肥：1975年开始推广锌、硼、钼等微肥。

70年代化肥施用的特点：①化肥施用量大幅度增加，化肥施用达到213 709吨（实物量），其中，氮肥114 949吨，磷肥98 760吨。按纯量计算，1978年氮、磷肥（纯量）使用突破1万吨，达到10 387.4万吨。每年每亩化肥平均施用量达到9.67千克（实物量）。②主要的化肥品种全面登场。③建立了氮肥（碳酸氢铵）生产厂（1972年）。④氮肥、磷肥开始普遍使用，但氮肥施用多，磷肥施用少，钾肥刚起步。

三、发展阶段（80年代后）

第二个万吨时期：从1979年至1989年，此期历时10年，化肥施用平稳增长。主要特点是：①化肥的施用仍以氮肥和磷肥为主；②由于配方施肥技术的研究和推广，钾肥和复合（混）肥开始启动，1984年江津土肥站与江津化肥厂合作生产推广复合（混）肥；③1983年开展了"缺啥补啥"的微肥推广工作，主要是推广锌、硼、钼3种微肥。

第三个万吨时期：从1990年至2004年，此期历时15年。此期历时时间长，化肥施用仍平稳增长。主要特点是：①1992年江津化肥厂尿素生产车间建成，在单质氮肥中，尿素开始取代部分碳酸氢铵，逐步大量使用；②单质磷肥、钾肥使用迅速增加，单质磷肥增加一半以上，单质钾肥使用增加了13倍；③复合（混）肥因80年代配方施肥技术的宣传与推广，使用量大幅增长，增长了9倍之多。

第四个万吨时期：从2005年至2011年，此期历时7年。此期化肥使用量增长迅速。主要特点：单质氮肥使用量增长了36％，单质磷肥使用量增长了25％，单质钾肥使用量增长了55％，复合（混）肥使用量增长了36％。

第五个万吨时期：从2012年到2014年，此期历时3年。此期化肥使用量短时间内迅速大量增长。主要特点：单质氮肥使用量增长了18％，单质磷肥使用量增长了36％，单质钾肥使用量增长了39％，复合（混）肥使用量增长了40％。2014年化肥使用总量达到51 221吨（纯量），达到最高峰，此后开始呈下降趋势（图2-1）。

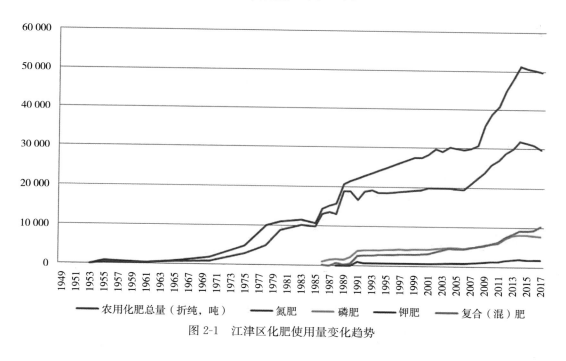

图2-1　江津区化肥使用量变化趋势

第二节　江津区化肥施用与粮食作物生产的关系

自1949年以来，江津区农作物总种植面积呈波浪起伏，没有太大的变化。但粮食作物总种植面积自1998年最高峰后，开始呈下降趋势，2007年后趋于平稳。化肥施用自1953年以来不断地上升，到2014年达到最高峰，使用量达到5万吨以上。1999年以前，粮食总产随化肥的施用量增加而增加，1999年至2007年呈起伏式下降，2007年后保持平稳。粮食单产在2007年以前随化肥的施用量增加而增加，2007年后保持平稳，并没有随化肥施用量的增加而增加。总的来讲，1953 年至 1978 年粮食总产和单产随化肥使用量的增加而增加，1999 年至 2007 年粮食总产随化肥使用量的增加呈下降趋势，但单产仍在上升；2007 年后，粮食总产和单产并没有随化肥使用量的增加而增加，而是基本保持平稳。说明 1999 年后增加的化肥用量逐步用于了经济作物，主要是蔬菜、花椒和柑橘；2007 年后增加的化肥用量更多的用于了经济作物（图 2-2 至图 2-5）。

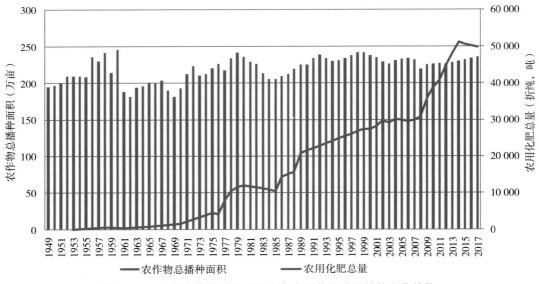

图 2-2　江津区农作物总种植面积与农用化肥总用量的变化趋势

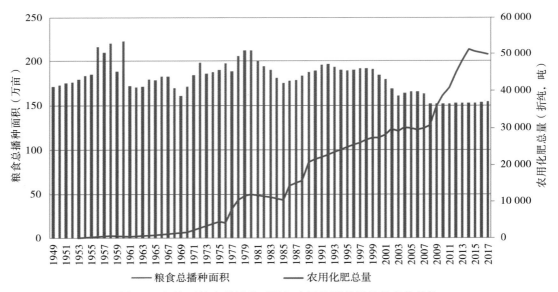

图 2-3　江津区粮食总播种面积与农用化肥总用量的变化趋势

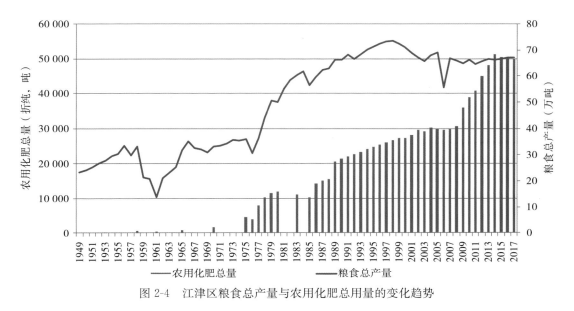

图 2-4 江津区粮食总产量与农用化肥总用量的变化趋势

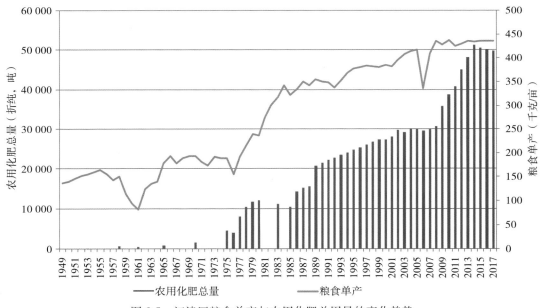

图 2-5 江津区粮食单产与农用化肥总用量的变化趋势

第三节 江津区主要粮食作物施肥现状及存在的问题

为摸清江津区主要粮食作物的施肥状况，从 2005 年至 2011 年，按照《测土配方施肥技术规程》的要求，针对不同的作物，对全区农户施肥情况进行了调查，调查的作物包括水稻、玉米、甘薯、胡豆（蚕豆）、小麦、马铃薯、大白菜、莴笋、油菜、花椒、柑橘等，调查内容包括作物类型、作物品种、产量、肥料种类、肥料用量、施肥时期等。

现主要对样本数较多的粮食作物进行总结，包括水稻、玉米和甘薯。在进行汇总分析前，部分无效数据被剔除掉，比如实际产量不足一般年份平均产量的 1/2 的样本，可能是由于倒伏、病虫害等非养分供应的原因造成的；而极少数样本的实际产量高出常年平均产量的 2 倍，我们也将其剔除。最后共采用有效样本数 1 937 个，其中水稻 1 227 个，玉米 371 个，甘薯 339 个。

化学肥料养分含量根据调查情况按产品标注含量计算，有机肥养分含量根据《中国主要作物施肥指南》提供的养分含量计算。计算产出和投入时，肥料和农产品价格按 2011 年市场价格计算，其中氮肥（N）5.6 元/千克、磷肥（P_2O_5）6.3 元/千克、钾肥（K_2O）5.8 元/千克、水稻 2.6 元/千克、玉米 2.4 元/千克、甘薯 1.2 元/千克。

一、不同作物产量状况

在农户不同养分投入下，水稻、玉米和甘薯 3 种粮食作物的平均产量分别为 495 千克/亩、411 千克/亩和 533 千克/亩，水稻和玉米产量相对稳定，而甘薯表现出很大的变异性，产量为 200～2 500 千克/亩不等，变异系数为 81.2%（表 2-1）。

表 2-1　粮食作物产量情况

项目	水稻	玉米	甘薯
范围（千克/亩）	250～818	180～687	200～2 500
平均值（千克/亩）	495	411	533
标准差（千克/亩）	82.2	71.7	432.6
变异系数（%）	16.6	17.5	81.2

二、化肥施用情况

从表 2-2 江津区农户肥料投入情况可以看出农户在不同作物上的施肥情况有较大差异。江津区水稻肥料平均投入量相对偏低，水稻氮磷钾总用量为 15.4 千克/亩，其中氮肥用量平均不到 10 千克/亩，磷肥用量为 3.2 千克/亩，在江津区土壤磷素较为缺乏的情况下，该用量偏低；而钾肥用量更是明显偏低，水稻平均仅 2.8 千克/亩，从水稻氮磷钾肥的施用比例看，农户肥料施用比例也不合理，仅为 1∶0.34∶0.30。

表 2-2　粮食作物肥料投入情况

作物（样本数）	N		P_2O_5		K_2O	
	均值±标准差（千克/亩）	变幅（%）	均值±标准差（千克/亩）	变幅（%）	均值±标准差（千克/亩）	变幅（%）
水稻（1227）	9.4±5.0	0～45.9	3.2±2.5	0～30.7	2.8±3.4	0～50.2

（续）

作物 （样本数）	N		P₂O₅		K₂O	
	均值±标准差 （千克/亩）	变幅 （%）	均值±标准差 （千克/亩）	变幅 （%）	均值±标准差 （千克/亩）	变幅 （%）
玉米（371）	18.4±7.3	0～45.8	6.6±3.5	0～22.5	4.1±3.6	0～30.4
甘薯（339）	5.0±3.9	0～21.9	1.1±1.8	0～10.7	0.9±1.4	0～7.0

玉米肥料总用量 29.1 千克/亩，用量偏高。其中氮肥用量为 18.4 千克/亩，磷肥用量约 6.6 千克/亩，氮肥用量高，磷肥用量偏高；钾肥用量 4.1 千克/亩，用量偏低。氮磷钾平均比例为 1∶0.34∶0.22，因此较高的氮磷肥用量使得养分配比不够均衡，钾肥所占比例偏低。

甘薯的肥料投入明显偏低，氮肥用量平均仅为 5 千克/亩，磷钾肥用量更低，平均值都在 1 千克/亩左右，3 种养分投入比例为 1∶0.22∶0.18。这可能与甘薯与玉米套作、玉米施肥量高、甘薯"吃"玉米剩下的肥料有关。

三、有机肥施用情况

从表 2-3 中可以看出，在整个作物生长期，水稻施用过有机肥的农户有 93 户，仅占总样本的 7.6%；有 240 户在玉米生育期施用过有机肥，所占比例为 64.7%；甘薯施用过有机肥的有 122 个样本，所占比例为 36.0%。

表 2-3 通过有机肥带入的养分含量

作物 （样本数）	N		P₂O₅		K₂O	
	平均值 （千克/亩）	比例 （%）	平均值 （千克/亩）	比例 （%）	平均值 （千克/亩）	比例 （%）
水稻（93）	1.5	12.8	1.6	29.6	3.4	76.5
玉米（240）	6.9	34.1	3.1	42.3	3.0	58.0
甘薯（122）	4.6	70.1	2.0	84.6	1.9	93.0

通过对施用过有机肥的 93 个样本进行统计，从表 2-3 中可以看出，水稻生产过程中通过有机肥带入的氮磷养分含量所占比例较低，分别为 12.8% 和 29.6%，而钾素比例较高，平均为 76.5%。

与水田情况不同，玉米通过有机肥投入的氮磷素占总投入量的比例高于水稻，而钾素低于水稻。尽管甘薯肥料使用量不高，但从表 2-3 中可以看出通过有机肥投入的氮磷钾养分含量占总投入养分的比例都很高，氮磷钾分别为 70.1%、84.6% 和 93.0%。

四、肥料分期施用情况

从表 2-4 中可以看出，水稻肥料施用以分两次施用的农户最多，所占比例为 69.0%，分 3 次以上施肥的比例仅占 8.6%，一次性施肥的农户占 8.8%，而有 13.6% 的农户在水稻生长期间不施用任何肥料。

表 2-4　不同作物整个生长期施肥次数及所占比例

施肥次数	水稻		玉米		甘薯	
	样本（个）	比例（%）	样本（个）	比例（%）	样本（个）	比例（%）
0	167	13.6	0	0	67	19.7
1	108	8.8	14	3.8	248	73.2
2	847	69.0	196	52.8	24	7.1
3	37	3.0	161	43.4	0	0
4	68	5.6	0	0	0	0

玉米基本上以两次和3次施肥为主，二者占总样本数的96.2%，而甘薯生长期最多施用两次肥料，比例占7.1%，一次性施肥的占大部分，为73.2%，整个生育期不施用肥料的比例为19.7%。

通过剔除作物生长期内没有施用氮、磷、钾的调查样本，计算剩余农户肥料施用的基追比，其结果为：水稻通过基肥投入的氮肥占总量的比例平均为52.0%（n=1059），磷肥平均为95.1%（n=970），钾肥平均为90.5%（n=850）；玉米的情况是氮肥39.7%（n=370）、磷肥71.4%（n=366）、钾肥59.9%（n=332）；甘薯基肥中投入的氮磷钾素所占比例分别为93.9%（n=270）、96.9%（n=151）、95.3%（n=142）。可以看出，水稻磷钾肥主要通过基肥施入，氮肥约半数是通过基肥施入；与水稻比较，玉米氮磷钾肥都相对后移；甘薯则基本上是一次性投入所有肥料。

五、施肥量与产量间的关系

通过将作物产量与氮、磷、钾肥料总用量进行三元一次线性回归方程拟合，可以分析不同作物的产量与肥料施用总量之间的关系，回归方程拟合公式为 $Y=a+bX_1+cX_2+dX_3$，其中，Y 为作物产量，X_1、X_2 和 X_3 分别为氮、磷、钾肥料用量，其结果如表2-5。可以看出，水稻和玉米产量与氮、磷、钾肥料施用量的相关性呈极显著（P<0.01），而甘薯与氮、磷、钾肥料总用量的相关性不显著。

表 2-5　施肥量与产量间的关系

作物类型	回归方程	n	r
水稻	$Y=473+0.28X_1+1.31X_2+5.48X_3$	1 227	0.261 6**
玉米	$Y=412-0.01X_1-3.11X_2+4.64X_3$	371	0.208 6**
甘薯	$Y=561-6.64X_1+5.72X_2-0.80X_3$	339	0.053 2

通过一元线性方程拟合的结果与三元一次线性拟合结果相一致。如图2-6所示，水稻产量与氮肥、磷肥、钾肥以及氮、磷、钾肥料总施用量的关系为极显著正相关，说明水稻产量随肥料投入量的增加而增加。图2-7显示，玉米产量与氮磷肥用量的相关系数为负，相关性

不显著，而与钾肥产量呈显著正相关，说明玉米产量随钾肥用量增加而增加。图 2-8 显示，甘薯产量则与肥料投入量的相关性均不显著。

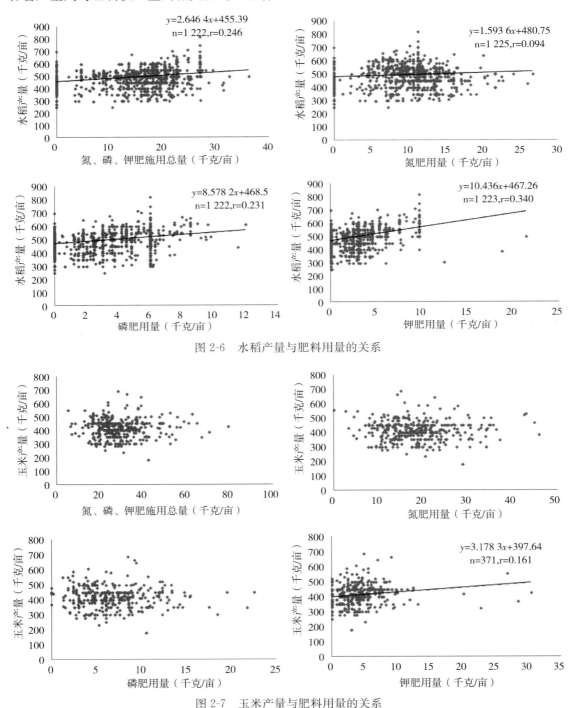

图 2-6　水稻产量与肥料用量的关系

图 2-7　玉米产量与肥料用量的关系

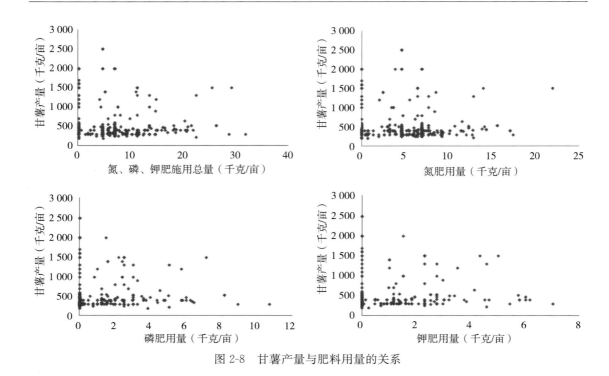

图 2-8　甘薯产量与肥料用量的关系

六、粮食作物施肥存在的问题

通过上述综合分析，江津区主要粮食作物施肥存在 3 个方面的问题：

一是肥料施用结构比例不合理：水稻肥料用量相对偏低，这也是水稻产量与肥料用量呈极显著正相关的原因。氮肥相对合理，主要是磷钾用量较低，所以应进一步提高磷钾肥料用量，从而起到调整水稻施用总量和氮、磷、钾比例。玉米肥料总用量高，主要是氮肥用量高，磷肥用量偏高，应降低氮磷肥用量，特别是氮肥用量；玉米产量与钾肥用量呈显著正相关，而农户施用的钾肥偏低，应适当增施钾肥。因此玉米的施肥应降氮磷，增钾肥，以调整玉米氮、磷、钾的施用比例。而对甘薯来说，江津区农户的肥料用量普遍偏低，所以可以通过增加肥料用量来提高产量。

二是水稻施用有机肥的农户减少，大多数农户依赖化肥投入。在水稻 1 227 个样本中，水稻施用过有机肥的农户仅有 93 户，仅占总样本的 7.6%。因此下一步，应大力提倡秸秆还田，增施有机肥。通过秸秆还田，不仅能够实现有机无机配合施用，达到培肥地力，还可补充水稻钾肥施用不足的问题。

三是甘薯普遍施肥量低，结构也不合理。在调查的 339 个甘薯样本中，甘薯平均产量仅533 千克/亩，表现出很大的变异性，产量为 200～2 500 千克/亩不等，变异系数为 81.2%。主要原因是施肥量低，施肥结构也不合理。因此应增加施肥量，平衡施肥。

四是在肥料的基、追肥比例上也不完全合理。水稻、玉米两次及两次以上施肥的多，占调查样本数的 70% 以上，总体上合理一些，但仍有部分农户采用一次性施用；甘薯农户基本上是一次施用。肥料施用时期与作物生长时期匹配是科学施肥的关键技术，农户传统的施肥方法是重视基肥，这样易导致前期养分过剩而损失，后期养分供应不足的问题。例如 90% 多的农户将有限的钾肥作基肥施用，与水稻对钾的需求时期不匹配，导致钾素流失。应调整水稻钾肥的基追比例，将钾肥的施用重点放在水稻拔节及孕穗期施用。

第三章
江津区测土配方施肥技术研究的目标、思路和内容

第一节　区域配肥方法的研究进展

1983年，农业部农业局在广东省湛江市召开了长江以南13省（自治区、直辖市）土肥工作座谈会，提出了解决当时施肥问题的办法叫配方施肥。1986年5月在山东沂水县的全国配方施肥经验交流会上，在总结各地配方施肥经验的基础上，提出了一套确定施肥量的科学方法，即配方施肥技术，并对已出台的63项配方施肥技术方案进行了交流和评议，将配方施肥方法归纳为三大类6种方法：

第一类，地力分区（级）配方法。

第二类，目标产量配方法。其中包括养分平衡法和地力差减法。

第三类，田间试验配方法。其中包括养分丰缺指标法、肥料效应函数法和氮磷钾比例法。

沂水会议上，由11位专家将"配方施肥"定义为"综合运用现代农业科技成果，根据作物需肥规律，土壤供肥性能和肥料增产效应，在有机肥料为基础的前提下，提出的氮磷钾肥适宜用量和比例及相应的施肥技术"。其特征是"产前定肥"，其具体内容包含"配方"和"施肥"两个步骤。配方施肥是我国施肥技术的一项重大改革，但配方施肥技术的应用主要还停留在田块尺度，如何将田块尺度的配肥技术运用到区域尺度一直是研究的热点和难点。20世纪80年代以来，计算机技术和信息技术的高速发展，特别是模型、地统计学和地理信息系统（GIS技术）的高速发展，为我们将田块尺度的配方施肥技术运用到区域尺度提供了很好的平台。

我国从20世纪90年代中期开始进行有关区域施肥管理的研究。白由路等对土壤养分空间变异研究方法进行了细致的研究，发现采用Kriging法插值法预测养分空间变异的结果较好，但不同养分插值的预测准确性不同。对不同尺度的土壤养分变异特征研究表明，在中小尺度上，影响土壤养分空间变异的主要是由土壤养分管理决定；在大尺度上，影响土壤养分空间变异的主要因素是由环境要素决定，如气候条件、地形地貌、土壤类型；在中小尺度上，养分精细管理应该以氮、磷、钾、锌为主，对于其他元素可以采用均量管理。邝继双发现在GIS平台上，可以复合地形、土壤类型、土地利用和作物分布图，并可修改、复制和重新生成新的地图，如果这些资料结合农学模型和决策支持系统，就形成强有力的管理工具。采用Kriging方法并结合GIS绘制等值线图，可更直观地了解整个示范区的土壤养分丰缺状况。通过土壤养分分区图与边界矢量图的叠加，可形成一个区域内的土壤养分分布图，并基于GIS做出施肥量图层，最后提出不同作物的专用肥配方。崔振岭采用网格化采样的方式，基于ArcView3.2对惠民县的土壤养分和作物产量的空间变异作空间插值图，利用施肥模型提出了当地的主栽作物的配方图。崔振岭提出，在我国，区域配肥应分几个层次：一是以我国主要生态区划为单元提供不同作物的养分配方，二是在县域尺度内，基于土壤样品测定和植物产量目标制定县域作物配肥，三是针对具体的农民田块的精确施肥。采用GIS技术，通过对3个区县的土壤测试数据和"3414"试验结果进行分析，探讨了县域土壤养分空间变异评价的适宜插值方法、合理取样数、不同生态区土壤养分的变异特征和施肥指标体系的建立；同时对基于GIS平台，氮采用区域总量控制、分期调控技术，磷钾肥采用恒量监控技术的县域配方设计方法进行了阐述，并提出了几个生态区的县域肥料配方。

第二节　江津区配方施肥研究与推广历程

20世纪70年代末80年代初，特别是1978年党的十一届三中全会后，江津区的农业生产经营体制发生了巨大变化，由"三级所有，队为基础"的经营体制变为"包干到户"的生产责任制，极大地调动了农民的生产热情，化肥使用量迅速增加。1978年，全区化肥使用量突破1万吨（折纯量），达到10 387.41吨，化肥的施用（主要是氮肥和磷肥）导致全区施肥结构逐步发生了重大变化，因此科学施肥被提上议事日程。江津区施肥情况大致分成以下3个时期：

一、配方施肥时期

从1983年到1995年，江津区的配方施肥技术研究与推广是从3个标志性事情开始的。一是1978年土肥业务从农技站分离出来，成立了专门的土肥站，为配方施肥研究与推广提供了平台和牵头机构；二是1980年，当时的江津县为基层配备了108名农技员，建立了农业技术推广体系，为配方施肥研究与推广提供了队伍；三是1981年建立土壤普查办公室，开展第二次土壤普查，到1983年全县开展了第二次土壤普查，查清了全县的土壤类型和理化性状，生产问题和障碍因素，为科学施肥提供了技术支撑，并锻炼了队伍。随后1984年到1987年，江津土肥站参加重庆市农业局土肥站和西南农学院土化系主持的稻—麦作物配方研究课题，共开展正规试验80个，对比试验112个，为稻、麦作物实施配方施肥提供了技术支撑，这标志着全区的施肥技术从传统的经验施肥，向现代的科学施肥方向迈进。从1983年到1990年，推广配方施肥356万亩，实施配方施肥的农户比习惯施肥农户，水稻亩增产53.8～81.4千克，增值20～30元；小麦亩增产21.4～24.1千克，增值8.3～11.5元。这一时期的配方施肥的具体内容包含着"配方"和"施肥"两个程序，先配方，后施肥，施肥是配方的执行。好像医生看病一样，先给你诊断什么病，然后开一张药方，而后叫你把药买回来，按照医生的嘱咐去服用。因此其推广主要有两种模式：一是农技开方，农民自己配肥；二是由乡农技站配制混配肥，直接供应农民。这种初级配方施肥模式一直持续到1995年。1995年配方施肥面积达到140万亩，全区配方施肥技术基本得到普及。

二、平衡施肥时期

平衡施肥技术是20世纪90年代初期提出来的，联合国计划开发署（UNDP）1992年开始无偿援助我国平衡施肥项目。1996年平衡施肥技术项目被农业部列为"九五"时期重点推广项目。配方施肥的核心内容主要是多元肥料特别是氮、磷、钾肥料的配合施用。为了确实做到针对作物的不同需求，均衡搭配、合理供应和调节各种肥料养分，实现提高产量、改善品质、减少肥料浪费和防止环境污染的目的，江津区开始推广平衡施肥技术。配方施肥和平衡施肥，二者依据的理论基础是相同的，平衡施肥技术是配方施肥技术的发展和提高。

平衡施肥技术针对性强，并注重技物结合，解决了在肥料市场尚未发展成熟的时候，农民往往因为买不到肥或者购买多种肥料混合施用的手段太繁琐而放弃配方施肥，农民不按照配方进行施肥，技术也落实不到位的问题。从1996年开始，由原江津市土肥站牵头，联合乡镇农技站和4个复合（混）肥生产企业，组建了"江津市农化服务联合体"，并制定了《江津市农化服务联合体章程》。实行"统一配方、统一生产、统一包装、统一销售"的综合服务。将配方施肥技术物化、企业化、产业化，推进了平衡施肥技术。1998年，原江津市土肥站，利用国家生态环境建设项目，建立了土壤地力监测点，改造了化验室，并建立江津市土肥技术开发中心配肥厂（2000年配肥厂改为"沃津肥料开发有限责任公司"），开始探索"测、配、产、供、施"一体化的配方施肥路子。2001年，在重庆市土肥站的支持下，开发出了高含量的BB肥和有机无机BB肥，并与西南农业大学合作，利用第二次土壤普查的成果，建立了"江津市土壤信息系统"，为平衡施肥技术的推广提供了载体和技术支撑。初步形成了以土肥站自建配方站为基础，以土壤地力监测、土壤速测技术及田间试验、示范为手段，以江津市土肥技术开发中心连锁营销体系为依托的平衡施肥推广体系。2002年，将"江津市土肥技术开发中心连锁营销体系"改为"重庆土肥无公害农产品生产农化服务连锁站"，2003—2005年，江津区作为重庆市沃土工程实施单位，进一步地改造了化验室和配肥站，至此，采取"测土、配方、生产、供肥、施肥指导"一条龙的平衡施肥技术推广模式基本完善。

以上两个时期的科学施肥均是以第二次土壤普查的成果为依据，20多年来，由于全区社会经济的快速发展，作物品种与栽培技术、耕作制度、土壤状况和生产条件都发生了极大变化，原有的参数和资料已不适应科学施肥的要求，迫切需要新的数据成果给予支撑，才能更好地推进科学施肥的发展。

三、测土配方施肥时期

2005年，中央1号文件提出"搞好沃土工程建设，推广测土配方施肥"。农业部随即组织实施了测土配方施肥春季行动和秋季行动，当年下达配方施肥实施项目200个县。2006年，农业部下达江津区实施测土配方施肥，从此拉开了江津区实施测土配方施肥的序幕。从2006年到2009年，按照农业部的测土配方施肥技术路线，围绕"测土、配方、配肥、供肥、施肥指导"5个环节11项工作开展项目落地。2010年后，进入整建制示范推广阶段。

第三节　研究的目的和意义

测土配方施肥技术发源于20世纪80年代，经过几十年的发展，特别是2005年测土配方施肥补贴项目的实施，这一技术逐渐优化并被农民所接受，在作物增产增收中发挥着越来越重要的作用。

一、作物高产稳产的需要

自1850年到1950年的100年间，在世界范围内，粮食增产的50%来源于化学肥料。

在化肥短缺的时代，化肥施用量满足不了作物的需要，只要施肥就能增产，不存在"合理"的问题（张乃凤，2002）。随着化肥产量的增加，如何选择，如何施用，就成了农业生产的一个重要问题。只有通过土壤养分测定，才能根据作物需要，正确确定施用化肥的种类和用量，才能持续稳定地增产。尤其在当前全球气候变化异常（赵立军，2008；2008，黄晓凤）、土壤退化及耕地质量下降（杜森，2008）的情况下，要提高粮食综合生产能力，保证粮食安全，需要加强科技集成创新，把现有的实用技术成果捆绑起来普及推广（2008，丁声俊），其中测土配方施肥便也成为其中不可缺少的技术。

二、节本增收的需要

肥料在农业生产资料的投入中约占 50%，但是施入土壤的化学肥料大部分不能被作物吸收，一般情况下，氮肥的当季利用率为 30%～50%，磷肥为 20%～30%，钾肥为 50% 左右（黄国弟，2005）。未被作物吸收利用的肥料，在土壤中会发生挥发、淋溶和固定。肥料的损失很大程度上与不合理施肥有关，所以，如何减少肥料的浪费，对提高农业生产的效益至关重要。中国 2004 年的化肥施用量为 4 637 万吨（折纯）（白由路，2006），总用量约占世界的 1/3，居世界第一（林葆，2008），每年用于化肥的投入约为 2 000 亿元（白由路，2006），而美国玉米生产中氮肥利用率为 55%～65%，既减少了因氮淋失造成的水体污染，又降低了成本（Joern，2006）。所以，化肥问题不仅是单纯的技术问题，也是影响农业和农村经济的社会问题。

三、节约资源，保证农业可持续发展的需要

肥料是资源依赖型产品，每生产 1 吨合成氨约需要 1 000 米^3 的天然气或 1.5 吨的原煤（尤向阳，2005）；磷肥的生产需要有磷矿，根据现有开采水平和消费量估算，中国 $P_2O_5 \geqslant$ 30% 的富矿资源仅能利用到 2014 年，提高回采率可能会达到 2022 年。中国磷矿资源开发策略欠佳，浪费严重、经济效益低下，导致远景供应堪忧（张卫峰，2005）。目前我国钾肥约 70% 依赖于进口（白由路，2006）。据测算，如果氮肥利用率提高 10%，则可以节约 2.5 亿米^3 的天然气或节约 375 万吨的原煤（白由路，2006）。在能源和资源极其紧缺的时代，进行测土配方施肥具有非常重要的现实意义。

四、减少污染，保护生态环境的需要

中国的化肥施用从新中国成立初期的 0.6 万吨增加到 2002 年的 4 124 万吨，平均施用量为 26.7 千克/亩，大约是世界平均的 3 倍（刘冬梅，2008）。不合理的施肥会造成肥料的大量浪费，浪费的肥料必然进入环境中，它不仅造成了大量原料和能源的浪费，也破坏了生态环境，如氮、磷的大量流失可造成水体的富营养化（朱兆良，2005），21 世纪的农业同时肩负粮食增产和环境保护两大重任，既要为不断增长的人口提供足以保证其基本生存的粮食供给，又要兼顾改善环境，实现农业的可持续发展（刘冬梅，2008）。

五、促进施肥结构改善和化肥工业健康发展的需要

测土配方施肥技术的推广，不仅在化肥氮磷钾比例调整方面发挥了重要作用，而且在化肥品种结构优化方面也效果显著，近年来适合作物需求的专用复混肥、配方肥发展迅速，逐渐成为主导产品。测土配方施肥项目一开始就十分重视化肥企业的参与，随着项目开展，参与的企业越来越多，正在逐渐引导化肥企业按需生产（张福锁，2009）。

第四节　研究的目标、思路和内容

一、研究目标

在系统分析江津区测土配方施肥土壤测试数据、田间试验数据的基础上，了解土壤养分状况，建立主要粮食作物施肥指标体系；制定出适合江津区的水稻、旱粮等粮食作物的施肥配方、肥料配方，做配方及配方肥的效果验证，并研究实现区域配肥技术精确调控的"大配方、小调整"的实施方法，为指导农民施肥实践提供科学依据，为推进测土配方施肥项目深入开展提供技术支持。

二、研究思路

目前，在我国根据区域土壤养分含量获取手段不同，主要形成了3种区域配肥技术，一是基于"资料汇总、田间观测和专家建议"的区域配方技术。该技术的特点是区域配方稳定、集中、使用面积大，但对小区域范围无针对性，因此适合大中型企业对我国大的农业生态区和大宗的作物进行复合肥生产。二是基于传统土壤采样策略的区域配方技术。该技术的特点是配方灵活、多变、针对性强，操作简单，养分配方既可以"施肥卡"的形式发放到农民手中，又可以对养分配方分类、合并后进行区域配方，但需要大量土壤样品采集和测试，因此该技术适合我国县域尺度农业技术人员与中小型企业合作，进行复混肥或BB肥的生产。三是基于GIS技术的区域配方技术。该技术的特点是可以准确获取土壤和作物属性的空间变异，符合未来"精准施肥"的潮流，可以代表未来区域配方的发展方向，但技术掌握和运用难度大，接受困难，需要长时间的培训和推广。

针对我国"农户分散经营"为主的农田布局来看，土壤养分含量和作物产量受人为因素影响加大，任何区域养分配方都不可能保证养分配方适合一定范围内的任一田块。

测土配方施肥技术能否成功推广应用，首先要看它是否适合当时当地的农业生产需求，同时技术既要简单易行还要达到一定的要求，否则将难以大面积推广应用。

本研究认为，将施肥指标体系研究与耕地地力评价成果结合起来，建立基于地力评价为单元的粮食作物区域施肥技术体系，既简单易行又能实现大面积的"精准"调控。具体的方法和技术路线如下：

对"3414"试验数据和土壤测试数据进行分析并参考相关文献资料，建立推荐施肥指标体

系。同时按照《全国耕地地力调查与质量评价技术规程》，依据地力评价的技术路线和方法，开展地力评价，划分耕地地力等级，在农户调查的基础上，确定每一等级的主要粮食作物的目标产量，结合已经建立的施肥指标体系，建立基于地力评价等级为单元的主要粮食作物的施肥配方和肥料配方。同时，根据每种粮食作物的生长规律，确定基追比例。以复混（合）肥为载体，根据"大配方、小调整"的原则，按照粮食作物的不同种类，每种作物开发一个或两个大配方肥料产品，然后根据地力等级，作施用数量上的调整，这样既减少了配方肥品种数量，又实现了大面积的"精准"调控，确保测土配方施肥落地。具体的技术路线如下（图 3-1）：

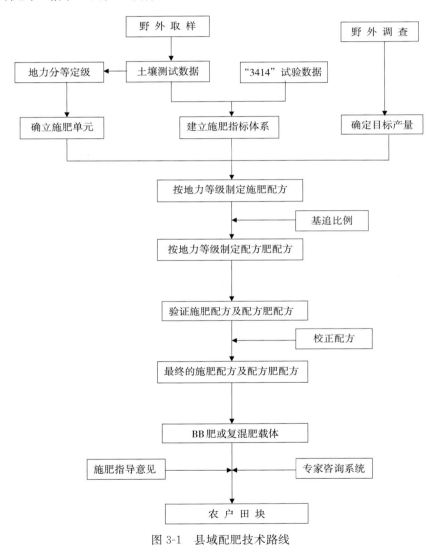

图 3-1　县域配肥技术路线

三、研究内容

1. 建立主要粮食作物施肥指标体系　建立主要粮食作物的施肥指标体系是测土配方施

肥技术的核心内容。自 2000 年以来，随着种植业结构的调整，全区的粮食作物耕作制度、产量水平、栽培方式、农民施肥方式及土壤肥力水平都发生了很大变化，迫切需要建立新的施肥指标体系。2004 年后，江津区粮食作物的耕作制度，水田以冬水田—中稻为主，旱地以胡豆—玉米—甘薯（玉米—甘薯）套作为主，为此，我们以这两种典型的耕作制度，建立水田和旱地粮食作物基于田间试验的施肥指标体系。

2. 开展地力评价　第二次土壤普查以来，江津区的耕地质量和土壤肥力状况已发生了很大变化，迫切需要对耕地进行新一轮的耕地地力调查和质量评价。通过充分利用本次测土配方施肥项目形成的大量数据，建立县域耕地资源数据库及耕地资源信息系统，开展耕地地力等级评价，既是实施耕地培肥，建设高标准农田，促进耕地资源合理利用的技术支撑，也是实施测土配方施肥的重要基础。地力等级不同，施肥也会不同，因"地"施肥，才能做到肥料的"精准调控"。

3. 建立基于地力评价的县域配肥体系　区域配肥是在充分了解作物生长发育规律、养分吸收规律、土壤养分供应特点的基础上，通过养分资源综合管理相关技术的综合运用研发区域作物专用肥。同时配套肥料生产、销售服务体系，最终以复混（合）肥为载体，协调一定区域养分投入和产出的平衡，既保证作物稳产高产，又减少养分向环境的迁移，减少养分浪费和对环境的污染。以主要粮食作物施肥指标体系为依据，建立基于地力评价等级为单元的粮食作物的施肥配方和配方肥配方，根据"大配方、小调整"的原则，每种作物开发一个或两个大配方肥料产品，然后根据地力等级，作施用数量上的调整，这样既减少了配方肥品种数量，又实现了大面积的"精准"调控，确保测土配方施肥落地。

4. 制定县域粮食作物测土配方施肥指导意见　依据县域施肥配方和配方肥配方，制定江津区主要粮食作物施肥指导意见，并制作成简单的施肥"建议卡"，引导农民应用测土配方施肥技术，是普及测土配方施肥的重要手段。

5. 开发测土配方施肥专家咨询系统　测土配方施肥技术更多地是知识型的技术包（包括施肥配方的选择、用量、施用时期、产品选择等），如何将这一技术传播到千家万户是一项系统工程。既包括农民知识水平的提升，也包括技术的集成简化，更要依赖高效的技术传播渠道。利用电子计算机建立测土配方施肥专家咨询系统指导施肥，促进测土配方施肥技术的推广，不仅是现时的需要，也是未来智慧农业的基础。

6. 建立县域测土配方施肥推广的长效机制　测土配方施肥项目的实施，不仅使江津区土肥领域的土壤和植株测试、技术集成示范、宣传培训和咨询等基础服务建设逐渐完备，技术服务队伍和水平得到提升，而且探索建立了长效机制，形成了测土配方施肥"十个一"的技术模式，将不断推进江津区测土配方施肥向纵深发展。

7. 十年测土配方施肥农户调查评价与未来发展思路　过去十年以来，江津区测土配方施肥大面积应用使农户施肥观念得以逐渐转变，肥料使用结构明显优化，肥料利用率得到提高，测土配方施肥取得了显著进步。但农户的真正应用情况如何？为此，江津区从 2008 年起，在全区主要生态区域、主要粮食作物上选取了 78 户农户进行施肥长期定点调查，通过这一定点调查结果总结，系统地反映出农户施肥水平的时间变化差异，形成了对过去十年测土配方施肥最有价值的评估，同时结合《全国农业可持续发展规划》（2015—2030 年）和农业部出台的《化肥零增长行动方案》，对未来的发展思路提出建议。

第四章

江津区稻田和旱地粮食
作物施肥指标体系研究

建立土壤和作物养分丰缺指标和推荐施肥指标体系是测土配方施肥技术的核心内容。第二次土壤普查后，江津区开展了稻—麦配方施肥指标体系研究，为全区粮食作物的配方施肥开展起到了良好的技术指导作用。但自 2000 年以来，随着种植业结构的调整，全区的粮食作物耕作制度、产量水平、栽培方式、农民施肥方式及土壤肥力水平都发生了很大变化，迫切需要建立新的施肥指标体系。2004 年后，江津区粮食作物的耕作制度，水田以冬水田—中稻为主，旱地以胡豆—玉米—甘薯（或玉米—甘薯）轮作套作为主，为此，我们以这两种典型的耕作制度，建立水田和旱地粮食作物基于田间试验的施肥指标体系。

第一节　材料和方法

一、田间试验数据

（一）"3414" 试验设计

"3414" 方案设计吸收了回归最优设计处理少、效率高的优点，是目前应用较为广泛的肥料效应田间试验方案（表 4-1）。"3414" 是指氮、磷、钾 3 个因素、4 个水平、14 个处理。4 个水平的含义：0 水平指不施肥，2 水平指当地推荐施肥量，1 水平（指施肥不足）＝2 水平×0.5，3 水平（指过量施肥）＝2 水平×1.5。

表 4-1　"3414" 设计

处理	处理代码		
	N	P_2O_5	K_2O
1	0	0	0
2	0	2	2
3	1	2	2
4	2	0	2
5	2	1	2
6	2	2	2
7	2	3	2
8	2	2	0
9	2	2	1
10	2	2	3
11	3	2	2
12	1	1	2
13	1	2	1
14	2	1	1

注："0" 水平为不施肥（空白），"2" 水平为当地最佳施肥量，"3" 水平超过当地最大施肥量。

该方案可应用 14 个处理进行氮、磷、钾三元二次效应方程拟合，还可分别进行氮、磷、钾中任意二元或一元效应方程拟合。例如：进行氮、磷二元效应方程拟合时，可选用处理 2~7、11、12，求得在以 K_2 水平为基础的氮、磷二元二次效应方程；进行氮、钾二元效应方程拟合时，可选用处理 2、3、6、8～11、13，求得在以 P_2 水平为基础的氮、钾二元二次效应方程；进行磷、钾二元效应方程拟合时，可选用处理 4～10、14，求得在以 N_2 水平为基础的磷、钾二元二次效应方程。选用处理 2、3、6、11，可求得在以 P_2K_2 水平为基础的氮肥效应方程；选用处理 4、5、6、7，可求得在以 N_2K_2 水平为基础的磷肥效应方程；选用处理 6、8、9、10，可求得在以 N_2P_2 水平为基础的钾肥效应方程。

（二）江津区"3414"试验情况

江津区"3414"试验按农业部《测土配方施肥技术规范》设计，从 2006 年至 2008 年在多个镇街开展了不同作物的试验，水稻共计 29 个，其中平坝丘陵区 21 个，深丘区 4 个，南部山区 4 个；旱地 42 个，其中玉米 15 个，甘薯 15 个，胡豆 12 个。覆盖了本区域的不同海拔和地理位置（表 4-2）。

表 4-2   江津区"3414"试验地点和品种

作物	地点（试验数）	供试品种
水稻（29）	西湖镇（2）、白沙镇（1）、蔡家镇（2）、柏林镇（4）、油溪镇（6）、吴滩镇（3）、永兴镇（3）、石门镇（4）、朱杨镇（2）、石蟆镇（2）	万优 6 号、Ⅱ优 21、宜香优 725、川丰 6 号、中优 85、西农优 10 号、渝优 1 号、西农优 30、Q 优 6 号、岗优缙恢 1 号
玉米（15）	西湖镇（2）、蔡家镇（3）、柏林镇（2）、油溪镇（3）、石门镇（2）、朱杨镇（1）、石蟆镇（2）	中单 868、东单 60、渝单 30、豪单 10 号、汇元 20、三农 201、三北 6 号、农大 3138
甘薯（15）	西湖镇（2）、蔡家镇（3）、柏林镇（2）、油溪镇（3）、石门镇（2）、朱杨镇（1）、石蟆镇（2）	豫薯王、宿芋薯
胡豆（12）	西湖镇（2）、蔡家镇（3）、柏林镇（2）、油溪镇（3）、石门镇（1）、石蟆镇（1）	白胡豆、成胡 10 号

试验用氮肥为 46％尿素，磷肥为 12％普通过磷酸钙，钾肥为 60％氯化钾，具体肥料用量如表 4-3。

表 4-3   "3414"试验氮磷钾"2"水平肥料施用情况

作物	N（千克/亩）		P_2O_5（千克/亩）		K_2O（千克/亩）	
	范围	平均值	范围	平均值	范围	平均值
水稻	9.6～14.0	10.6	3.6～8.0	5.3	6.0～14.0	8.3
玉米	12.0～19.6	16.6	5.2～16.0	8.8	4.0～12.0	7.5
甘薯	3.0～9.0	5.1	1.5～4.5	2.4	3.0～18.0	6.9
胡豆	1.5～4.0	2.4	3.8～7.5	5.7	3.0～7.8	5.3

（三）样品分析

试验前取试验地混合农化土壤样品（取 0～20 厘米耕作层 1 千克，必须有样品标签，下同）1 个，试验结束后每个小区（14 个）取土样 1 个，并取 1、2、4、6、8 处理植株和籽粒样品（5 窝），风干后待分析。

土样样品分析方法为：有机质采用油浴加热重铬酸钾氧化容量法；全氮采用凯氏蒸馏法；碱解氮采用碱解扩散法；全磷采用氢氧化钠熔融—钼锑抗比色法；有效磷采用氟化铵—盐酸浸提—钼锑抗比色法；全钾采用氢氧化钠熔融—火焰光度计；速效钾采用乙酸铵浸提—火焰光度计法。植株样品分析方法为：全氮采用 $H_2SO_4-H_2O_2$-半微量蒸馏法；全磷采用钼锑抗吸光光度法；全钾采用火焰光度法。

二、土壤养分测试数据

主要包括江津区测土配方施肥实施采集的水田 3 732 个样点的土壤测试数据，其中平坝丘陵区的样点数为 2 595 个，深丘区为 475 个，南部山区为 662 个。旱地 2 061 个样点的土壤测试数据，其中平坝丘陵区的样点数为 1 437 个，深丘区为 254 个，南部山区为 370 个。

1. 土壤养分丰缺指标的建立　根据"3414"试验的作物产量结果和土壤速效养分测试结果建立土壤养分丰缺指标体系，将缺素区产量与方案实施中 2 水平产量相比较以计算相对产量，以对数方程获得相对产量与对应土壤速效养分测试值之间的数学关系式。最后分别以不同的相对产量计算对应的土壤养分含量，以此划分土壤养分分级指标。

丰缺指标建立的步骤（图 4-1）：

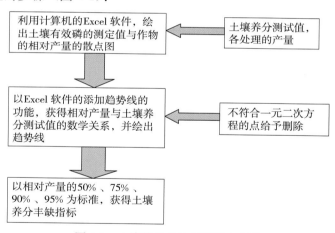

图 4-1　土壤养分丰缺指标建立步骤

（1）对某一特定作物，至少布置 20～30 个点的"3414"等田间试验。
（2）采集基础土样，用传统测试方法或新的测试方法测定土壤有效养分。
（3）通过田间试验获得不同处理的作物产量。
（4）计算不同试验中缺氮、磷、钾的相对产量。
（5）对多年多点试验的相对产量与土壤测定结果进行相关性分析。
（6）利用计算机的 Excel 软件，绘出土壤有效养分测定值与作物相对产量的散点图。
（7）以 Excel 软件的添加趋势线功能，获得相对产量与土壤养分测试值的数学关系，并绘出趋势线。
（8）以相对产量的 50％、75％、90％ 和 95％ 为标准，获得土壤养分丰缺指标。其中，相对产量的计算方法为：

缺 N 区相对产量＝处理 2 作物产量/处理 6 作物产量×100%

缺 P 区相对产量＝处理 4 作物产量/处理 6 作物产量×100%

缺 K 区相对产量＝处理 8 作物产量/处理 6 作物产量×100%

2. 无效数据的剔除 首先利用计算机的 Excel 软件，绘出土壤有效养分的测定值与作物的相对产量的散点图。在对各个"3414"试验用一元二次方程进行拟合的基础上，找出符合典型式的有效的肥料效应方程的"3414"试验数据进行下一步计算分析，其余的不符合典型式的"3414"试验数据有待进一步分析原因。不符合典型式肥料效应方程 $y = b_2 x^2 + b_1 x + b_0$ 有以下几种类型：

A. 回归分析结果显示方程不显著：$F <$ Significance F。

B. 最佳施肥量是外推出来的，即施肥超过 3 水平的施肥量。

C. 二次项系数 $b_2 > 0$，不符合典型式（图 4-2）。

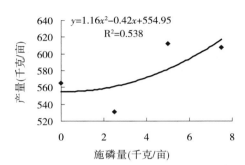

图 4-2 4 个处理的施磷量与相应产量的关系

3. 土壤养分图的制作 应用 GIS 软件制作土壤养分图的主要步骤为：①有效数据的转化，包括将土壤测试样点的经度和纬度转化为距离单位"米"，将土壤测试样点的数据转化成 GIS 软件可以识别的格式；②导入目标区域行政边界图。利用 GIS 软件把土壤测试样点数据和江津区的行政边界图导入软件中；③将土壤养分值分级制图。根据土壤有效养分丰缺指标划分养分测试数据，最后形成土壤的养分图。

4. 肥料推荐用量的计算 有关研究表明：应用三元二次方程和二元二次方程对"3414"试验数据拟合成功率低，一元二次方程拟合成功率相对较高，所以优先采用一元二次方程对"3414"试验数据进行拟合。所采用的方程为：

$$y = a + bx + cx^2$$

式中，y 为籽粒产量；x 为肥料用量；a 为截距；b 为一次回归系数；c 为二次回归系数。

选用处理 2、3、6、11 的产量结果模拟氮肥的推荐用量，选用处理 4、5、6、7 的产量结果模拟磷肥的推荐用量，选用处理 6、8、9、10 的产量结果模拟钾肥的推荐用量。如果上述方程模拟成功，根据边际收益等于边际成本，即 $dy \cdot Py = dx \cdot Px$ 计算经济最佳施肥量，以 x 为变量，对方程两边求导，得到方程：

$$b + 2cx = Px/Py$$

式中，Px 为 N、P_2O_5 或 K_2O 价格；Py 为粮食价格。

把一次回归系数 b 值、二次回归系数 c 值、肥料和粮食价格代入上述方程，解方程即可得到最佳氮、磷、钾肥用量。

5. 推荐施肥指标体系的建立

（1）氮肥总量控制 即把区域所有试验的最佳施氮量取平均值作为区域氮素推荐用量。具体步骤如图 4-3 所示。

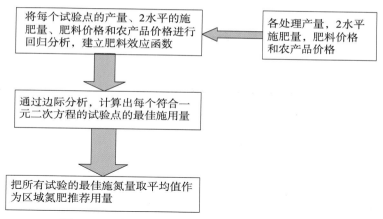

图 4-3　区域总量控制法推荐氮肥用量的主要步骤

（2）**磷钾恒量监控**　我们通过 20 年长期定位试验和大量根际磷活化利用的基础研究发现，只有将根层磷钾长期维持在一个适宜水平上才能充分发挥作物的生物学潜力，实现磷钾养分的高效利用，由此创建了以养分平衡为手段、以根层磷钾适宜范围为目标的磷钾恒量监控简化管理技术。长期定位试验表明，土壤有效磷钾的变化主要是由土壤—作物系统磷钾的收支平衡决定的。同时，鉴于粮食作物秸秆中累积的钾往往占吸钾量的 80% 以上，恒量监控技术特别强调秸秆还田在钾收支平衡中的重要作用，克服了已往钾肥推荐难以实现土壤养分收支平衡，造成土壤钾素肥力下降的问题。

此次分析，我们依据"3414"试验的结果，并结合磷钾恒量监控的原理确定出不同养分状况下的适宜推荐量。具体步骤如图 4-4 所示。

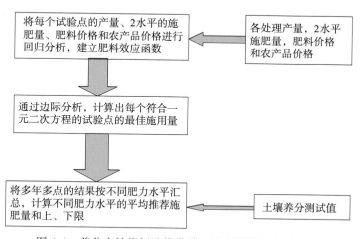

图 4-4　养分丰缺指标法推荐磷、钾肥用量的主要步骤

（3）**中微量元素的"因缺补缺"**　中微量元素施肥原则与大量元素不同，在确定了土壤丰缺临界值的基础上，一般中微肥用量相对固定，可以通过土壤测试确定一定区域内中微量元素的施用范围。

6. 数据处理　肥料效应方程拟合、显著性检验、最佳施肥量的计算采用"测土配方施肥数据管理系统"（扬州管理系统，V1.5 版），图表制作采用 Excel 2003 软件。

第二节　江津区稻田土壤施肥指标体系

一、江津区稻田土壤速效氮、磷、钾丰缺指标及养分图

（一）江津区3个生态区域稻田土壤养分状况

1. 稻田土壤氮磷钾养分　由于相对高差较大，立体气候明显，按照种植业区划，将江津区划分为3个种植分区——平坝丘陵区、深丘区、南部山区，并根据取土化验结果，按3个区域分别分析水田土壤养分状况，其中平坝丘陵区的样点数为2 595个，深丘区为475个，南部山区为662个，分析结果如图4-5至图4-13：

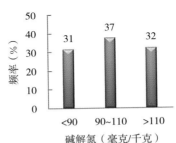

图4-5　平坝丘陵区碱解氮的频率分布

图4-6　深丘区碱解氮的频率分布

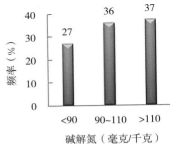

图4-7　南部山区碱解氮的频率分布

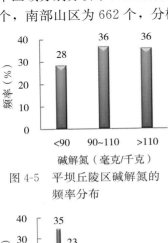

图4-8　平坝丘陵区有效磷的频率分布

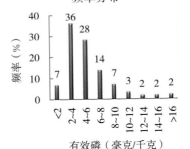

图4-9　深丘区有效磷的频率分布

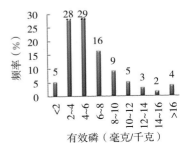

图4-10　南部山区有效磷的频率分布

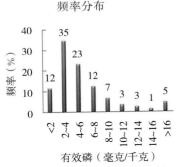

图4-11　平坝丘陵区速效钾的频率分布

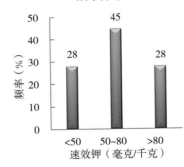

图4-12　深丘区速效钾的频率分布

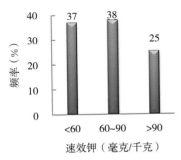

图4-13　南部山区速效钾的频率分布

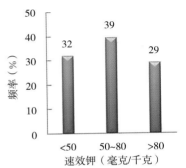

　　分析结果显示，在同样的分级指标下，3 个区域间的各养分分布差异不大，完全可以考虑采用同样的分级指标。从磷的分布显示，有效磷在 3 个区域中有 86%～91% 的样点小于 10 毫克/千克，说明江津区普遍缺磷；钾的分布显示，平坝丘陵区分为 0～60、60～90、>90 毫克/千克 3 个等级，深丘区分为 0～50、50～80、>80 毫克/千克 3 个等级，南部山区分为 0～50、50～80、>80 毫克/千克 3 个等级时，3 个等级间的比例比较平均，3 个区域间的差异不大，深丘区和南部山区的土壤钾稍微低一些。

2. 江津区 3 个生态区域稻田土壤中微量元素养分状况　参见表 4-4 至表 4-6。

表 4-4　平坝丘陵区中微量元素丰缺情况

稻田	Ca	Mg	Fe	Mn	Cu	Zn	B
总样点数（个）	293	293	396	396	396	395	85
临界值以上个数（个）	228	249	388	395	391	368	4
临界值以上所占比例（%）	78	85	98	100	99	93	5
临界值以下个数（个）	65	44	8	1	5	27	81
临界值以下所占比例（%）	22	15	2	0	1	7	95

表 4-5　深丘区中微量元素丰缺情况

稻田	Ca	Mg	Fe	Mn	Cu	Zn	B
总样点数（个）	51	51	74	74	74	74	20
临界值以上个数（个）	37	40	74	72	74	70	0
临界值以上所占比例（%）	73	78	100	97	100	95	0
临界值以下个数（个）	14	11	0	2	0	4	20
临界值以下所占比例（%）	27	22	0	3	0	5	100

表 4-6　南部山区中微量元素丰缺情况

稻田	Ca	Mg	Fe	Mn	Cu	Zn	B
总样点数（个）	71	71	91	91	91	91	24
临界值以上个数（个）	52	49	89	88	90	80	0
临界值以上所占比例（%）	73	69	98	97	99	88	0
临界值以下个数（个）	19	22	2	3	1	11	24
临界值以下所占比例（%）	27	31	2	3	1	12	100

　　注：各元素临界指标 Ca＝2 厘摩尔/千克，Mg＝0.5 毫克/千克，Fe＝4.5 毫克/千克，Mn＝3 毫克/千克，Cu＝0.2 毫克/千克，Zn＝1.5 毫克/千克，B＝0.5 毫克/千克。

　　从 3 个区域的中微量元素的丰缺状况来看，3 个区域的分布也比较相似，有部分区域缺 Ca、Mg，普遍缺 B。

3. 稻田土壤氮磷钾丰缺指标 按照本章土壤养分丰缺指标建立的方法，根据水稻"3414"的试验结果，建立起土壤养分与水稻相对产量的关系图（图4-14至图4-17）。

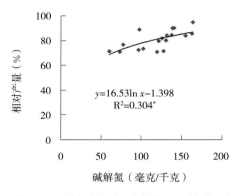

图4-14 碱解氮与相对产量（＝处理2/处理6）的相关性

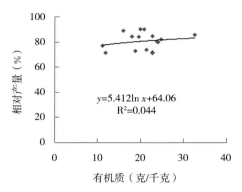

图4-15 有机质与相对产量（＝处理4/处理6）的相关性

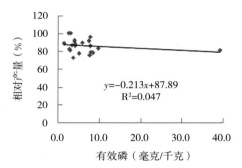

图4-16 有效磷与相对产量（＝处理4/处理6）的相关性

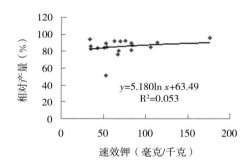

图4-17 速效钾与相对产量（＝处理8/处理6）的相关性

由图4-14、图4-15可见，碱解氮与相对产量的相关性达到显著水平，有机质与相对产量的相关性不显著。同时结合碱解氮的养分频率分布情况（图4-5至图4-7），可将土壤碱解氮的丰缺指标确定为0～90、90～110、>110毫克/千克3个等级，并能适宜平坝丘陵区、深丘区和南部山区3个区域的养分状况。

由图4-16、图4-17可见，有效磷与相对产量的相关性不显著，速效钾与相对产量的相关性也不显著，这可能与水田磷钾的释放能力较强有关，因此无法通过此法建立磷钾的丰缺指标。在以上方法行不通的情况下，也可以依据整个区域的养分分布状况（图4-8至图4-13）建立磷钾的丰缺指标。如图所示，3个区域有效磷的分布状况非常相似，大部分（约占86%～91%）小于10毫克/千克，处于低肥力水平，因此可将江津区有效磷的丰缺指标划分为两个级别，即0～10、10～15毫克/千克。为进一步分析0～5毫克/千克与5～10毫克/千克两个等级间对磷的施肥效应是否有区别，也可先划分为0～5、5～10和>10毫克/千克3个等级，分别对应极低、低和中3个等级。钾的频率分布图显示，平坝丘陵区分为0～60、60～90、>90毫克/千克3个等级，深丘区分为0～50、50～80、>80毫克/千克3个等级，南部山区分为0～50、50～80、>80毫克/千克3个等级时，3个等级间的比例比较平均，3

个区域间的差异不大，深丘区和南部山区的土壤钾稍微低一些。为推荐施肥的方便及配方的简单化，宜将 3 个区域的丰缺指标统一为 0～60、60～90、>90 毫克/千克 3 个等级分别对应低、中、高 3 个等级。

（二）稻田土壤氮磷钾养分图

2005 年我国实施了测土配方施肥项目，然而根据测土值进行的施肥推荐针对的操作单元是田块。由于我国土地分散经营的基本国情，根据 2003 年统计年鉴推算我国田块数目有 5.879 亿块，中国区域养分管理的主要操作单元不应该是田块。土壤是由成土母质、气候条件、生物、地形和人类活动等因素综合作用而形成的，由于成土条件的不同，种植制度、管理方式的差异，土壤在空间上存在着很大的变异，土壤的空间变异性使得有限的土壤测试值不能充分代表田间的养分状况，当以田间平均值或某一田块混合样品的测试值代表一个区域的养分状况进行推荐施肥时，会引发出推荐施肥量不确切，最佳施肥量不合理，田间养分供给过量或不足等问题。如何将点上的土壤养分测试值扩展到面上，如何利用土壤值对区域养分状况进行评价，一直是困扰土壤科学工作者的难题，也是当前研究的重点。

本研究对平坝丘陵区的 2 595 个土壤测试样点数，深丘区的 475 个土壤测试样点数，南部山区的 662 个土壤测试样点数进行图件的绘制，空间插值，生成养分分布图，均采用 ESRI 公司的 ArcGIS9.0 软件。

江津区稻田土壤氮磷钾养分图参见图 4-18 至图 4-26。

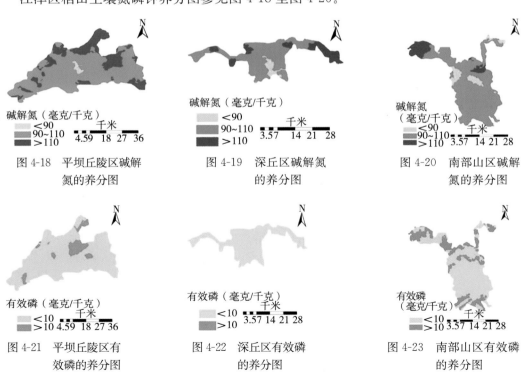

图 4-18　平坝丘陵区碱解
氮的养分图

图 4-19　深丘区碱解氮
的养分图

图 4-20　南部山区碱解
氮的养分图

图 4-21　平坝丘陵区有
效磷的养分图

图 4-22　深丘区有效磷
的养分图

图 4-23　南部山区有效磷
的养分图

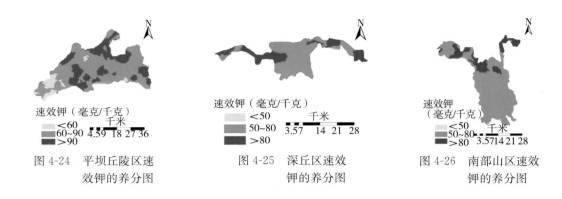

图 4-24 平坝丘陵区速
效钾的养分图

图 4-25 深丘区速效
钾的养分图

图 4-26 南部山区速效
钾的养分图

二、江津区稻田施肥指标体系

(一)平坝丘陵区氮肥的总量控制

为了给不同的田块提出适宜施氮量的建议,有关单位通过大量的田间试验研究提出了一些方法,但是这些方法或者需要一定的测试条件如矿化法、碱解氮法,或者要求设置无氮区。这在当前条件下,特别是由于农化服务在大面积上普遍开展尚有一些困难。而且这些方法的准确性也并不总是令人满意的(朱兆良,张绍林,徐银华,1986)。长期以来,我国的测土施氮技术一般将土壤碱解氮作为表征土壤供氮能力的指标。朱兆良等(1992)研究认为在盆栽条件下,碱解氮可以很好地表征土壤供氮能力,但在田间条件下碱解氮不能准确地表征土壤供氮能力。目前水田上土壤氮没有可行的测试方法,无论全氮还是铵态氮与作物产量都没有很好的相关关系(贾良良等,2008)。

朱兆良等(1986)提出平均适宜施氮量的概念,即在确定各个田块的作物经济施氮量的基础上,求取其平均值,用以作为在一定范围内对该作物推荐适宜施用化肥氮量的主要依据。并通过对 1982—1985 年 3 年期间在太湖地区进行的 22 个单季晚稻氮肥用量的试验结果加以验证,结果表明,在一定的区域内,在相同的氮肥总投入情况下,22 块田的总产仅比各田块经济施肥量总和下降 1.2%,并比当地平均施用量低得多。因此,即使采用上述简单化的作法,不致于导致明显减产,还可以节约大量的氮肥,其意义是显而易见的。这种作法,在当前农村缺乏农化服务的条件下,具有一定的实用价值。下面我们依据江津区 3 年的杂交中稻"3414"数据对平均适宜施氮量(我们称其为氮肥的总量控制)的实用价值做进一步的考察。

1. 氮肥总量控制法的适宜性评价 用一元二次方程对平坝丘陵区每个"3414"试验数据进行模拟,可得出其肥料效应函数和最佳施氮量(表 4-7),计算取得最佳施氮量的平均值为 11 千克/亩。当采用该平均值作为平坝丘陵区水稻的推荐施氮量并代入每个试验的一元二次方程,可以得出对应的产量数据,即总量控制下的平均施氮量产量(表 4-8)。从图 4-27 中可以看出,总量控制下的平均施氮量产量与田块最佳施氮量产量间存在线性相关,相关系数为 0.983,达到了极显著的水平。

表 4-7　试验数据模拟的氮肥效应函数和最佳施氮量结果

试验编号	效应函数	推荐施氮量（千克/亩）
402288E20070407J018	$y=-0.409x^2+15.35x+501.4$	15.67
402292E20070407J020	$y=-0.474x^2+18.55x+518.18$	16.90
402295E20060407J010	$y=-0.538x^2+9.02x+342.6$	6.04
402295E20060407J011	$y=-0.777x^2+13.62x+587.3$	7.14
402285E20070407J023	$y=-1.59x^2+31.81x+453.8$	9.21
402288E20070407J017	$y=-0.947x^2+24.60x+427.8$	11.65
402291E20060407J006	$y=-0.966x^2+20.16x+426.9$	9.13
402292E20060407J009	$y=-2.066x^2+28.77x+567.2$	6.35
402285E20060410J002	$y=-1.162x^2+19.84x+558.2$	7.46
402293E20060407J007	$y=-0.972x^2+22.084x+463.2$	10.06
402266E20060407J004	$y=-1.933x^2+40.73x+510.6$	9.88
402291E20080407J054	$y=-0.231x^2+9.69x+436.1$	15.51
402291E20080407J053	$y=-0.323x^2+13.05x+546.1$	16.27
402291E20080407J055	$y=-0.216x^2+9.27x+389.0$	15.61
402285E20070407J024	$y=-1.275x^2+27.29x+562.9$	9.72
402285E20070407J025	$y=-1.795x^2+36.05x+499.5$	9.34

表 4-8　总量控制（施氮量 11 千克/亩）下的产量和利润与试验条件下的比较

试验编号	试验最佳施肥量（千克/亩）	试验最佳产量（千克/亩）	试验最佳施肥利润（元/亩）	总量控制下的产量（千克/亩）	总量控制下施肥利润（元/亩）
402288E20070407J018	15.67	641	148	621	132
402292E20070407J020	16.90	696	215	665	186
402295E20060407J010	6.04	378	33	377	10
402295E20060407J011	7.14	645	63	643	42
402285E20070407J023	9.21	612	222	611	213
402288E20070407J017	11.65	586	207	584	207
402291E20060407J006	9.13	531	151	532	145
402292E20060407J009	6.35	667	131	634	53
402285E20060410J002	7.46	642	124	636	99
402293E20060407J007	10.06	587	181	589	179
402266E20060407J004	9.88	724	335	725	330
402291E20080407J054	15.51	531	96	515	88

（续）

试验编号	试验最佳施肥量（千克/亩）	试验最佳产量（千克/亩）	试验最佳施肥利润（元/亩）	总量控制下的产量（千克/亩）	总量控制下施肥利润（元/亩）
402291E20080407J053	16.27	673	152	651	136
402291E20080407J055	15.61	481	93	465	85
402285E20070407J024	9.72	708	212	709	209
402285E20070407J025	9.34	680	254	679	245

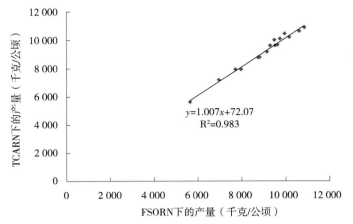

图 4-27　平坝丘陵区的田块最佳施氮量（FSORN）的产量
与总量控制下施氮量（TCARN）的产量相关性比较
（n＝16，r＝0.99**）

　　以纯 N 价格为 4.4 元/千克，水稻价格为 1.75 元/千克计，在选择田块最佳施氮量作为推荐施氮量时，可获得的平均利润是 154 元/亩，而在采用平均施氮量条件下，可获得的平均利润是 148 元/亩（图 4-28），平均施氮量条件下的施氮利润仅比田块最佳施氮利润少 4.18%，结果表明氮肥的总量控制方法在江津还是比较适宜。

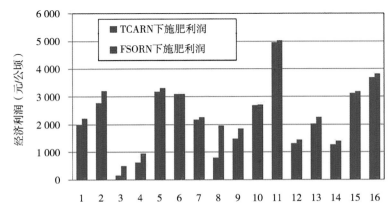

图 4-28　平坝丘陵区总量控制下的平均施氮量与田块最佳施氮量时的
施肥利润比较（2006—2008 年）

2. 对氮肥总量作适当调整 根据表 4-8 的最佳施肥量，做频率分布图（图 4-29），得出氮肥频率分布最多的是 8～12 千克/亩。另根据前述第二章的农户施肥调查，江津区水稻单产的范围在 250～818 千克/亩，平均为 485 千克/亩，单产差异较大，水稻氮肥的平均施用量为 9.4 千克/亩，为此，根据目标产量，对氮肥总量控制调整如表 4-9 所示。

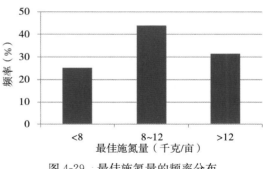

图 4-29 最佳施氮量的频率分布

表 4-9 平坝丘陵区稻田不同目标产量下氮的施肥指标体系

目标产量（千克/亩）	推荐施氮量（千克/亩）
700	11.5
600	10.5
500	9.5

（二）平坝丘陵区磷肥的恒量监控

由 29 个 "3414" 试验的籽粒和秸秆的养分测试结果，可计算出不同水稻产量水平下形成百千克籽粒的养分吸收量（表 4-10）。表 4-11 所示，其中最佳施磷量和最佳产量为平坝丘陵区 "3414" 试验的分析结果，通过汇总分析在 0～5 毫克/千克与 5～10 毫克/千克等级下的 "3414" 试验的最佳施磷量，求取最佳施磷量的平均值，并计算出最佳产量下的养分吸收量和恒量监控下的施肥量。根据恒量监控的原理，在低肥力情况下，投入的养分量应该高于养分吸收量，究竟比吸收量高多少才科学？可以利用田间试验获得的最佳用量进行校正。通过计算得出，在 0～5 毫克/千克与 5～10 毫克/千克两个等级，在投入养分量为养分吸收量的 1.5 倍时，此时的养分投入量与最佳施磷量极为接近，说明在投入养分量为养分吸收量的 1.5 倍时，既可以培肥地力同时也可以获得最佳的经济效益；同时也说明在 0～5 毫克/千克与 5～10 毫克/千克两个等级下的养分投入量可以一样用养分吸收量的 1.5 倍计算，也就是说对 0～5 毫克/千克与 5～10 毫克/千克两个等级可以不作区分。

表 4-10 "3414" 试验处理 6 不同目标产量下形成百千克籽粒的养分吸收量

产量等级	N（千克）	P_2O_5（千克）	K_2O（千克）
350～400 千克/亩（n=2）	2.16	0.69	2.09
400～500 千克/亩（n=5）	1.85	0.60	2.17
500～600 千克/亩（n=5）	1.86	0.63	2.79
600～700 千克/亩（n=11）	1.91	0.72	2.66
700～750 千克/亩（n=6）	2.28	1.00	3.10

表 4-11 最佳施磷量平均值与恒量监控下的比较

编号	有效磷（毫克/千克）	磷素肥力等级（毫克/千克）	最佳产量（千克/亩）	最佳施磷量（千克/亩）	平均最佳施磷量（千克/亩）	磷养分吸收量（千克/亩）	恒量监控施磷量（千克/亩）	恒量监控平均（千克/亩）
402295E20060407J011	1.4		657	5.49		5.38	8.08	
402285E20070407J025	2.7		728	8.87		5.97	8.95	
402285E20060406J001	2.8		724	8.66		5.93	8.90	
402285E20060410J002	3.3		632	6.86		5.18	7.77	
402292E20070407J021	3.6	<5	749	8.98	7.24	6.14	9.21	7.57
402291E20080407J055	3.9		487	5.40		3.07	4.60	
402291E20080407J053	3.9		684	5.40		5.61	8.41	
402295E20060407J010	4.1		381	6.63		2.40	3.60	
402292E20060407J009	4.1		697	8.89		5.72	8.57	
402292E20070407J020	5.1		736	12.00		6.04	9.05	
402291E20080407J054	5.8		542	5.40		3.41	5.12	
402285E20070407J024	7.4		726	6.40		5.95	8.93	
402288E20070407J017	7.7		632	9.00		5.18	7.77	
402293E20060407J003	7.8	5～10	686	6.63	8.65	5.63	8.44	8.22
402266E20060407J004	7.8		726	9.00		5.96	8.94	
402285E20070407J023	8		658	8.47		5.39	8.09	
402288E20070407J019	8.4		664	9.00		5.44	8.17	
402292E20070407J022	9.7		771	12.00		6.32	9.48	

如图 4-30 的分析显示，最佳施磷量与最佳施磷量下产量之间呈极显著的正相关关系。通过以上分析得出，可以依据恒量监控原理建立磷的推荐施肥指标体系，如表 4-12 所示。

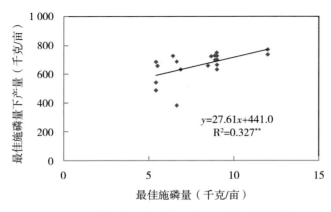

图 4-30 最佳施磷量与最佳施磷量下产量的相关性

表 4-12　平坝丘陵区稻田磷的施肥指标体系（P_2O_5，千克/亩）

土壤有效磷 (毫克/千克)	肥力等级	目标产量下的磷肥施用量（千克/亩）		
		500	600	700
<10	低	5.5	6.5	7.5
>10	中	3.7	4.3	5

注：低肥力等级施磷量（P_2O_5）为养分吸收量的 1.5 倍，中肥力水平等级施磷量（P_2O_5）等于养分吸收量。

（三）平坝丘陵区钾肥的恒量监控

鉴于粮食作物秸秆中累积的钾往往占吸钾量的 80% 以上，恒量监控技术特别强调秸秆还田在钾收支平衡中的重要作用，克服了已往钾肥推荐难以实现土壤养分收支平衡，造成土壤钾素肥力下降的问题。通过对 21 个"3414"试验的籽粒和秸秆的养分测试结果，可计算出水稻形成百千克籽粒的养分吸收量及养分收获指数（表 4-13、表 4-14）。

表 4-13　水稻形成百千克籽粒的养分吸收量

处理	N（千克）	P_2O_5（千克）	K_2O（千克）
一处理	1.73	0.69	2.53
二处理	1.69	0.73	2.60
四处理	2.06	0.71	2.98
六处理	1.98	0.74	2.65
八处理	1.98	0.75	2.43
平均值	1.89	0.72	2.64

表 4-14　水稻养分收获指数

	N	P	K
一处理	0.65	0.74	0.14
二处理	0.66	0.75	0.13
四处理	0.62	0.70	0.11
六处理	0.64	0.71	0.13
八处理	0.65	0.72	0.15
平均值	0.64	0.73	0.13

根据以上参数可以计算出秸秆完全还田和秸秆部分还田（留高茬）下的养分平衡状况，如表 4-15 所示，"3414"试验结果中在最佳施肥量下并结合秸秆部分还田（留高茬，还田量约占 40%）或秸秆不还田下，这两种情况基本没办法维持基本的平衡，而在秸秆全部还田的情况下，养分平衡均出现盈余，在当前钾肥较昂贵的情况下，可考虑加大秸秆的还田量以维持基本的平衡。

表 4-15 秸秆还田的比例及养分平衡

编号	有效钾 （毫克/千克）	最佳施钾量 （K₂O， 千克/亩）	最佳产量 （千克/亩）	养分平衡 1 （K₂O， 千克/亩）	养分平衡 2 （K₂O， 千克/亩）	养分平衡 3 （K₂O， 千克/亩）
402288E20070407J018	53	7.97	689	−9.66	5.68	−3.53
402292E20070407J020	83	14.86	720	−3.57	12.47	2.84
402295E20060407J010	53	8.44	406	−1.95	7.09	1.66
402292E20070407J022	84	21.00	790	0.78	18.37	7.82
402295E20060407J011	34	4.51	650	−12.13	2.35	−6.34
402285E20070407J023	54	9.00	680	−8.40	6.74	−2.35
402288E20070407J019	35	6.65	625	−9.36	4.57	−3.79
402288E20070407J017	43	7.18	609	−8.43	5.15	−3.00
402293E20060407J003	114	5.54	683	−11.95	3.27	−5.86
402292E20060407J009	35	8.94	716	−9.40	6.55	−3.02
402285E20060410J002	176	4.37	619	−11.48	2.31	−5.96
402277E20080407J067	106	11.35	461	−0.46	9.81	3.65
402293E20060407J007	51	6.49	575	−8.24	4.58	−3.11
402292E20070407J021	67	17.33	729	−1.32	14.90	5.17
402291E20080407J054	70	8.02	523	−5.37	6.28	−0.71
402291E20080407J053	76	9.89	649	−6.73	7.73	−0.95
402291E20080407J055	63	7.07	455	−4.57	5.56	−0.52
402285E20070407J024	83	6.00	712	−12.22	3.63	−5.88
402285E20070407J025	68	6.00	689	−11.64	3.70	−5.50

注：养分平衡 1 为秸秆不还田，养分平衡 2 为秸秆还田，养分平衡 3 为留高茬（约 40% 秸秆在田）。

如图 4-31 的分析显示，最佳施钾量与最佳施钾量下产量之间呈一定程度的正相关关系。从最佳施钾量的频率分布（图 4-32）可以看出最佳施钾量主要分布在 4～10 千克/亩之间。通过以上分析得出，可以依据恒量监控原理建立钾的推荐施肥指标体系，如表 4-16 所示。

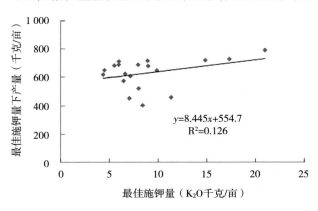

图 4-31 最佳施钾量与最佳施钾量下产量的相关性

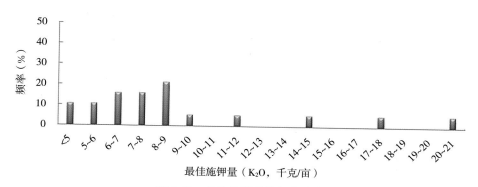

图 4-32　最佳施钾量的频率分布

表 4-16　平坝丘陵区稻田钾的施肥指标体系

产量水平（千克/亩）	肥力等级	土壤速效钾（毫克/千克）	钾肥用量（K₂O，千克/亩）
	低	<60	7
500	中	60～90	6
	高	>90	5
	低	<60	9
600	中	60～90	8
	高	>90	7
	低	<60	11
700	中	60～90	10
	高	>90	9

通过对表 4-17 的分析可以看出，在目前的施肥指标体系下，留高茬（约 40%秸秆还田）无法满足江津区稻田钾素养分平衡，只有秸秆还田量达到 60%时才能维持基本的养分平衡，并在一定程度上培肥地力，而秸秆全部还田则可使养分盈余。在目前钾肥价格较高的情况下，应提倡秸秆大量还田以培肥地力，而不是单纯靠施用钾肥来实现养分的平衡，这是不合算的。

表 4-17　利用衡量监控法获得的钾施肥指标体系评价不同秸秆还田量维持钾素平衡状况

钾的等级（毫克/千克）	最佳施肥量（K₂O，千克/亩）	最佳产量（千克/亩）	养分平衡1（K₂O，千克/亩）	养分平衡2（K₂O，千克/亩）	养分平衡3（K₂O，千克/亩）	养分平衡4（K₂O，千克/亩）
高	5.00	500	−7.80	3.34	−3.35	−1.12
中	6.00	500	−6.80	4.34	−2.35	−0.12
低	7.00	500	−5.80	5.34	−1.35	0.88
高	7.00	600	−8.36	5.00	−3.01	−0.34

（续）

钾的等级 （毫克/千克）	最佳施肥量 （K_2O， 千克/亩）	最佳产量 （千克/亩）	养分平衡1 （K_2O， 千克/亩）	养分平衡2 （K_2O， 千克/亩）	养分平衡3 （K_2O， 千克/亩）	养分平衡4 （K_2O， 千克/亩）
中	8.00	600	−7.36	6.00	−2.01	0.66
低	9.00	600	−6.36	7.00	−1.01	1.66
高	9.00	700	−8.92	6.67	−2.68	0.43
中	10.00	700	−7.92	7.67	−1.68	1.43
低	11.00	700	−6.92	8.67	−0.68	2.43

注：养分平衡1，2，3，4分别指秸秆不还田，秸秆全部还田，秸秆40%还田和秸秆60%还田。形成百千克经济产量的吸钾量为2.56千克，钾的养分收获指数为0.87。

（四）深丘区和南部山区氮肥的总量控制和磷、钾肥恒量监控

根据平坝丘陵区"3414"试验进行分析，初步建立起了平坝丘陵区水稻推荐施肥指标体系。但由于深丘区和南部山区"3414"试验布置较少，没法通过对"3414"试验的分析来建立推荐施肥指标体系。但根据3个区域的土壤养分对比分析可以看出：3个区域的养分的分布极为相似，因此，采用同样的养分分级指标，根据区域间受光合生产潜力的影响，导致的目标产量的不同，来建立深丘区和南部山区的施肥指标体系。为此形成江津区3个生态区域的施肥指标体系见表4-18、表4-19、表4-20。

表4-18　稻田氮的施肥指标体系

区域	目标产量（千克/亩）	推荐施氮量（N，千克/亩）
平坝丘陵区	700	11.5
	600	10.5
	500	9.5
深丘区	600	10.5
	500	9.5
	400	8.5
南部山区	500	9.5
	450	9
	400	8.5

表4-19　稻田磷的施肥指标体系

土壤有效磷 （P，毫克/千克）	肥力等级	目标产量下的推荐施磷量（P_2O_5，千克/亩）								
		平坝丘陵区			深丘区			南部山区		
		700	600	500	600	500	400	500	450	400
<10	低	7.5	6.5	5.5	6.5	5.5	4.8	5.5	4.8	4.3
>10	中	5.0	4.3	3.7	4.3	3.7	3.0	3.7	3.2	3.0

表 4-20　稻田钾的施肥指标体系

区域	目标产量 （千克/亩）	肥力等级	土壤速效钾 （毫克/千克）	钾肥用量（K₂O，千克/亩）
平坝丘陵区	700	低	<60	11
	600	中	60～90	10
	500	高	>90	9
深丘区	600	低	<60	9
	500	中	60～90	8
	400	高	>90	7
南部山区	500	低	<60	9
	450	中	60～90	8
	400	高	>90	7

（五）中微量元素的"因缺补缺"

从 3 个区域的中微量元素的丰缺状况来看，3 个区域的分布也比较相似，普遍缺 B。缺 B 的区域可通过基施硼砂 0.5 千克/亩，或叶面追施 0.1%～0.2% 的硼砂溶液（张福锁，陈新平，陈清，2009）。

第三节　江津区旱粮土壤施肥指标体系

一、江津区旱粮土壤速效氮、磷、钾丰缺指标及养分图

（一）江津区三个生态区域旱粮土壤养分状况

1. 旱粮土壤氮磷钾养分状况　由于相对高差较大，立体气候明显，将江津区划分为 3 个种植分区——平坝丘陵区、深丘区、南部山区，并按 3 个区域分别分析旱粮土壤养分状况，其中平坝丘陵区的样点数为 1 437 个，深丘区为 254 个，南部山区为 370 个，分析结果如图 4-33 至图 4-41。

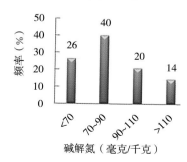

图 4-33　平坝丘陵区碱解氮
　　　　　的频率分布

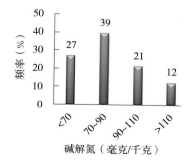

图 4-34　深丘区碱解氮的
　　　　　频率分布

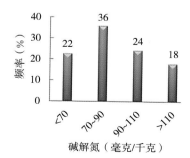

图 4-35　南部山区碱解氮的
　　　　　频率分布

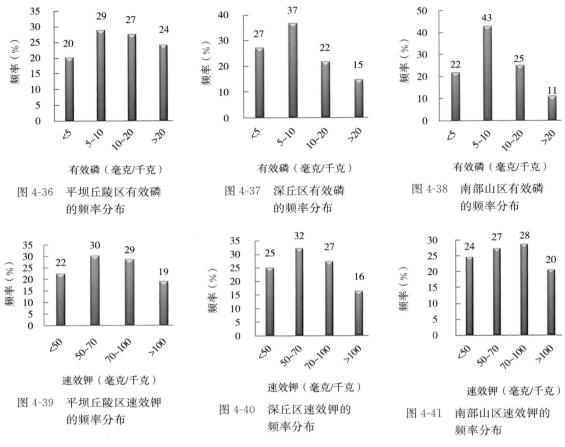

图 4-36 平坝丘陵区有效磷 的频率分布

图 4-37 深丘区有效磷 的频率分布

图 4-38 南部山区有效磷 的频率分布

图 4-39 平坝丘陵区速效钾 的频率分布

图 4-40 深丘区速效钾的 频率分布

图 4-41 南部山区速效钾的 频率分布

在同样的分级指标下，3 个区域间的碱解氮、有效磷和速效钾的频率分布差异不大。由于植物生长需要量较大而且有着重要生理作用的 3 种矿质元素为氮、磷、钾，常称作肥料三要素，而从 3 个区域间土壤氮、磷、钾养分频率分布的相似性看出，3 个区域间旱粮产量的差异与土壤养分条件关系不大，主要由气候条件差异所造成。

2. 旱粮土壤中微量元素养分状况　从 3 个区域的中微量元素的丰缺状况来看，3 个区域比较相似（表 4-21、表 4-22、表 4-23）：B 均在临界值以下（100%），普遍缺乏；有部分区域出现缺 Ca 和 Mg（10%～40%），少数地区缺 Fe 和 Zn（10% 左右），Mn 和 Cu 基本不缺。这也进一步证明了，江津区 3 个种植区域间的产量差异与土壤养分条件关系不大，主要受气候条件的影响。

表 4-21　平坝丘陵区中微量元素丰缺情况

养分分布状况	Ca	Mg	Fe	Mn	Cu	Zn	B
总样点数（个）	186	186	281	281	281	281	80
临界值以上个数（个）	140	149	248	277	273	261	0

（续）

养分分布状况	Ca	Mg	Fe	Mn	Cu	Zn	B
临界值以上所占比例（%）	75	80	88	99	97	93	0
临界值以下个数（个）	46	37	33	4	8	20	80
临界值以下所占比例（%）	25	20	12	1	3	7	100

注：各元素临界指标分别为 Ca＝2 厘摩尔/千克，Mg＝0.5 毫克/千克，Fe＝4.5 毫克/千克，Mn＝3 毫克/千克，Cu＝0.2 毫克/千克，Zn＝1.5 毫克/千克，B＝0.5 毫克/千克。

表 4-22　深丘区中微量元素丰缺情况

养分分布状况	Ca	Mg	Fe	Mn	Cu	Zn	B
总样点数（个）	26	26	47	47	47	47	13
临界值以上个数（个）	20	20	38	43	47	41	0
临界值以上所占比例（%）	77	77	81	91	100	87	0
临界值以下个数（个）	6	6	9	4	0	6	13
临界值以下所占比例（%）	23	23	19	9	0	13	100

注：各元素临界指标分别为 Ca＝2 厘摩尔/千克，Mg＝0.5 毫克/千克，Fe＝4.5 毫克/千克，Mn＝3 毫克/千克，Cu＝0.2 毫克/千克，Zn＝1.5 毫克/千克，B＝0.5 毫克/千克。

表 4-23　南部山区中微量元素丰缺情况

养分分布状况	Ca	Mg	Fe	Mn	Cu	Zn	B
总样点数（个）	45	45	70	70	70	70	20
临界值以上个数（个）	28	29	62	65	67	62	0
临界值以上所占比例（%）	62	64	89	93	96	89	0
临界值以下个数（个）	17	16	8	5	3	8	20
临界值以下所占比例（%）	38	36	11	7	4	11	100

注：各元素临界指标分别为 Ca＝2 厘摩尔/千克，Mg＝0.5 毫克/千克，Fe＝4.5 毫克/千克，Mn＝3 毫克/千克，Cu＝0.2 毫克/千克，Zn＝1.5 毫克/千克，B＝0.5 毫克/千克。

（二）旱粮土壤氮磷钾丰缺指标

按照本章土壤养分丰缺指标建立的方法，根据玉米、甘薯、胡豆"3414"的试验结果，建立起土壤养分与玉米、甘薯、胡豆相对产量的关系图（图 4-42 至图 4-45）。

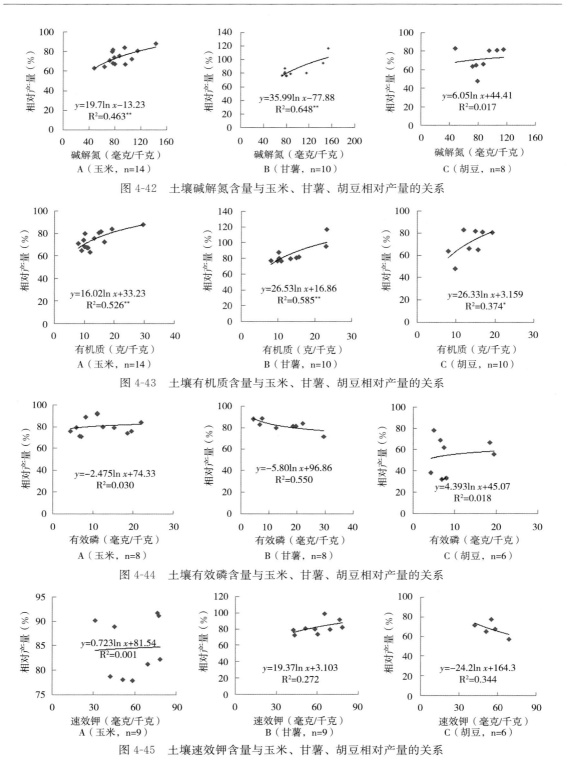

图 4-42　土壤碱解氮含量与玉米、甘薯、胡豆相对产量的关系

图 4-43　土壤有机质含量与玉米、甘薯、胡豆相对产量的关系

图 4-44　土壤有效磷含量与玉米、甘薯、胡豆相对产量的关系

图 4-45　土壤速效钾含量与玉米、甘薯、胡豆相对产量的关系

从玉米缺氮处理相对产量（＝处理 2 产量/处理 6 产量×100％）与碱解氮的关系图（图

4-45）看出，二者之间呈极显著的相关性，通过方程可以计算出玉米缺氮处理相对产量（＝处理2产量/处理6产量×100％）为50％，75％，90％，95％所对应的碱解氮的含量为25，88，189，243毫克/千克。从图中可以看出在所有的试验点中，相对产量没有低于50％的田块，计算获得玉米相对产量50％对应的土壤碱解氮含量为外推值，存在很大的不确定性。从图中可以看出，相对产量主要集中在65％～87％，相对产量没有低于50％的田块，而全区土壤碱解氮含量分布范围却很广，分布在48～143毫克/千克之间，平均值为86毫克/千克，这说明碱解氮是影响产量的一个影响因素，但不是唯一的影响因素。碱解氮可以作为施肥的参考依据，但完全依据碱解氮推荐又以偏概全。根据碱解氮的频率分布可将碱解氮分为0～70，70～90，90～110，>110，4个等级分别对应极低，低，中，高4个等级。

有效磷与相对产量（＝处理6/处理4）的相关性不显著，速效钾与相对产量的相关性也不显著，因此无法通过此法建立磷钾的丰缺指标。在以上方法行不通的情况下，也可以依据整个区域的养分分布状况建立磷钾的丰缺指标。3个区域的有效磷的分布状况非常相似，可先划分为0～5、5～10、10～20和>20毫克/千克，4个等级分别对应极低、低、中和高4个等级；从钾的分布状况可以确定3个区域的丰缺指标，为0～50、50～70、70～100、>100毫克/千克，4个等级分别对应极低，低，中，高4个等级。

（三）旱粮土壤氮磷钾养分图

本研究对平坝丘陵区的1 437个土壤测试样点数，深丘区的254个土壤测试样点数，南部山区的370个土壤测试样点数进行图件的绘制，空间插值，生成养分分区图，均采用ESRI公司的ArcGIS9.0软件。

江津区旱粮土壤氮磷钾养分图参见图4-46至图4-57。

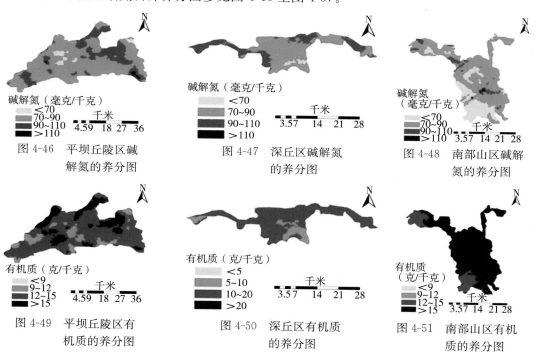

图 4-46　平坝丘陵区碱解氮的养分图

图 4-47　深丘区碱解氮的养分图

图 4-48　南部山区碱解氮的养分图

图 4-49　平坝丘陵区有机质的养分图

图 4-50　深丘区有机质的养分图

图 4-51　南部山区有机质的养分图

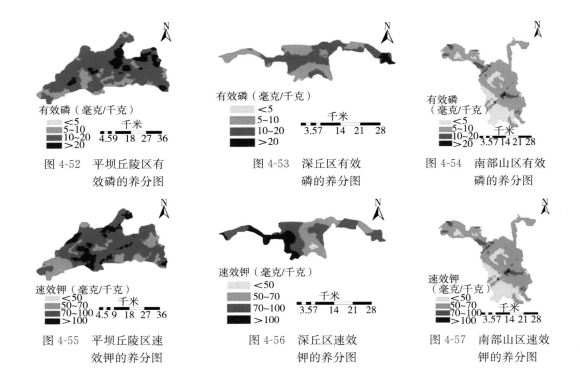

图 4-52　平坝丘陵区有
效磷的养分图

图 4-53　深丘区有效
磷的养分图

图 4-54　南部山区有效
磷的养分图

图 4-55　平坝丘陵区速
效钾的养分图

图 4-56　深丘区速效
钾的养分图

图 4-57　南部山区速效
钾的养分图

二、江津区旱粮施肥指标体系

（一）氮肥适宜推荐用量

由于旱地一年三熟的间套轮作体系间各季作物施肥互相影响，单季作物产量与施肥量间的肥料效应并不能表现出很好的规律性，因此所建立的肥料效应函数往往不是典型式，要是对这些数据进行剔除（本来"3414"试验数据就比较缺乏），所剩下的数据将很少。为更好地提取有效信息，以下通过对所有的试验肥料效应进行综合评价，对应缺失的数据，采用文献进行补充，提出胡—玉—薯耕制的施肥建议。

表 4-24　玉米氮肥肥料效应

试验编号	2水平（千克/亩）	各处理产量（千克/亩）				相对处理2的增产率（%）		
		$N_0P_2K_2$	$N_1P_2K_2$	$N_2P_2K_2$	$N_3P_2K_2$	$N_1P_2K_2$	$N_2P_2K_2$	$N_3P_2K_2$
402285E20060407J012	14	448	451	468	424	1	4	—5
402292E20060407J014	14	248	343	383	411	39	55	66
402293E20060407J013	14	363	433	414	450	19	14	24
402292E20070407J029	16	317	386	428	446	22	35	41
402292E20070407J030	16	398	462	527	555	16	32	39
402292E20070407J031	16	352	434	495	510	24	41	45

（续）

试验编号	2水平（千克/亩）	各处理产量（千克/亩）				相对处理2的增产率（%）		
		$N_0P_2K_2$	$N_1P_2K_2$	$N_2P_2K_2$	$N_3P_2K_2$	$N_1P_2K_2$	$N_2P_2K_2$	$N_3P_2K_2$
402295E20070407J028	14	210	372	332	353	78	58	68
402295E20070407J027	14	260	358	360	365	38	38	40
402295E20070407J026	14	324	416	386	437	28	19	35
402285E20070407J032	12	188	236	234	404	26	24	115
402285E20070407J033	12	217	263	266	251	21	23	16
402285E20070407J034	12	211	316	265	236	50	25	12
402275E20080407J061	17.6	263	299	386	407	14	47	55
402275E20080407J060	17.6	277	312	411	431	13	48	55
402275E20080407J059	17.6	358	410	533	553	15	49	55

表 4-24 反映了氮肥的肥料效应，从不同施氮量下的增产率可以看出，氮肥对玉米的增产作用很大，玉米对氮肥的需求量随着产量的增加而增大，依据重庆地区的经验：形成 100 千克产量需要施 3 千克的氮肥，从以上的施肥效应来看也比较符合。

表 4-25 甘薯氮肥肥料效应

试验编号	2水平（千克/亩）	各处理产量（千克/亩）				相对处理2的增产率（%）		
		$N_0P_2K_2$	$N_1P_2K_2$	$N_2P_2K_2$	$N_3P_2K_2$	$N_1P_2K_2$	$N_2P_2K_2$	$N_3P_2K_2$
402292E20070407J038	9	1 088	1 370	1 423	1 200	26	31	10
402292E20070407J039	9	1 150	1 422	1 450	1 243	24	26	8
402292E20070407J040	9	1 110	1 393	1 445	1 223	26	30	10
402295E20070407J037	6	580	1 000	763	810	72	31	40
402295E20070407J036	6	775	930	850	960	20	10	24
402295E20070407J035	6	1 018	1 248	1 118	1 293	23	10	27
402285E20070407J043	3	1 055	1 578	1 323	1 178	50	25	12
402285E20070407J041	3	940	1 180	1 168	2 018	26	24	115
402285E20070407J042	3	1 085	1 313	1 330	1 255	21	23	16
402275E20080407J070	6	1 167	1 334	1 334	1 034	14	14	—11
402275E20080407J069	6	967	1 501	1 267	1 234	55	31	28
402275E20080407J068	6	1 201	1 834	1 334	1 834	53	11	53
402224E20080407J063	3	1 965	2 031	2 065	2 131	3	5	8

从表 4-25 可以看出，甘薯对氮的肥料效应很不稳定，过多的施氮肥对甘薯的增产并没有好处，从总体上看对氮需求不是很大，1 水平的施氮量与 2 水平的施氮量的增产作用相当，因此可以减少甘薯的施肥量，在 1.5～4.5 千克/亩之间比较适宜。

表 4-26　胡豆氮肥肥料效应

试验编号	2 水平（千克/亩）	各处理产量（千克/亩）				相对处理 2 的增产率（%）		
		$N_0P_2K_2$	$N_1P_2K_2$	$N_2P_2K_2$	$N_3P_2K_2$	$N_1P_2K_2$	$N_2P_2K_2$	$N_3P_2K_2$
402292E20070407J047	3	57	94	119	84	65	109	47
402292E20070407J048	3	117	158	177	145	35	51	24
402292E20070407J049	3	86	124	135	111	44	57	29
402295E20070407J046	2	83	99	100	94	19	21	13
402295E20070407J045	2	86	116	106	99	35	24	15
402295E20070407J044	2	72	84	89	77	17	24	6
402285E20070407J050	1.5	99	109	121	105	10	22	6
402285E20070407J051	1.5	91	109	140	140	20	54	54

从表 4-26 可以看出，胡豆对氮需求较少，主要是在前期，后期自身能固氮，之前"3414"试验设计的二水平比较适宜（2～3 千克/亩之间）。

（二）磷钾肥的适宜推荐用量

从表 4-27 可以看出，2006 年玉米施磷的增产不明显；2007 年 2 水平设置较高（12～16 千克/亩），但也实现了大的增产效应，但从经济效益来考虑该施肥量似乎过高；2008 年磷肥用量维持在 5.2 千克/亩已足够了。根据重庆玉米磷的施肥指标体系（表 4-28），在中磷情况下施 3～4 千克/亩即可（张福锁，陈新平，陈清等，2009）。

表 4-27　玉米磷肥肥料效应

试验编号	2 水平（千克/亩）	各处理产量（千克/亩）				相对处理 4 的增产率（%）		
		$N_2P_0K_2$	$N_2P_1K_2$	$N_2P_2K_2$	$N_2P_3K_2$	$N_2P_1K_2$	$N_2P_2K_2$	$N_2P_3K_2$
402285E20060407J012	6	428	453	468	451	6	9	5
402292E20060407J014	6	353	374	383	391	6	8	11
402293E20060407J013	6	404	418	414	421	3	2	4
402292E20070407J029	16	325	372	428	437	14	32	35
402292E20070407J030	16	375	440	527	534	17	41	42
402292E20070407J031	16	366	417	495	491	14	35	34
402295E20070407J028	14	251	314	332	358	25	32	42
402295E20070407J027	14	254	314	360	386	23	42	52
402295E20070407J026	14	343	361	386	437	5	13	28
402285E20070407J032	12	235	292	234	262	24	—1	11
402285E20070407J033	12	236	264	266	280	12	13	19
402285E20070407J034	12	222	254	265	397	14	19	79
402275E20080407J061	5.2	308	362	386	394	18	25	28
402275E20080407J060	5.2	325	377	411	420	16	26	29
402275E20080407J059	5.2	423	491	533	551	16	26	30

表 4-28　重庆玉米磷恒量监控施肥指标体系

产量水平（千克/亩）	肥力等级	土壤有效磷（毫克/千克）	磷肥用量（P_2O_5，千克/亩）
400	极低	<5	6
	低	5～10	4.5
	中	10～20	3
	高	>20	1.5
500	极低	<5	7
	低	5～10	5.3
	中	10～20	3.5
	高	>20	1.7
600	极低	<5	8
	低	5～10	6
	中	10～20	4
	高	>20	2

表 4-29　甘薯磷肥肥料效应

试验编号	2水平（千克/亩）	各处理产量（千克/亩）				相对处理4的增产率（%）		
		$N_2P_0K_2$	$N_2P_1K_2$	$N_2P_2K_2$	$N_2P_3K_2$	$N_2P_1K_2$	$N_2P_2K_2$	$N_2P_3K_2$
402292E20070407J038	4.5	1 155	1 402	1 423	1 443	21	23	25
402292E20070407J039	4.5	1 202	1 445	1 450	1 497	20	21	25
402292E20070407J040	4.5	1 178	1 422	1 445	1 467	21	23	24
402295E20070407J037	3.0	670	780	763	850	16	14	27
402295E20070407J036	3.0	800	960	850	1 190	20	6	49
402295E20070407J035	3.0	1 090	1 158	1 118	1 100	6	3	1
402285E20070407J043	1.5	1 110	1 268	1 323	1 985	14	19	79
402285E20070407J041	1.5	1 175	1 458	1 168	1 310	24	−1	11
402285E20070407J042	1.5	1 178	1 320	1 330	1 398	12	13	19
402275E20080407J070	3.0	1 067	1 267	1 334	934	19	25	−13
402224E20080407J062	1.5	1 630	1 765	2 280	1 864	8	40	14

从表 4-29 可以看出，甘薯对磷的施肥效应很不稳定，这可能受前季玉米施肥的影响，从总体上看对磷需求不是很大，施肥量大概在 1.5～2.25 千克/亩之间比较适宜。

表 4-30　胡豆磷肥肥料效应

试验编号	2水平（千克/亩）	各处理产量（千克/亩）				相对处理4的增产率（%）		
		$N_2P_0K_2$	$N_2P_1K_2$	$N_2P_2K_2$	$N_2P_3K_2$	$N_2P_1K_2$	$N_2P_2K_2$	$N_2P_3K_2$
402292E20070407J047	7.5	66	105	119	91	59	80	38
402292E20070407J048	7.5	122	169	177	153	39	45	25
402292E20070407J049	7.5	90	133	135	117	48	50	30

（续）

试验编号	2水平（千克/亩）	各处理产量（千克/亩）				相对处理4的增产率（%）		
		$N_2P_0K_2$	$N_2P_1K_2$	$N_2P_2K_2$	$N_2P_3K_2$	$N_2P_1K_2$	$N_2P_2K_2$	$N_2P_3K_2$
402295E20070407J046	5.0	38	89	100	100	133	162	161
402295E20070407J045	5.0	34	97	106	104	186	212	206
402295E20070407J044	5.0	30	74	89	81	151	201	172
402285E20070407J050	3.8	95	99	121	142	4	28	50
402285E20070407J051	3.8	87	109	140	140	26	62	61

从表 4-30 可以看出，胡豆施磷能促进胡豆增产，2 水平施肥量的增产率最高，3 水平施肥量的增产率（7.5～11 千克/亩）不如 2 水平施肥量（5～7.5 千克/亩）的增产率，因此，将磷肥用量控制在 5～7.5 千克/亩之间比较适宜。

表 4-31　玉米钾肥肥料效应

试验编号	2水平（千克/亩）	各处理产量（千克/亩）				相对处理8的增产率（%）		
		$N_2P_2K_0$	$N_2P_2K_1$	$N_2P_2K_2$	$N_2P_2K_3$	$N_2P_2K_1$	$N_2P_2K_2$	$N_2P_2K_3$
402292E20060407J014	6	346	371	383	399	7	11	15
402293E20060407J013	6	377	396	414	406	5	10	8
402292E20070407J029	12	348	408	428	454	17	23	30
402292E20070407J030	12	412	509	527	541	24	28	31
402292E20070407J031	12	386	459	495	479	19	28	24
402295E20070407J028	8	304	346	332	371	14	9	22
402295E20070407J027	8	320	343	360	361	7	13	13
402285E20070407J032	4	220	267	234	290	21	6	32
402285E20070407J033	4	210	233	266	286	11	27	36
402285E20070407J034	4	218	269	265	338	24	22	55

从表 4-31 可以看出，2 水平为 6 千克/亩和 8 千克/亩正好实现玉米最大的增产率；2 水平施肥为 12 千克/亩的增产率与 1 水平的增产率相差不大，从经济效益考虑，应以 1 水平的施肥量（6 千克/亩）为宜；2 水平施肥量为 4 千克/亩的增产率明显不如 3 水平施肥量（6 千克/亩）的增产率大，说明 4 千克/亩的施肥量稍微不足。因此，玉米钾的适宜量应该在 6～8 千克/亩之间。

表 4-32　甘薯钾肥肥料效应

试验编号	2水平（千克/亩）	各处理产量（千克/亩）				相对处理8的增产率（%）		
		$N_2P_2K_0$	$N_2P_2K_1$	$N_2P_2K_2$	$N_2P_2K_3$	$N_2P_2K_1$	$N_2P_2K_2$	$N_2P_2K_3$
402292E20070407J038	18	1 133	1 240	1 423	1 462	9	26	29
402292E20070407J039	18	1 172	1 283	1 450	1 510	10	24	29
402292E20070407J040	18	1 157	1 262	1 445	1 488	9	25	29
402295E20070407J037	9	700	820	763	860	17	9	23

（续）

试验编号	2 水平（千克/亩）	各处理产量（千克/亩）				相对处理 8 的增产率（%）		
		$N_2P_2K_0$	$N_2P_2K_1$	$N_2P_2K_2$	$N_2P_2K_3$	$N_2P_2K_1$	$N_2P_2K_2$	$N_2P_2K_3$
402295E20070407J036	9	793	940	850	960	19	7	21
402295E20070407J035	9	1 108	1 145	1 118	1 153	3	1	4
402285E20070407J043	3	1 088	1 345	1 323	1 690	24	22	55
402285E20070407J041	3	1 100	1 333	1 168	1 450	21	6	32
402285E20070407J042	3	1 048	1 163	1 330	1 428	11	27	36
402275E20080407J070	9	967	1 067	1 334	1 001	10	38	3
402275E20080407J069	9	934	1 401	1 267	1 167	50	36	25

从表 4-32 可以看出，甘薯对钾肥的肥料效应极不稳定，没有反映出规律性，而甘薯又是喜钾作物，这可能与钾肥种类有关。由于甘薯又是忌氯作物，施氯化钾是否会影响甘薯的产量有待进一步研究。

表 4-33　胡豆钾肥肥料效应

试验编号	2 水平（千克/亩）	各处理产量（千克/亩）				相对处理 8 的增产率（%）		
		$N_2P_2K_0$	$N_2P_2K_1$	$N_2P_2K_2$	$N_2P_2K_3$	$N_2P_2K_1$	$N_2P_2K_2$	$N_2P_2K_3$
402292E20070407J047	6	68	87	119	77	28	75	13
402292E20070407J048	6	115	150	177	121	30	54	5
402292E20070407J049	6	91	115	135	102	26	48	12
402285E20070407J050	3	94	98	121	135	4	29	44
402285E20070407J051	3	100	129	140	138	29	40	38

从表 4-33 可以看出，2 水平施钾量（6 千克/亩）下胡豆的增产率最高，而 3 水平施钾量（9 千克/亩）下的增产率远远低于 2 水平施钾量下的增产率；而 2 水平施钾量为 3 千克/亩时，3 水平施钾量下的增产率会高于 2 水平施钾量下的增产率。因此过高或过低施钾对胡豆的高产均不利，适宜施钾量应控制在 4.5～6 千克/亩为宜。

（三）玉米—甘薯—胡豆轮作体系总养分需求情况

由旱地的"3414"试验的籽粒和秸秆的养分测试结果可计算出不同处理形成百千克籽粒（块根）的养分吸收量（如表 4-34、表 4-35、表 4-36 所示）和养分收获指数（如图 4-58、图 4-59、图 4-60 所示）。

表 4-34　玉米"3414"试验不同处理下形成百千克籽粒的养分吸收量（千克）

处理	N	P_2O_5	K_2O
一处理	2.04	0.89	1.64
二处理	1.95	0.88	1.79
四处理	2.16	0.75	1.77
六处理	2.15	0.91	1.82

（续）

处理	N	P$_2$O$_5$	K$_2$O
八处理	2.16	0.84	1.69
平均值	2.09	0.86	1.74

注：一、二、四、六、八处理分别为 N$_0$P$_0$K$_0$、N$_0$P$_2$K$_2$、N$_2$P$_0$K$_2$、N$_2$P$_2$K$_2$、N$_2$P$_2$K$_0$

表 4-35　甘薯不同处理下百千克块根养分吸收量（千克）

处理	N	P$_2$O$_5$	K$_2$O
一处理	0.534	0.121	0.661
二处理	0.519	0.135	0.576
四处理	0.557	0.213	0.473
六处理	0.376	0.229	0.560
八处理	0.544	0.199	0.651
平均值	0.506	0.179	0.584

表 4-36　胡豆"3414"试验不同处理下形成百千克籽粒的养分吸收量（千克）

	N	P$_2$O$_5$	K$_2$O
一处理	4.68	1.07	2.11
二处理	4.77	1.68	1.86
四处理	4.70	0.93	1.84
六处理	4.60	1.54	1.96
八处理	4.51	1.57	1.64
平均值	4.65	1.36	1.88

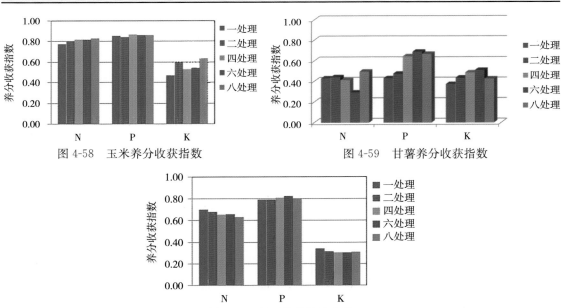

图 4-58　玉米养分收获指数　　　　　图 4-59　甘薯养分收获指数

图 4-60　胡豆养分收获指数

　　根据形成百千克经济产量的养分吸收量及养分收获指数，可以计算出不同目标产量下玉米—甘薯—胡豆一年整个轮作体系总的养分吸收量及秸秆还田下需补充的总养分量（如表4-37、表4-38、表4-39所示），为周年旱粮轮作体系养分施用量的确定提供了科学依据。

表 4-37　各作物在高产水平下的养分吸收量及玉米秸秆还田下需补充的总养分量

作物	形成百千克产量养分吸收量（千克）			目标产量（千克/亩）	目标产量下养分吸收量（千克）		
	N	P_2O_5	K_2O		N	P_2O_5	K_2O
玉米	2.09	0.86	1.74	600	12.54	5.16	10.44
甘薯	0.506	0.179	0.584	2 000	10.12	3.58	11.68
胡豆	1.55	1.36	1.88	140	2.17	1.9	2.63
整个体系下的总的养分吸收量					24.83	10.64	24.75
玉米秸秆还田情况下可归还养分					5.02	1.03	7.31
玉米秸秆还田下需要补充养分					19.81	9.61	17.44

　　注：胡豆的百千克产量养分吸收量为4.65千克，由于豆科作物可固氮，仅1/3从土壤中吸收，因此表中以1.55作为形成百千克产量的养分吸收量。玉米的养分收获指数：氮为0.6，磷为0.8，钾为0.3。甘薯的养分收获指数：氮为0.42，磷为0.58，钾为0.45。

表 4-38　各作物在中产水平下的养分吸收量及秸秆还田下需补充的总养分量

作物	形成百千克产量养分吸收量（千克）			目标产量（千克/亩）	目标产量下养分吸收量（千克）		
	N	P_2O_5	K_2O		N	P_2O_5	K_2O
玉米	2.09	0.86	1.74	500	10.45	4.3	8.7
甘薯	0.506	0.179	0.584	1 800	9.11	3.22	10.51
胡豆	1.55	1.36	1.88	120	1.86	1.63	2.26
整个体系下的总的养分吸收量					21.42	9.15	21.47
玉米秸秆还田情况下可归还养分					4.18	0.86	6.09
玉米秸秆还田下需要补充养分					17.24	8.29	15.38

　　注：胡豆的百千克产量养分吸收量为4.65千克，由于豆科作物可固氮，仅1/3从土壤中吸收，因此表中以1.55作为形成百千克产量的养分吸收量。玉米的养分收获指数：氮为0.6，磷为0.8，钾为0.3。甘薯的养分收获指数：氮为0.42，磷为0.58，钾为0.45。

表 4-39　各作物在低产水平下的养分吸收量及秸秆还田下需补充的总养分量

作物	形成百千克产量养分吸收量（千克）			目标产量（千克/亩）	目标产量下养分吸收量（千克）		
	N	P_2O_5	K_2O		N	P_2O_5	K_2O
玉米	2.09	0.86	1.74	400	8.36	3.44	6.96
甘薯	0.506	0.179	0.584	1 600	8.10	2.86	9.34
胡豆	1.55	1.36	1.88	100	1.55	1.36	1.88
整个体系下的总的养分吸收量					18.01	7.66	18.18
玉米秸秆还田情况下可归还养分					3.34	0.69	4.88
玉米秸秆还田下需要补充养分					14.67	6.97	13.30

　　注：胡豆的百千克产量养分吸收量为4.65千克，由于豆科作物可固氮，仅1/3从土壤中吸收，因此表中以1.55作为形成百千克产量的养分吸收量。玉米的养分收获指数：氮为0.6，磷为0.8，钾为0.3。甘薯的养分收获指数：氮为0.42，磷为0.58，钾为0.45。

（四）旱粮作物推荐施肥建议

根据前面的分析，江津区的光能利用率随着海拔的升高而降低，因而粮食的产量平坝高于深丘和低山，但山区玉米高于平坝。所以旱粮作物的施肥建议不再以平坝、深丘、山区分区提出，而是提出各作物目标产量下的施肥建议。通过前面的分析提出以下施肥建议，基本可以满足作物的养分需求，达到养分平衡。钾肥的施用要结合考虑土壤的释放能力并结合秸秆还田进行综合考虑，不能仅仅依靠施用钾肥进行调整。连续实施秸秆还田 3 年后，应考虑降低钾肥用量（表 4-40 至表 4-42）。

表 4-40　各作物高产水平下的推荐施肥建议

平坝丘陵区	目标产量 （千克）	施氮量（N） （千克/亩）	施磷（P_2O_5） （千克/亩）	施钾量（K_2O） （千克/亩）
玉米	600	18	6	8
甘薯	2 000	4.0	2.5	9
胡豆	140	3.0	6.5	6
总量		25.0	15	23

注：甘薯是忌氯作物，选用肥料时要注意不用含有氯元素的肥料。

表 4-41　各作物中产水平下的推荐施肥建议

深丘区	目标产量 （千克）	施氮量（N） （千克/亩）	施磷（P_2O_5） （千克/亩）	施钾量（K_2O） （千克/亩）
玉米	500	15	5	7
甘薯	1 800	3.5	2.0	8
胡豆	120	2.5	5.5	5
总量		21	12.5	20

表 4-42　各作物低产水平下的推荐施肥建议

南部山区	目标产量 （千克）	施氮量（N） （千克/亩）	施磷（P_2O_5） （千克/亩）	施钾量（K_2O） （千克/亩）
玉米	400	12	4.5	6
甘薯	1 600	3.0	1.5	7
胡豆	100	2.0	4.5	4
总量		17.0	10.5	17

第五章
江津区耕地地力等级
评价概况

第二次土壤普查以来，江津区的耕地质量和土壤肥力状况已发生了很大变化，迫切需要对耕地进行新一轮的耕地地力调查和质量评价。通过充分利用本次测土配方施肥项目形成的大量数据，挖掘第二次土壤普查成果和近年来土壤肥料监测等数据，建立县域耕地资源数据库及耕地资源信息系统，开展耕地地力等级评价，既是实施耕地培肥，建设高标准农田，促进耕地资源合理利用的技术支撑，也是实施测土配方施肥进行施肥分区的重要基础和前提。地力等级不同，施肥也会不同，因"地"施肥，才能做到肥料的"精准调控"。

第一节　调查取样方法与内容

一、布点原则

耕地地力评价采样点的确定按照《测土配方施肥技术规范》和《重庆市测土配方施肥项目实施细则》的要求，在布置采样点时参考了本区土壤图，做好采样规划设计，确定采样点位。遵循均匀布点原则，综合考虑土壤类型、作物布局，第二次土壤普查农化样点为必采点。平均每个采样单元面积为50～200亩。全区153.75万亩耕地共采集土壤样品7 304个。

①第二次土壤普查土壤剖面样的点必须布点采样。

②柑橘（生长正常、长势较好的果园）种植企业按100亩为采样单元布点采样；（2004、2005、2006年已采土样的点标注上图）如名称有变更，则应对照现有名称。

③花椒（生长正常、长势较好的花椒园）种植企业按100亩为采样单元布点采样。

④镇街其他成规模的产业按100亩为采样单元布点取样。

⑤新农村建设示范村、推进村按100亩为采样单元布点取样。

⑥大面积的按200亩为采样单元布点取样，但各镇街的每种土属必须包括在布点取样范围内。

二、采样组织方式

根据测土配方施肥方案的要求，确定江津区样品采集的整体目标，在此基础上，以各镇、街耕地面积为标准，分镇、街确定采样点数量。以第二次土壤普查时的土壤图和1∶1万地形图为基础图件，以镇、村行政区域为单元，将采样点位在分镇土壤普查资料图上标明，选择代表田块采样。农化样点采集位于每个采样单元相对中心位置的典型地块，采样地块面积为1～10亩。样点均采用GPS定位，记录经纬度，精确到0.1″。

2006年，江津区成立了测土配方施肥采样工作指导组，负责整个样品采集工作的指挥与协调，并从乡镇抽调土肥岗位技术人员5人，与区农业技术推广中心土肥专家4人一起，组成3个采样工作组。采样组经过集中培训后，由区土肥专家带队，于2006年、2007年、2008年秋收后10月中、下旬，分别到各镇街进行采样工作，完成了全区的样品采集工作（图5-1）。

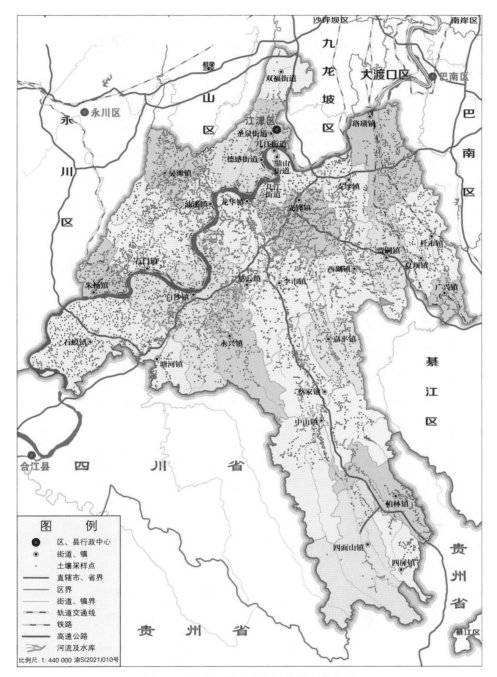

图 5-1 江津区耕地地力评价样点分布图

三、采样方法与步骤

采样工作组按图索骥找到预先确定的点位后，如该田未变动，就在该田取样，并用

GPS 定位仪定位。如已变动征用的，则用与该田土种相同的田块取样代替。为便于与土壤普查时对比，采样深度统一为耕作层 0～20 厘米。样品采集统一用不锈钢采土器，在代表田块五点法或 S 形采取 10～15 个点的土壤，混合后采用四分法留 1 千克装袋，在标签上填写样品类型、统一编号、野外编号、采样地点、采样深度、采样时间、采样人等。取样回站后，土样当天掰细，摊晾在室内阳光照不到的地方风干。

四、采样调查内容

根据《测土配方施肥技术规范》的要求，在土壤采样的同时，调查田间基本情况，农户施肥情况等，填写采样地块基本情况调查表和农户施肥情况调查表。土壤采样点基本情况调查表的主要内容包括：样品编号、调查组号、样点行政位置、地理位置（GPS 上的地理坐标）、自然条件、生产条件、土壤类型、立地条件、剖面性状、障碍因素等。土壤质地也是在采样时，采用手搓法现场确定并记录。农户施肥情况调查表的主要内容包括：作物名称、作物品种、播种期、收获期、生长期内降雨次数、降水总量、灌溉水次数、灌水总量、推荐施肥（含氮、磷、钾、有机肥、微量元素的推荐施肥量，目标产量，目标成本等）、实际施肥（含氮、磷、钾、有机肥、微量元素的实际施肥量、实际产量、实际成本等）、施肥时期、数量、品种等。户主在场的一般及时调查记录，户主不在的则由采样员补充调查。

第二节 样品分析及质量控制

一、样品分析

按照测土配方施肥技术规范的要求，所有土样均测定了常规的 5 项农化指标，分别是有机质、pH、碱解氮、有效磷、速效钾。土壤农化指标的测定方法按《测土配方施肥技术规范》规定的方法进行，为了满足地力评价项目的要求，在常规 5 项农化指标分析的基础上，江津区将第二次土壤普查的复查样点委托西南农业大学检测中心进行了 22 个指标的分析化验，并依托自身力量，开展了余下 600 个骨干样的 15 个指标的分析化验工作（表 5-1）。

表 5-1 耕地地力评价样品分析指标及方法一览表

分析项目	分析方法
pH	土液比 1：2.5，电位法
有机质	油浴加热，重铬酸钾氧化容量法
全氮	半微量开氏法
碱解氮	碱解扩散法
有效磷	碳酸氢钠或氟化铵—盐酸浸提—钼锑抗比色法
速效钾	乙酸铵提取—火焰光度计法（原子吸收法）
缓效钾	硝酸提取—火焰光度计法（原子吸收法）

（续）

分析项目	分析方法
有效锌、铜、铁、锰	DTPA 浸提—原子吸收分光光度计法（碱性土壤） 盐酸浸提—原子吸收分光光度计法（酸性土壤）
水溶性硼	沸水浸提—甲亚胺—H 比色法或姜黄素比色法
有效硫	磷酸盐—乙酸或氯化钙浸提—硫酸钡比浊法
交换性钙镁	乙酸铵交换—原子吸收分光光度计法

二、质量控制

农化指标测试项目由江津区测土配方施肥化验室完成，部分土样部分项目委托西南农业大学资环学院完成。

江津区农业技术推广中心化验室具有较先进和配套的仪器设备，较为完整的实验室质量保证体系，实行了检测前、检测中、检测后的全程质量控制。

1. 检测前　检测前首先进行样品确认，对样品编号进行核对。严格按照农业部规定的检测方法实施，同时确认检测环境，记录温、湿度，及其他干扰条件。

2. 检测中

（1）通过重庆市农业技术推广总站的盲样考核　为了保证检测数据的质量，重庆市农业技术推广总站检测科下发了标准物质中心购买的标准土壤样品，进行了实验室质量考核。2007年6月实验室检测的各指标分析结果全部符合标准样品的标准偏差，通过省级实验室考核。

（2）注重空白试验　为了确保化验分析结果的可靠性和准确性，对每个项目、每批样品均进行空白试验。空白值包含了试剂、纯水中杂质带来的系统误差，如果空白值过高，则要找出原因，采取措施（如更换试剂、更换容器等）加以消除。

（3）坚持重复试验，控制精密度　在检测过程中，每个项目首次分析时均做100％的重复试验，结果稳定后，重复次数可以减少，基本按照15％的重复样进行。重复测定结果在误差规定范围内者为合格，否则增加重复测定比率进行复查，直至结果满足要求为止（总合格率达95％，NY/T395—2000）。

（4）做好校准曲线　凡涉及到校准曲线的项目，每批样品都做6个以上已知浓度点（含空白浓度）的校准曲线，且进行相关系数检验，R值都达到0.999以上。并且保证被测样品吸光度都在最佳测量范围内，如果超出最高浓度点，把被测样品的溶液稀释后重新测定，最终使分析结果得到保证。

（5）坚持使用标准样品或质控样品，判断检验结果是否存在系统误差　在重复测定的精密度（极差、标准偏差、变异系数表示）合格的前提下，标准样的测定值落在（$X\pm2\sigma$）（涵盖了全部测定值的95.5％）范围之内，则表示分析正常，接受；若在 $X\pm2\sigma\leqslant X\leqslant X\pm3\sigma$ 之间，表示分析结果虽可以接受，但有失控倾向，应予以注意；若在 $X\pm3\sigma$（涵盖了全部测定值的99.7％）之外，则表示分析失控，本批样品须重新测定。

3. 检测后　加强原始记录校核、审核，确保数据准确无误。主要是审核校核、审查原始记录的计量单位、检验结果是否正确，检测条件、记录是否齐全，有无更改等情况。

为了进一步审核数据的准确性，还对各指标间的合理性、相关性进行了分析。例如，土壤有机质和氮、磷的相关性均达到极显著水平

第三节　耕地地力评价依据与方法

本次评价主要依据耕地的地力要素评价其基础地力，按照《全国耕地地力调查与质量评价技术规程》的要求，采用土壤图、行政区划图和土地利用现状图叠加形成的图斑作为评价管理单元，建立空间数据库。通过对测土配方施肥调查数据、分析化验数据以及第二次土壤普查数据进行规范整理，建立初步的属性数据库。通过属性提取、空间插值、以点带面等方法给空间数据的管理单元赋值，建立县域耕地资源基础数据库。在重庆市的耕地地力评价指标表中，根据江津区自然环境因素和理化性状要素，应用专家经验法，确定江津区耕地地力评价因子和指标；应用层次分析法确定各指标的权重，采取专家经验法对各指标进行赋值拟合各指标的隶属函数，建立江津区耕地地力评价指标体系。将评价指标体系带入县域耕地资源信息系统进行计算；通过累加法、累乘法等方法计算各个评价单元的综合地力指数，采用累计曲线分级法，根据本县的实际情况将耕地划分为5个地力等级，得到初步的评价结果。对评价结果进行实地调查、专家确认等方法验证江津区耕地地力评价的结果，找出与现实状况不吻合的乡镇或土属，查找不吻合原因。如果评价结果与现实差异较大，则重新选择评价指标，重新确定指标权重和隶属函数，调整评价指标体系，重新进行地力评价，直至找到合理的、科学的评价结果。通过调整评价指标体系以使最终评价结果符合当地实际情况，形成准确的地力评价成果，撰写报告、绘制图件和相关表格。根据实际调查的各等级耕地的产量水平，按照NY/T309—1996划分标准将江津区的各等级耕地归并到国家地力等级中（图5-2）。

一、评价依据

本次耕地地力评价依据包括3个方面：

《全国耕地地力调查与质量评价技术规程》，按照该规程所确定的耕地地力评价方法的要求，建立江津的空间数据库、属性数据库、指标体系，利用县域耕地资源管理信息系统进行耕地地力评价。

《全国耕地类型区、耕地等级划分》，按照该标准，随机抽取10％的地力评价结果与《大田采样点农户调查表》所调查的3年平均产量进行对照，将江津区地力等级按照产量的关系归到农业部确定的等级体系。

《县域耕地资源信息系统数据字典》，采样调查、分析化验、田间试验、示范数据均按照数据字典的要求进行规范整理。

二、评价方法

1. 数理统计方法　对分析化验数据不仅采取了质控措施，而且还对各数据按照土壤类

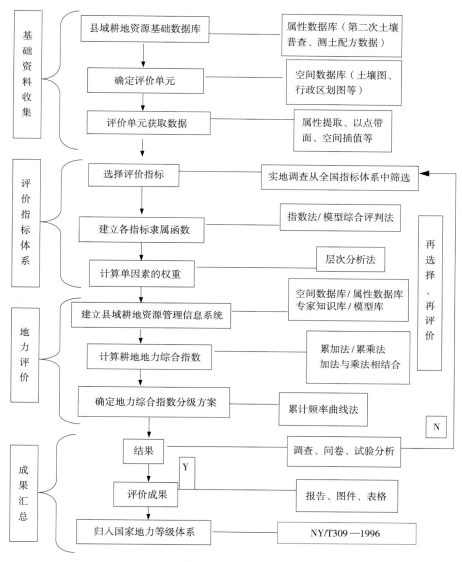

图 5-2 技术路线图

型和养分指标进行了数理统计。首先是将分析化验数据和土壤调查内容进行关联，以土属为单位将同一类型土壤的分析数据汇总，采用 3 倍标准差法，将超出 3 倍标准差外的数据标明为离群值。按照一定区域各养分变化不大的原则，采用正态分布检测所有指标分析化验数据，除 pH 外所有指标均应符合正态分布规律。

2. 数据审核规范 本次地力评价以《县域耕地资源信息系统数据字典》（简称《字典》）为依据，将选用的评价指标全部按照《字典》要求的格式和单位统一规范。在《字典》中没有规定的指标，则按照重庆市实际情况进行规范整理。本次土壤名称沿用第二次土壤普查时的分类标准，地貌类型则根据江津市实际情况分为坝区、深丘和山区三类。耕地面积以 2008 年江津区国土局土地利用现状变更调查面积为依据，进行耕地管理单元的面积平差。

3. **评价方法** 本次地力评价以《全国耕地地力调查与质量评价技术规程》为依据，应用 ARCGIS 等软件对空间数据进行整理规范，应用数据库软件和 EXCEL 表格对属性数据进行编码规范，采用县域耕地资源信息系统为工作平台进行地力评价。首先，将江津区第二次土壤普查土壤类型分布图和区行政区划图（有乡镇界）叠加后形成的图斑作为耕地地力评价的基本单元（图 5-3）。然后，评价指标数据规范整理并给每一个管理单元

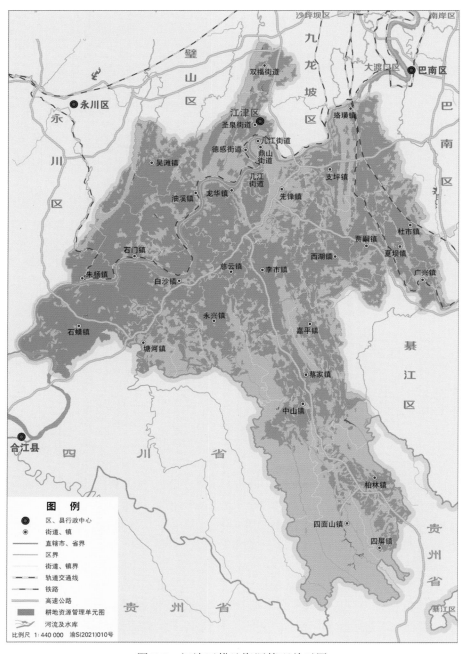

图 5-3 江津区耕地资源管理单元图

赋值，使空间数据和属性数据能够建立进行有效对接。采用专家打分法和层次分析法对各评价指标的权重和隶属度进行描述，应用县域耕地信息系统进行一致性和显著性检验，建立完整的江津区地力评价指标体系。最后，在县域耕地信息系统中将空间数据、属性数据库和指标体系进行整合并进行相应的生产潜力评价。采用累加法求得各评价管理单元的耕地地力综合指数，采用累计曲线分级法划分江津耕地地力等级，再根据常年产量水平，归入全国耕地地力等级体系。

三、评价指标体系

采用专家打分法，遵循重要性、差异性、稳定性、易获取性、精简性原则，首先请重庆市地力评价专家组在全国 64 项评价指标中，推荐了适合重庆市耕地地力评价应选取的评价指标（表5-2）。

表5-2　重庆市耕地地力评价指标

目标层	渝中地力评价			
准则层	立地条件	土壤管理	耕层理化性状	耕层养分状况
指标层	地貌类型	灌溉保证率	质地	有机质
	成土母质	土层厚度	pH	有效磷
				速效钾
适合区县	长寿、涪陵、垫江、梁平、丰都、石柱、开县			
目标层	渝西地力评价			
准则层	立地条件	土壤管理	耕层理化性状	耕层养分状况
指标层	地貌类型	灌溉保证率	质地	有机质
	成土母质	土层厚度	pH	有效磷
适合区县	荣昌、永川、大足、潼南、铜梁、合川、江津、璧山、巴南、渝北、北碚、九龙坡、沙坪坝			
目标层	渝东南、渝东北地力评价			
准则层	立地条件	土壤管理	耕层理化性状	耕层养分状况
指标层	地貌类型	坡度	质地	有机质
	成土母质	土层厚度	pH	有效磷
	海拔			
适合区县	万州、綦江、万盛、南川、武隆、酉阳、秀山、黔江、彭水、云阳、奉节、巫山、城口和巫溪			

江津区农业技术推广中心在重庆市农业技术推广总站的支持和帮助下，在全国共用的指标体系和重庆市指标体系框架内，针对江津区耕地资源特点，选择了成土母质等 9 个要素作为江津区耕地地力评价的指标（图 5-4）。

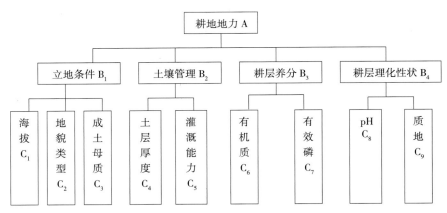

图 5-4　江津区耕地地力评价指标

确定评价指标的权重和隶属度。采用县域耕地信息系统对各位专家的打分情况进行分析，拟合各指标的隶属函数。江津区各评价指标的函数模型主要有峰型、戒下型、戒上型、概念型 4 种（表 5-3 至表 5-7）。

表 5-3　江津地力评价指标函数模型

评价因子	函数类型	隶属函数	标准值 c	U_t 值
pH	峰型	$y=1/\left[1+0.78\ (u-c)^2\right]$	6.8	$U_{t1}=4.0, U_{t2}=9.0$
海拔	戒下型	$Y=1/\left[1+3.6\times10^{-6}\ (u-c)^2\right]$	430	1 650
有机质	戒上型	$Y=1/\left[1+6.4\times10^{-3}\ (u-c)^2\right]$	27.1	2.5
有效磷	戒上型	$Y=1/\left[1+5.4\times10^{-3}\ (u-c)^2\right]$	27.3	3
土层厚度	戒上型	$Y=1/\left[1+8\times10^{-4}\ (u-c)^2\right]$	84	20

表 5-4　成土母质隶属度

隶属度	具体描述
0.4	第四系更新统或三叠系上统须家河组砂岩
0.6	三叠系下统嘉陵江组灰岩
0.8	侏罗系上统蓬莱镇组或侏罗系上统遂宁组泥岩或侏罗系下统自流井组
1.0	第四系全新统或侏罗系中统沙溪庙组砂泥岩互层或侏罗系中统沙溪庙组新田沟砂岩

表 5-5　地貌类型隶属度

隶属度	具体描述
0.4	山区
0.7	深丘
1.0	坝区

表 5-6　灌溉能力隶属度

隶属度	具体描述
0.2	无灌溉条件

（续）

隶属度	具体描述
0.5	一般满足
0.7	基本满足
1.0	充分满足

表 5-7　质地隶属度

隶属度	具体描述
0.2	砂土
0.4	砂壤
0.6	轻壤或黏土
1.0	中壤或重壤

在确定各指标权重时，采用特尔斐法充分征求各专家的意见，在县域耕地资源管理信息系统中对各层次评价指标权重进行分析，通过层次分析法使权重值均通过一致性检验，目标层、准则层和总体检验均获得一致性通过，最终确认江津区各评价指标层次分析结果（表 5-8）。

表 5-8　江津区各指标层次分析结果

准则层 B 指标层 C	立地条件 0.322 2	土壤管理 0.264 2	耕层理化性 0.192 9	耕层养分状 0.220 7	组合权重 ΣCiAi
海拔	0.323 2				0.104 1
成土母质	0.379 6				0.122 3
地貌类型	0.297 2				0.095 8
灌溉能力		0.333 3			0.088 1
土层厚度		0.666 7			0.176 1
pH			0.400 0		0.077 2
质地			0.600 0		0.115 7
有效磷				0.357 2	0.078 8
有机质				0.642 8	0.141 9

第四节　耕地资源信息系统的建立

一、资料的收集整理

按照《全国耕地地力调查与质量评价技术规程》的要求，江津区整理了资料收集清单，主要包括图件资料和属性数据及文本表格资料。

图件资料：地形图（比例尺 1∶5 万地形图）、土壤图及土壤养分图（第二次土壤普查成果图）、土地利用现状图、行政区划图（乡镇界）、地貌类型分区图。

属性数据及文本表格资料：第二次土壤普查成果资料（土壤志、土种志），县、乡、村名编码表（参照《县域耕地资源管理信息系统数据字典》中编码规则，建立一套最新、最准、最全的县内行政区划代码表）、土壤类型代码表及市县土壤类型代码对照表（参照《县域耕地资源管理信息系统数据字典》中编码规则，建立一套土壤类型代码表）、耕地地力调查点基本情况及土壤样品化验结果数据表（根据江津区实际情况选择了测土配方施肥土壤采样点 2 506 个，涵盖了各乡镇村、种植制度、作物、地貌类型等）、历年土壤肥力监测点田间记载及化验结果资料、各乡镇、村近 3 年种植面积、粮食单产、总产统计资料，历年土壤、植株测试资料、农村及农业生产基本情况资料、土壤典型剖面照片及相关数据、地方介绍资料。

二、属性数据库的建立

采用数据库软件和 EXCEL 表格，对属性数据进行了规范整理。数据内容及来源包括镇、村行政编码表等内容（表 5-9）。按照数据字典的要求，设计各数据表字段数量、字段类型、长度等，统一以 Dbase 的 DBF 格式保存入库。

表 5-9　属性数据库内容及来源

编号	数据表名称	来　　源
1	镇、村行政编码表	民政局
2	土壤名称编码表	土壤普查资料
3	土种属性数据表	土壤普查资料
4	镇、村农村基本情况统计表	统计局
5	土地利用现状属性数据表	国土局
6	土壤样品分析结果数据表	野外调查采样分析

三、空间数据库的建立

将扫描矢量化及空间插值等处理生成的各类专题图件，在 MAPGIS 软件的支持下，以点、线、面文件的形式进行存储和管理，同时将所有图件转换统一到北京 54 的投影坐标。将空间数据内容（表 5-10）导入到县耕地资源管理信息系统中，建立基础空间数据库及江津区工作空间。

表 5-10　空间数据库内容及资料来源

序号	图层名称	图层属性	资料来源
1	面状河流（lake）	多边形	地形图
2	堤坝、渠道、线状河流（steam）	线层	地形图
3	行政界线（boundary）	线层	行政区划图

（续）

序号	图层名称	图层属性	资料来源
4	土地利用现状（land use）	多边形	国土局1∶5万现状图
5	土壤图（soil type）	多边形	土壤普查资料
6	土壤养分图（有机质、氮、磷、钾、）	多边形	土壤普查或空间插值生成
7	评价单元图（soil value）	多边形	叠加生成

四、耕地管理信息系统的建立

将建立好的空间数据库、属性数据库输入 CLRMIS 软件系统，可以建立完整的江津县域耕地资源信息系统。

第五节　耕地地力等级划分、归入全国耕地地力等级体系

在县域耕地资源管理信息系统中，将空间数据和属性数据进行关联，调用江津区耕地地力评价指标体系，进行耕地地力评价，得到江津区综合地力指数累积曲线图，根据累计曲线分级法将江津区耕地分为 5 个等级。

1997 年 6 月 1 日实施的 NY/T309—1996《全国耕地类型区、耕地地力等级划分》标准，根据粮食单产水平将全国耕地地力划分为 10 个等级。以产量表达耕地生产能力，年单产大于 900 千克/亩为一级地，小于 100 千克/亩为 10 级地，每 100 千克为一个等级。因此，我们将耕地地力综合指数转换为概念型产量。在依据自然要素评价管理单元中抽取一定的单元，调查近 3 年的实际年平均产量，经济作物统一折算为谷类作物产量，将这两组数据进行相关分析，根据其对应关系，将用自然要素评价的耕地地力等级分别归入相应的概念型产量表示的地力等级体系。

第六节　耕地地力评价结果

按照本次耕地地力评价技术路线和方法，江津区耕地资源管理单元为 5 680 个图斑，采用累计曲分级法，将江津区耕地划分为 5 个地力等级。根据《全国耕地类型区、耕地地力等级划分》（NY/T309—1996）的分级标准，江津区的一级地划归全国耕地的四级地力水平，二级地划归全国耕地的五级地力水平，三、四级地划归全国耕地的六级地力水平，第五级地划归全国耕地的七级地力水平（表 5-11）。

表 5-11　江津区耕地地力分级及全国地力等级体系对应

级别	一级	二级	三级	四级	五级
地力综合指数	≥0.79	0.70～0.79	0.63～0.70	0.55～0.63	≤0.55

（续）

级别	一级	二级	三级	四级	五级
面积（万亩）	15.27	40.60	49.59	32.44	15.88
百分比（％）	9.93	26.40	32.25	21.09	10.32
产量水平（千克/亩）	600	500～550	450～500	400～450	350～400
划分标准（千克/亩）	700～600	600～500	500～400	400～300	300～200
全国耕地地力等级	四级	五级	六级	七级	八级

一、耕地地力评价结果整体情况

通过对耕地地力评价结果进行检索统计，计算出各耕地地力等级的面积。从表5-12中可以看出，江津区耕地以中等水平的三级地面积最大，占耕地总面积的32.25％，其次是地力水平相对较高的二级地（占26.40％）和地力水平较差的四级地（占21.09％），五级地和一级地分布面积较少，分别占10.32％和9.93％。由此，根据本次评价方法和指标体系的评价结果表明，江津区耕地地力水平总体属中等，基本能够满足农作物生长的要求。

为了更好地了解各等级耕地的属性、特征和差异，对评价结果进行汇总分析，各级地的主要地力属性如下表5-12。

表 5-12 江津区耕地地力评价结果汇总

	地力等级	一级	二级	三级	四级	五级
面积统计	面积（万亩）	15.27	40.60	49.59	32.44	15.88
	占耕地（％）	9.93	26.41	32.25	21.09	10.32
	水田（万亩）	13.78	32.70	34.40	17.04	2.62
	占该级地（％）	90.21	80.52	69.37	52.54	16.51
	旱地（万亩）	1.50	7.91	15.19	15.40	13.25
	占该级地（％）	9.79	19.48	30.63	47.46	83.49
立地条件	地貌类型	坝区	坝区	坝区、深丘	深丘、坝区	深丘、山区
	海拔（米）	≤300	≤450	≤650	≤800	>800
	成土母质	沙溪庙、遂宁组、蓬莱镇组	沙溪庙、遂宁组、蓬莱镇组	沙溪庙、蓬莱镇组、遂宁组	沙溪庙、蓬莱镇组、遂宁组	沙溪庙、蓬莱镇组、须家河组
土壤管理	灌溉能力	充分满足	充分满足	一般满足	无灌溉条件	无灌溉条件
	土层厚度（厘米）	92.7±10.5	83.3±19.8	73.9±24.7	58.1±26.1	31.8±16.3
理化性状	pH	4.9～7.3	4.4～6.8	4.3～6.7	4.2～6.6	4.6～5.8；7.2～8.2
	质地	中壤 重壤	中壤 重壤	轻壤 中壤	砂壤 砂土	砂壤 砂土

（续）

地力等级		一级	二级	三级	四级	五级
养分状况	有机质（克/千克）	24.6±7.2	19.2±6.1	16.1±5.5	14.3±5.0	12.4±3.9
	有效磷（毫克/千克）	10.5±5.6	9.8±6.1	9.3±6.5	7.9±5.4	7.3±5.1
	速效钾（毫克/千克）	94±51	86±44	79±39	72±34	69±35
主要分布乡镇		双福街道、油溪镇、石蟆镇、珞璜镇、龙华镇	白沙镇、油溪镇、德感街道、吴滩镇、石门镇	白沙镇、朱杨镇、永兴镇、贾嗣镇、先锋镇	中山镇、柏林镇、蔡家镇、塘河镇、西湖镇	蔡家镇、中山镇、柏林镇、嘉平镇、四面山镇
代表土属		灰棕紫泥水稻土、红棕紫泥水稻土、灰棕紫泥土、棕紫泥土、棕紫泥水稻土、红棕紫泥土	灰棕紫泥水稻土、棕紫泥水稻土、暗紫泥水稻土、红紫泥水稻土、灰棕紫泥土、棕紫泥土	灰棕紫泥水稻土、灰棕紫泥土、棕紫泥水稻土、红棕紫泥土、棕紫泥土、红棕紫泥水稻土	灰棕紫泥土、棕紫泥水稻土、棕紫泥土、红棕紫泥土、灰棕紫泥水稻土、红棕紫泥水稻土	灰棕紫泥土、冷沙黄泥土、棕紫泥土、红棕紫泥土、暗紫泥土、棕紫泥水稻土
代表土种		大泥田（土）、潮泥田（土）、紫泥田（土）	紫泥田（土）、大土泥田（土）、半沙半泥田	半沙半泥田（土）、大泥土、沙泥田、油石骨子土	沙泥田、黄泥土、半沙半泥土、红石骨子土	石骨子土、黄沙土、冷沙田黄沙田、死黄泥
典型种植制度		稻—再生稻;稻—菜;豆—玉—薯	一季中稻;稻—菜;豆—玉—薯	一季中稻;玉—薯	玉—薯、麦—玉—薯;一季中稻	芋—玉;一季玉米;一季中稻
平均产量水平（千克/亩）		600	500～550	450～500	400～450	350～400
全国耕地等级		四级	五级	六级	七级	八级

　　备注：海拔、pH指标指主要幅度；地貌类型、成土母质、灌溉能力、质地、分布乡镇、代表土属、种植制度均为面积最大的主要代表；土层厚度、有机质、有效磷、速效钾均为平均值±标准差。

　　不同地力等级的耕地分布情况如下：

　　1. 地域分布　一级地和二级地集中分布在江津区的山麓及坡腰平缓地及丘陵下部（海拔在450米以下），由沙溪庙组灰棕紫色砂、泥岩风化物发育成的浅丘、长江沿岸地带，该区海拔较低，地势平缓，土层深厚，质地以重壤、中壤为主，灌溉条件好，土壤酸碱度适中，有机质、有效磷、速效钾含量较丰富，土壤类型以水稻土为主，典型种植制度为稻—菜和胡—玉—薯；三级地面积分布最广，分布较为分散，主要分布在境内山麓坡腰平缓地，该区耕地成土母质主要是第四系更新统、三叠系下统、侏罗系中统沙溪庙，土层较厚，地势微有倾斜，质地偏砂或黏，土壤酸碱度适中，有机质、有效磷、速效钾含量较为适中，灌溉条件受一定限制，利用类型以塝田和旱地为主；典型种植制度为一季中稻和玉—薯。四级地和五级地主要分布在江津区东南面的丘陵中上部和山区，该区耕地成土母质主要为三叠系上统须家河组砂岩、三叠系下统嘉陵江灰岩、侏罗系上统蓬莱镇组砂泥岩，坡耕地比重大，土层浅薄，质地偏黏和砂，灌溉条件较差，土壤偏酸，有机质、有效磷、速效钾含量比较缺乏，典型的种植制度为稻、麦—玉—薯、玉—薯或芋—玉；利用类型主要以旱地和望天田为主，详见表 5-12。

　　从不同等级耕地的地域分布特征可以看出，耕地的地力等级与地貌类型、成土母质、海拔高度及坡度之间存在着一定的相关性，随着地貌类型由平坝向丘陵、山地的变化，海拔逐渐升高，坡度不断增大，耕地地力等级也随之由高向低转变，由此进一步证明立地条件对于耕地的地力水平有着十分重要的影响。

　　2. 行政区域分布　　将耕地地力等级分布图与江津区行政区划图进行叠置分析，从耕地地力等级行政区域分布数据库中按权属字段检索统计出各级地在各乡镇的分布状况，详见表 5-13。

表 5-13　江津区耕地地力等级行政区域分布（亩,％）

乡镇	类型	一级地	二级地	三级地	四级地	五级地	总计
白沙镇	面积	1 102.7	49 665.2	46 591.2	35 220.2	11 420.3	143 999.4
	百分比	0.77	34.49	32.36	24.46	7.93	
柏林镇	面积	0.0	8 535.9	13 872.8	34 188.8	15 082.7	71 680.1
	百分比	0.00	11.91	19.35	47.70	21.04	
蔡家镇	面积	170.3	3 704.3	23 658.2	31 099.1	24 557.9	83 189.6
	百分比	0.20	4.45	28.44	37.38	29.52	
慈云镇	面积	371.9	13 617.9	16 533.5	2 461.5	3 740.7	36 725.4
	百分比	1.01	37.08	45.02	6.70	10.19	
德感街道	面积	7 864.8	26 139.0	16 650.6	4 940.4	4 107.0	5 9701.8
	百分比	13.17	43.78	27.89	8.28	6.88	
杜市镇	面积	6 003.8	23 966.9	11 359.4	5 000.1	6 680.0	53 010.0
	百分比	11.33	45.21	21.43	9.43	12.60	
广兴镇	面积	9.8	7 742.1	8 503.1	720.2	0.0	16 975.1
	百分比	0.06	45.61	50.09	4.24	0	
几江街道	面积	39.2	4 460.0	6 330.0	1 917.9	939.0	13 686.0
	百分比	0.29	32.59	46.25	14.01	6.86	
嘉平镇	面积	0.0	657.5	7 006.2	13 111.2	4 271.4	25 046.3
	百分比	0.00	2.62	27.97	52.35	17.05	
贾嗣镇	面积	60.6	10 905.6	20 627.1	14 875.5	7 036.1	53 504.9
	百分比	0.11	20.38	38.55	27.80	13.15	
李市镇	面积	6 469.7	23 118.5	31 304.4	26 018.1	15 640.2	102 550.8
	百分比	6.31	22.54	30.53	25.37	15.25	

（续）

乡镇	类型	一级地	二级地	三级地	四级地	五级地	总计
龙华镇	面积	12 955.2	9 623.1	19 749.5	5 760.6	3 790.1	51 878.4
	百分比	24.97	18.55	38.07	11.10	7.31	
珞璜镇	面积	12 037.7	15 096.9	31 442.1	10 224.6	3 459.0	72 260.3
	百分比	16.66	20.89	43.51	14.15	4.79	
石蟆镇	面积	20 961.5	56 008.7	32 212.2	16 505.0	8 122.7	133 809.9
	百分比	15.67	41.86	24.07	12.33	6.07	
石门镇	面积	7 498.1	26 034.5	11 690.9	4 593.2	2 070.5	51 887.0
	百分比	14.45	50.18	22.53	8.85	3.99	
双福街道	面积	21 973.4	13 540.8	6 331.1	1 305.9	443.1	43 594.2
	百分比	50.40	31.06	14.52	3.00	1.02	
四面山镇	面积	0.0	0.0	0.0	4 888.8	11 727.6	16 616.4
	百分比	0.00	0.00	0.00	29.42	70.58	
塘河镇	面积	0.0	4 048.8	9 584.9	15 966.5	2 346.0	31 946.1
	百分比	0.00	12.67	30.00	49.98	7.34	
吴滩镇	面积	9 080.4	14 551.7	13 888.2	6 009.8	1 551.2	45 081.2
	百分比	20.14	32.28	30.81	13.33	3.44	
西湖镇	面积	1 345.8	7 535.4	36 018.8	24 888.2	5 279.4	75 067.5
	百分比	1.79	10.04	47.98	33.15	7.03	
夏坝镇	面积	1 609.2	7 053.5	9 095.4	2 404.1	649.4	20 811.5
	百分比	7.73	33.89	43.70	11.55	3.12	
先锋镇	面积	9 288.0	13 731.9	31 236.6	16 508.6	9 905.1	80 670.2
	百分比	11.51	17.02	38.72	20.46	12.28	
永兴镇	面积	1 453.7	22 008.5	25 331.4	23 015.1	2 386.7	74 195.3
	百分比	1.96	29.66	34.14	31.02	3.22	
油溪镇	面积	22 666.7	24 745.7	37 848.0	6 984.5	1 047.0	93 291.8
	百分比	24.30	26.53	40.57	7.49	1.12	
支坪镇	面积	559.2	9 037.4	13 206.8	3 695.3	1 483.4	27 981.9
	百分比	2.00	32.30	47.20	13.21	5.30	

（续）

乡镇	类型	一级地	二级地	三级地	四级地	五级地	总计
中山镇	面积	480.3	1 255.4	10 480.8	9 023.6	10 535.1	31 775.1
	百分比	1.51	3.95	32.98	28.40	33.16	
朱杨镇	面积	8 742.5	9 261.0	5 357.1	3 079.4	492.2	26 932.1
	百分比	32.46	34.39	19.89	11.43	1.83	

注：百分比指各等级耕地占该乡镇耕地总面积的比例。由于行政区划变动，德感和双福街道包含了圣泉街道，几江街道包含了鼎山街道，四面山镇包含了四屏镇。

3. 各等级耕地的土壤类型 将耕地地力等级分布图与江津区土属分布图进行叠置分析，从耕地地力等级土属分布数据库中按权属字段检索统计出各级地在各土属的分布状况，详见表 5-14。

表 5-14 江津区各级耕地的土壤类型（亩，%）

土属	类型	一级地	二级地	三级地	四级地	五级地	合计	占全区耕地比例
灰棕冲积水稻土	面积	2 508.2	728.9	272.0	0.0	0.0	3 509.0	0.23
	百分比	71.5	20.8	7.8	0.0	0.0	100	
紫色冲积水稻土	面积	0.0	171.8	117.5	0.0	0.0	289.2	0.02
	百分比	0.0	59.4	40.6	0.0	0.0	100	
暗紫泥水稻土	面积	5 369.9	42 303.6	22 401.3	11 921.1	0.0	81 995.9	5.33
	百分比	6.6	51.6	27.3	14.5	0.0	100	
灰棕紫泥水稻土	面积	87 031.5	185 843.3	195 240.2	49 545.6	153.8	517 814.3	33.67
	百分比	16.8	35.9	37.7	9.6	0.0	100	
红棕紫泥水稻土	面积	34 474.1	35 192.4	35 308.4	20 728.8	0.0	125 703.6	8.17
	百分比	27.4	28.0	28.1	16.5	0.0	100	
棕紫泥水稻土	面积	5 480.7	43 515.2	69 790.5	82 180.8	25 797.0	226 764.2	14.75
	百分比	2.4	19.2	30.8	36.2	11.4	100	
矿子黄泥水稻土	面积	0.0	12 512.3	4 818.0	457.4	0.0	17 787.6	1.16
	百分比	0.0	70.3	27.1	2.6	0.0	100	
冷沙黄泥水稻土	面积	960.0	595.2	2 205.5	2 197.1	266.7	6 224.4	0.40
	百分比	15.4	9.6	35.4	35.3	4.3	100	

（续）

土属	类型	一级地	二级地	三级地	四级地	五级地	合计	占全区耕地比例
老冲积黄泥水稻土	面积	20.6	4 385.3	10 817.9	1 734.2	0.0	16 957.8	1.10
	百分比	0.1	25.9	63.8	10.2	0.0	100	
紫黄泥水稻土	面积	1 942.8	1 718.6	3 035.0	1 673.3	0.0	8 369.6	0.54
	百分比	23.2	20.5	36.3	20.0	0.0	100	
灰棕冲积土	面积	426.3	2 559.6	45.5	0.0	0.0	3 031.4	0.20
	百分比	14.1	84.4	1.5	0.0	0.0	100	
紫色冲积土	面积	82.8	41.0	50.0	0.0	0.0	173.7	0.01
	百分比	47.7	23.6	28.8	0.0	0.0	100	
暗紫泥土	面积	2 760.9	11 459.3	13 396.2	10 985.1	3 453.8	42 055.2	2.73
	百分比	6.6	27.3	31.9	26.1	8.2	100	
灰棕紫泥土	面积	3 760.1	21 047.0	46 670.0	64 159.8	65 829.2	201 465.9	13.10
	百分比	1.9	10.5	23.2	31.9	32.7	100	
红棕紫泥土	面积	3 460.4	15 805.2	43 836.9	34 035.0	30 460.2	127 597.7	8.30
	百分比	2.7	12.4	34.4	26.7	23.9	100	
棕紫泥土	面积	3 564.0	19 683.5	36 141.0	38 276.4	23 012.6	120 677.4	7.85
	百分比	3.0	16.3	30.0	31.7	19.1	100	
冷沙黄泥土	面积	0.0	27.5	39.2	502.5	9 751.5	10 320.6	0.67
	百分比	0.0	0.3	0.4	4.9	94.5	100	
矿子黄泥土	面积	0.0	3 881.7	6 962.3	1 888.5	0.0	12 732.5	0.83
	百分比	0.0	30.5	54.7	14.8	0.0	100	
老冲积黄泥土	面积	0.0	3 303.5	4 133.3	1 182.9	38.6	8 658.2	0.56
	百分比	0.0	38.2	47.7	13.7	0.5	100	
紫黄泥土	面积	253.5	1 271.3	587.4	578.6	0.0	2 690.7	0.17
	百分比	9.4	47.3	21.8	21.5	0.0	100	
黄泡泥	面积	648.3	0.0	0.0	2 171.1	0.0	2 819.4	0.18
	百分比	23.0	0.0	0.0	77.0	0.0	100	
灰色黄泥	面积	0.0	0.0	42.3	187.5	0.0	229.8	0.01
	百分比	0.0	0.0	18.4	81.6	0.0	100	

江津区耕地地力评价等级参见图5-5。

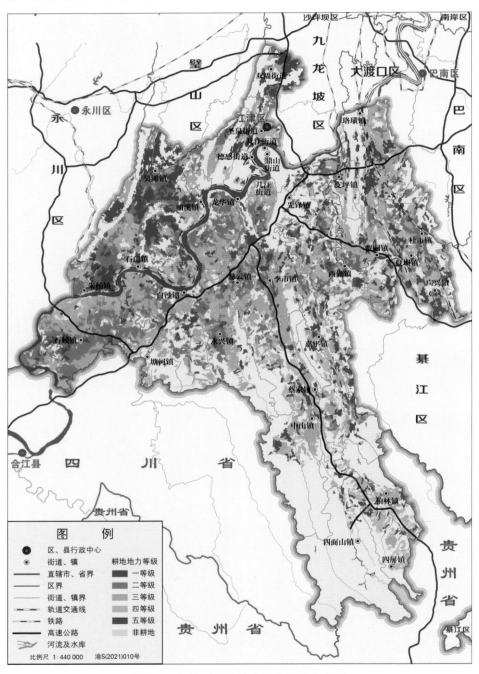

图 5-5　江津区耕地地力评价等级分布图

江津区水田、旱地地力等级分布参见图5-6、图5-7。

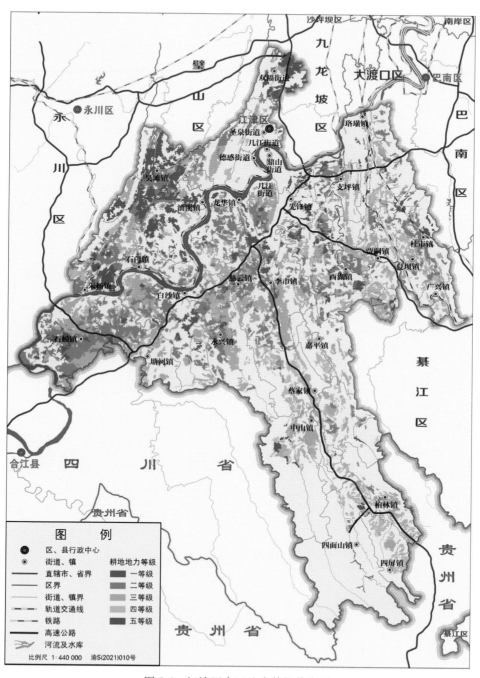

图 5-6　江津区水田地力等级分布图

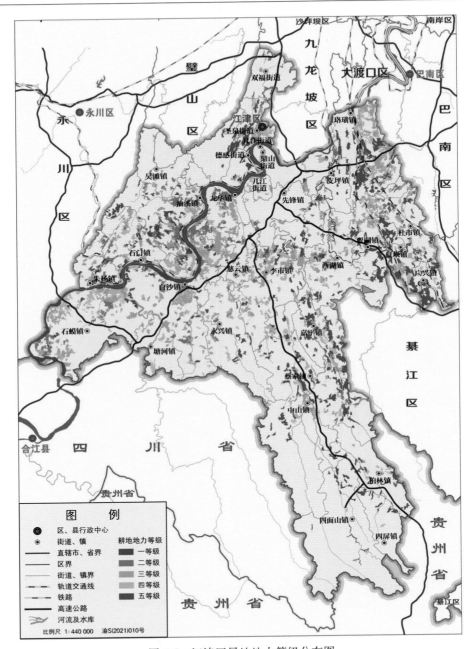

图 5-7 江津区旱地地力等级分布图

二、耕地地力等级分述

(一) 一级地

1. 面积与分布 一级地，综合评价指数＞0.79，耕地面积 15.27 万亩，占全区耕地面积的 9.93%，种植方式以水田为主。水田面积 13.78 万亩，占一级地面积 90.21%，占全区水田总面积 13.70%；旱地面积 1.50 万亩，占一级地面积 9.79%，占全区旱地总面积 2.81%（表 5-15）。

表 5-15　水田旱地一级地面积

利用类型	面积（万亩）	占水田旱地面积（%）	占一级地面积（%）
水田	13.78	13.70	90.21
旱地	1.50	2.81	9.79

一级地主要位于境内西北和长江沿岸一带，即从双福街道、珞璜镇经油溪镇至石蟆镇缓丘平坝河谷地区，主要分布在油溪镇、双福街道、石蟆镇，面积超过 19 500 亩；其次为龙华镇、珞璜镇、先锋镇、吴滩镇、朱杨镇、德感街道，面积超过 7 500 亩；石门镇、李市镇、杜市镇面积大于 6 000 亩；夏坝镇、永兴镇、西湖镇、白沙镇面积大于 1 050 亩，其余乡镇分布面积均在 600 亩之下（表 5-13）。

一级地地势开阔，温光水资源相对丰富，交通方便，公路通至各村组，机耕道及农村便道四通八达，形成网络。农田基础设施比较完备，排灌设施配套，以坑塘和囤水田为主的田间微型水利设施使农田灌溉能得到充分保障，使这类土壤成为当地旱涝保收的高产稳产农田。此级地利用类型以灌溉水田为主，种植方式以一年两熟为主，基本不缺水、不缺肥，水稻亩产一般达到 550 千克以上，若提高种植水平亩产可达 700 千克以上；玉米亩产 400～450 千克，最高亩产可达 600 千克。

2. 土壤理化性状分析　按照重庆市耕地土壤养分分级方法结合本次调查情况，将土壤有机质分为 4 个等级、土壤 pH 分为 5 级、土壤有效磷分为 6 个等级。

（1）土壤有机质含量分级统计　土壤有机质含量大于 30 克/千克的分布面积为 4.94 万亩，占一级地总面积的 32.36%；土壤有机质含量处于 20～30 克/千克的分布面积为 6.73万亩，占 44.09%；土壤有机质含量在 10～20 克/千克的面积为 3.60 万亩，占 23.55%；土壤有机质含量小于 10.0 克/千克的土壤未分布。综上表明，江津区耕地一级地土壤有机质水平较适中，少量处于较缺乏水平，见表 5-16。

表 5-16　一级地土壤有机质含量分级面积统计

土壤有机质含量等级分级标准（毫克/千克）	缺乏	较缺乏	适量	丰富	合计
	<10.0	10～20	20～30	≥30	
面积（万亩）	0	3.60	6.73	4.94	15.27
占该级地比例（%）	0	23.55	44.09	32.36	100

（2）土壤有效磷含量分级统计　根据分级汇总显示，江津区耕地土壤有效磷含量主要集中在 0～10 毫克/千克范围内，面积为 24.41 万亩，占一级地面积的 78.94%。其中五等级土壤有效磷分布面积最广，为 5.01 万亩，占一级地总面积的 32.81%；其次为六等级土壤有效磷，为 4.12 万亩，占 26.97%；一等级土壤有效磷分布面积最少，仅有 0.1 万亩，占 0.64%。综上分析，江津区土壤有效磷含量总体处于较低等级水平，应采用相应措施改善耕地磷素养分状况，以求得粮食"优质、高产"的目标，见表 5-17。

表 5-17　一级地土壤有效磷含量面积统计

土壤有效磷含量等级分级标准（毫克/千克）	一 ≥40	二 40～20	三 20～10	四 10～5	五 5～3	六 <3	合计
面积（万亩）	0.10	0.68	2.44	2.93	5.01	4.12	15.27
占该级地比例（%）	0.64	4.43	15.97	19.16	32.81	26.97	100

（3）土壤 pH 分级统计　一级地土壤以微碱性或酸性居多，其中，pH 大于 7.5 的微碱性土占 38.67%，以旱地土壤分布最多；pH4.5～5.5 的酸性土壤占一级地面积的 27.95%，主要为水稻土；pH4.0～4.5 强酸性土壤占 10.66%；pH5.5～6.5 的微酸性土壤占 12.60%；pH6.5～7.5 的中性土壤占 10.13%，见表 5-18。

表 5-18　一级地土壤 pH 分级及面积统计

土壤 pH 等级分级标准	强酸性 <4.5	酸性 4.5～5.5	微酸性 5.5～6.5	中性 6.5～7.5	微碱性 7.5～8.5	合计
面积（万亩）	1.63	4.27	1.92	1.55	5.91	15.27
占该级地比例（%）	10.66	27.95	12.60	10.13	38.67	100

（4）土壤质地分类统计　一级地土壤质地主要以中壤为主，分布面积 12.5 万亩，占一级地的 81.86%；其次为重壤，面积为 2.23 万亩，占 14.58%；沙性或黏性土壤在一级地中略有分布。由此说明，一级地土壤耕性好，通透性适中，保水保肥能力均匀，土壤不易板结或稀烂，见表 5-19。

表 5-19　一级地土壤质地面积统计

土壤类型	轻壤	砂壤	砂土	重壤	中壤	合计
面积（万亩）	0.06	0.43	0.05	2.23	12.50	15.27
占该级地比例（%）	0.40	2.85	0.31	14.58	81.86	100

3. 土性特征　一级地成土母质主要是侏罗系中统沙溪庙组、遂宁组、蓬莱镇组，以及第四系全新统，土壤类型以灰棕紫泥水稻土、灰棕紫泥土、暗棕紫泥水稻土、暗棕紫泥土为主。水田土种以紫泥田、大泥田为主，旱地土种以紫泥土、大泥土为主。该级地立地条件是本区条件最优区域，中缓丘陵区，地势相对平坦开阔，经过 20 世纪以来农业、水利、农综等部门的持续不断的基本农田、标准良田和农田水利等基础设施建设，使该区域农田的生产能力得到显著提高，灌溉能力充分满足，排水设施基本配套，旱能灌能排，成为江津区粮食主产区和高产区。粮食单产水平比其他区域高一成以上。质地为中、重壤为主，土壤以中性居多，现以水稻土大泥田、旱地以大泥土为代表，分别列出了其剖面理化性状（表 5-20、表 5-21）。

从典型剖面结构来看，一级地水稻土剖面构型较好，无明显障碍层，土体粒状结构良好，通透性好，土体较厚，耕作层较为疏松，利于耕作，之下犁底层等层次较为紧实，有利于保水保肥，土壤胶体品质好，酸碱度适中，各种养分含量适当，且土壤水热气比较协调，宜种度宽，是当地主要的粮油作物生产基地；旱地土层厚度超过 0.8 米，台面坡度小于 5°，质地为中壤，土性偏酸，矿质养分丰富，从典型剖面结构来看，土体较厚，耕层为块状结构，由于耕层之下土层等层次较为紧实，土内水、肥、气、热比较协调，胶体品质好，肥水保蓄能力强，肥力水平相对较高，不择肥，不背肥，宜种作物广，是粮经作物的主产区。

表5-20　大泥田典型剖面形态和主要理化性状

剖面图	深度(厘米)	层次	质地	结构	颜色	坚实度	pH	有机质(克/千克)	全氮(克/千克)
	10　20　30　40　50　60	A'(0~22厘米)耕作层	中壤	粒状	暗紫	疏松	4.9	15.7	1.15
		B(22~40厘米)犁底层	重壤	小块状	暗紫	较紧实	6.0	12.3	0.936
		W(40~65厘米)潴育层	轻黏	小棱块	暗紫	紧实	4.5	8.58	0.819

测定项目 剖面层次	全磷(克/千克)	全钾(克/千克)	有效氮(毫克/千克)	有效磷(毫克/千克)	速效钾(毫克/千克)	缓效钾(毫克/千克)	交换量[厘摩尔(+)/升]	交换性钙[厘摩尔(+)/升]	交换性镁[厘摩尔(+)/升]	交换酸[厘摩尔(+)/升]
耕作层	0.597	12.9	92.5	15	74.3	161	16.3	3.59	1.31	10.3
返渗层	0.488	13.6	69.5	8.3	53.9	162	17.4	4.80	1.92	8.71
母质层	0.351	13.6	57.7	2.4	64.0	151	14.7	1.79	1.30	10.8

测定项目 剖面层次	有效硼(毫克/千克)	有效铜(毫克/千克)	有效锌(毫克/千克)	有效铁(毫克/千克)	有效锰(毫克/千克)	有效铅(毫克/千克)	有效镉(毫克/千克)	全铜(毫克/千克)	全锌(毫克/千克)	全铁(克/千克)
耕作层	0.121	3.42	5.23	326	63.7	10.7	0.236	24.6	54.9	27.1
返渗层	0.0611	1.96	1.23	75.5	47.9	7.14	0.0512	25.5	49.3	27.8
母质层	0.0334	2.58	1.29	82.1	14.5	6.31	0.0366	23.3	39.7	27.8

表5-21　大泥土典型剖面形态和主要理化性状

剖面图	深度(厘米)	层次	质地	结构	颜色	坚实度	pH	有机质(克/千克)	全氮(克/千克)
	10 20 30 40	A(0~15厘米)耕作层	重壤	团粒状	暗紫	疏松	6.5	14.0	1.20
		B(15~30厘米)心土层	轻黏	小块状	暗紫	紧实	6.5	10.6	1.01
		C(>30厘米)底土层	轻黏	小块状	暗黄	紧实	6.7	11.9	1.07

测定项目 剖面层次	全磷(克/千克)	全钾(克/千克)	有效氮(毫克/千克)	有效磷(毫克/千克)	速效钾(毫克/千克)	缓效钾(毫克/千克)	交换量[厘摩尔(+)/升]	交换性钙[厘摩尔(+)/升]	交换性镁[厘摩尔(+)/升]	交换酸[厘摩尔(+)/升]
耕作层	0.400	17.3	83.8	2.1	60.1	212	28.6	19.2	1.69	6.65
返渗层	0.390	17.1	74.3	1.4	49.6	201	26.8	18.1	1.49	6.63
母质层	0.414	17.0	74.4	0.56	52.2	261				

测定项目 剖面层次	有效硼(毫克/千克)	有效铜(毫克/千克)	有效锌(毫克/千克)	有效铁(毫克/千克)	有效锰(毫克/千克)	有效铅(毫克/千克)	有效镉(毫克/千克)	全铜(毫克/千克)	全锌(毫克/千克)	全铁(克/千克)
耕作层	0.219	0.634	3.73	4.10	5.73	0.693	0.176	24.2	86.6	33.7
返渗层	0.074 7	0.803	3.11	5.17	4.61	0.643	0.117	28.0	107	32.1
母质层	0.094 5	1.91	1.22	4.99	3.02	1.62	0.140	26.5	85.2	33.2

4. 利用及改良措施　在利用上应当将该等土壤作为江津区重要的商品粮生产基地，将该类土壤集中分布的江津地区打造成高标准农田，同时因地制宜发展经济作物如设施蔬菜等，提高耕地的生产率及其产值，使当地农民走上种粮致富的道路。在耕地的管理上，一是要注意寓养于用，用养结合，推行合理的复种轮作方式，水稻土在中稻收割后及时整好田缺，蓄留冬水，为土壤创造修生养息的环境。旱地则推行粮经作物轮作，提高耕地的生产效率。二是要大力推进测土配方施肥技术，改变当地农民的施肥观念，强化无机肥与有机肥的结合，强化氮肥与磷钾肥的结合，强化施肥量与目标产量的结合，提高肥料的利用率和利用效率。在当前尤其要大力提倡秸秆还田，以缓解肥料价格上涨带来的生产成本不断攀升，种粮效益下降的矛盾。三是要进一步加强农田基础设施建设，尤其是囤水田、蓄水池及坑塘等田间微型水利设施建设，在平缓的坝区要注意开沟排水，避免洪水对稻田的损毁，控制地下水位，使该区域真正成为高产稳产的标准良田。

（二）二级地

1. 面积与分布　二级地，综合评价指数为0.70～0.79，耕地面积40.6万亩，占全区耕地面积的26.40%，耕作方式以水田为主。水田面积32.7万亩，占二级地面积80.52%，占全区水田总面积32.52%；旱地面积7.91万亩，占二级地面积19.48%，占全区旱地总面积14.85%（表5-22）。

表5-22　水田旱地二级地面积

利用类型	面积（万亩）	占水田旱地面积（%）	占二级地面积（%）
水田	32.70	32.52	80.52
旱地	7.91	14.85	19.48

二级地集中分布于境内中部和北部缓丘平坝地区以及东部中丘中谷区，即从石蟆镇、白沙镇、石门镇、油溪镇至德感街道一带以及杜市镇、广兴镇丘陵区。主要集中在石蟆镇、白沙镇，面积大于45 000亩；德感街道、油溪镇、石门镇、杜市镇、李市镇、永兴镇面积大于21 750亩；珞璜镇、吴滩镇、先锋镇、慈云镇、双福街道面积大于13 500亩；贾嗣镇、龙华镇、朱杨镇、支坪镇、柏林镇、广兴镇、西湖镇面积大于7 500亩，其余乡镇分布面积均在7 500亩之下（表5-13）。

2. 土壤理化性状分析

（1）土壤有机质含量分级统计　土壤有机质含量主要集中于10～20克/千克之间，分布面积为25.01万亩，占二级地总面积的61.58%；其次土壤有机质处于20～30克/千克的分布面积为12.27万亩，占30.22%；土壤有机质处于两极的土壤极少，总计3.33万亩，占二级地总面积的8.19%。综上分析表明，江津区耕地二级地土壤有机质含量处于中等偏下水平，体现在适量及较缺乏等级上，见表5-23。

表5-23　二级地土壤有机质含量分级面积统计

土壤有机质含量等级分级标准（毫克/千克）	缺乏 <10.0	较缺乏 10～20	适量 20～30	丰富 ≥30	合计
面积（万亩）	2.35	25.01	12.27	0.98	40.60
占该级地比例（%）	5.79	61.58	30.22	2.40	100

（2）土壤有效磷含量分级统计　由表5-24显示，二级地土壤有效磷含量主要集中在0～10毫克/千克范围内，包括土壤有效磷的四、五、六级水平，分布面积合计为29.48万亩，占二级地面积的66.65%；土壤有效磷含量水平等级越高，其分布面积越少，所占比例最小，一等级水平土壤有效磷分布面积仅为1.42万亩，占3.50%。由此表明，江津区二级地土壤有效磷含量处偏低状态，提高活性磷素含量，是江津区农业增产、保质的重要手段。

表5-24　二级地土壤有效磷含量面积统计

土壤有效磷含量等级分级标准（毫克/千克）	一	二	三	四	五	六	合计
	≥40	40～20	20～10	10～5	5～3	<3	
面积（万亩）	1.42	3.32	6.39	11.30	9.37	8.81	40.60
占该级地比例（%）	3.50	8.16	15.74	27.83	23.08	21.69	100

（3）土壤pH分级统计　二级地土壤酸碱度多布于4.5～6.5之间，其中，pH4.5～5.5的酸性土壤占二级地面积的54.26%；pH5.5～6.5的微酸性土壤占12.48%；pH小于4.5强酸性土壤占13.41%；pH6.5～7.5的中性土壤占二级地面积的8.89%；pH大于7.5的微碱性土占10.96%。综上分析，江津区二级地土壤酸碱性以酸性为主，与一级地比较，酸性土壤所占比例增多，碱性土壤比例减少，见表5-25。

表5-25　二级地土壤pH分级面积统计

土壤pH等级分级标准	强酸性	酸性	微酸性	中性	微碱性	合计
	<4.5	4.5～5.5	5.5～6.5	6.5～7.5	7.5～8.5	
面积（万亩）	5.45	22.03	5.07	3.61	4.45	40.60
占该级地比例（%）	13.41	54.26	12.48	8.89	10.96	100

（4）土壤质地分类统计　二级地土壤质地与一等级耕地质地状况基本一致，多为中壤、重壤土，面积30.9万亩，占二级地耕地的76.11%；其次是砂壤土，面积7.38万亩，占二级地的18.16%，见表5-26。

表5-26　二级地土壤质地面积统计

土壤类型	轻壤	砂壤	砂土	重壤	中壤	合计
面积（万亩）	0.08	7.38	2.24	4.79	26.11	40.60
占该级地比例（%）	0.20	18.16	5.53	11.80	64.31	100

3. 土性特征　二级地成土母质主要是侏罗系中统沙溪庙组、遂宁组、蓬莱镇组砂泥岩坡、残积物，其代表的土壤类型为灰棕紫泥水稻土、暗紫泥水稻土、暗紫泥土、灰棕紫泥土、棕紫泥水稻土、红棕紫泥水稻土、棕紫泥土。在该级地中具有代表性的土种水田以半沙半泥田、紫泥田、大泥田、大土泥田为主，旱地以紫泥土、大土泥土为主。该级地分布的区域内地势平坦，光热丰富，水源较好，农田基础设施基本完备，排灌设施配套，田间微型水利设施以坑塘和囤水田为主，缺乏大型骨干水利设施作保障，农田灌溉能得到充分保证。此级地利用类型以灌溉水田为主，复种指数较高，生产性能受人为影响较大，水稻亩产一般达到500千克以上，玉米亩产400千克以上，注意用养结合，则可成为当地的高产稳产基本农田。现以水稻土大土

泥田、旱地以大土泥土为代表，分别列出了其剖面理化性状（表 5-27、表 5-28）。

从典型剖面结构来看，二级地水稻土剖面构型层次较好，无不良层次，土体较厚，风化程度不深，土体团粒结构良好，通透性好，土壤质地中壤，矿质养分含量较丰富，耕作层较为疏松，利于耕作，之下犁底层等层次较为紧实，胶体品质好，稳水稳温性能好，保肥供肥能力强，土壤内水、肥、气、热比较协调，宜种度宽，适宜多种粮经作物生长；二级地旱地土壤，质地为中壤，土体较厚，台面坡度小于 5°，pH 中性，复种指数可达 2～3，加之热量丰富，且水热同季，矿化作用强烈，耕层 25～30 厘米，粒状结构，较为疏松，易于耕作，供肥快，之下心土层等层次较为紧实，肥水保蓄能力强，耐涝抗旱，宜种作物广，是粮经作物的主产区。

表 5-27 大土泥田典型剖面形态和主要理化性状

剖面图	深度（厘米）	层次	质地	结构	颜色	坚实度	pH	有机质（克/千克）	全氮（克/千克）
	10	A′（0～20厘米）耕作层	重壤	团粒状	红棕紫	疏松	7.5	31.0	1.72
	20、30	B（20～40厘米）犁底层	轻黏	小块状	红棕紫	紧实	7.6	23.7	1.48
	40、50	P（>40厘米）初期潴育层	轻黏	小棱块	红棕紫	紧实	7.6	29.2	1.97

测定项目 ＼ 剖面层次	全磷（克/千克）	全钾（克/千克）	有效氮（毫克/千克）	有效磷（毫克/千克）	速效钾（毫克/千克）	缓效钾（毫克/千克）	石灰性土壤交换量［厘摩尔（＋）/升］	碳酸盐（克/千克）	全锰（克/千克）	全钛（克/千克）
耕作层	0.803	23.4	122	7.7	113	405	27.6	77.9	0.347	6.99
返渗层	0.441	16.4	89.3	8.1	108	391	27.0	59.3	0.220	5.56
母质层	0.746	25.2	115	7.6	121	443	30.1	66.2	0.480	7.96

测定项目 ＼ 剖面层次	有效硼（毫克/千克）	有效铜（毫克/千克）	有效锌（毫克/千克）	有效铁（毫克/千克）	有效锰（毫克/千克）	有效铅（毫克/千克）	有效镉（毫克/千克）	全铜（毫克/千克）	全锌（毫克/千克）	全铁（克/千克）
耕作层	0.446	3.42	2.47	11.8	93.4	4.67	0.268	30.1	12.3	35.9
返渗层	0.278	2.63	0.858	12.6	26.8	4.35	0.101	16.9	48.3	21.3
母质层	0.573	3.61	1.56	14.7	53.2	6.00	0.179	28.7	80.5	40.4

表 5-28　大土泥土典型剖面形态和主要理化性状

剖面图	深度（厘米）	层次	质地	结构	颜色	坚实度	pH	有机质（克/千克）	全氮（克/千克）
	10	A（0～19厘米）耕作层	砂壤	粒状	红棕	疏松	7.6	12.9	1.02
	20	B（19～40厘米）心土层	中壤	小块状	红棕	较紧实	8.0	8.58	0.804
	30 / 40	C（>40厘米）底土层	中壤	块状	红棕	较紧实	8.0	6.42	0.608

测定项目＼剖面层次	全磷（克/千克）	全钾（克/千克）	有效氮（毫克/千克）	有效磷（毫克/千克）	速效钾（毫克/千克）	缓效钾（毫克/千克）	石灰性土壤交换量［厘摩尔（＋）/升］	碳酸盐（克/千克）	全锰（克/千克）	全铅（毫克/千克）
耕作层	1.00	18.5	110	6.3	72.1	0.596	21.5	54.8	0.216	12.6
返渗层	0.789	23.6	46.5	1.6	79.6	0.623	28.7	84.6	0.253	18.6
母质层	0.682	20.7	31.4	1.6	73.6	0.542	24.5	81.0	0.211	12.9

测定项目＼剖面层次	有效硼（毫克/千克）	有效铜（毫克/千克）	有效锌（毫克/千克）	有效铁（毫克/千克）	有效锰（毫克/千克）	有效铅（毫克/千克）	有效镉（毫克/千克）	全铜（毫克/千克）	全锌（毫克/千克）	全铁（克/千克）
耕作层	0.038	0.520	0.648	1.61	5.12	0.697	0.073 0	10.2	57.6	30.4
返渗层	0.026	1.09	0.205	2.48	4.06	0.783	0.036 1	15.3	70.5	39.8
母质层	未检出	0.851	0.227	1.87	3.21	0.665	0.018 0	11.0	58.2	33.5

4. 利用及改良措施　二级地是农业生产中的宝贵资源，应积极改良利用该类耕地，挖掘其增产潜力，使其成为江津区一级地的后备中坚力量，从而发展成为江津区重要的优高质粮食生产基地。对于二级地的管理，应结合一级地管理利用方法，一是注意用养结合，合理轮作。由于本级地一般复种指数高，有机质及各养分含量消耗多，积累少，因此在利用上应用养结合，增施有机肥，合理追肥培肥，培养地力，水稻土可间套绿肥或积极养殖红萍，增加有机质，旱地可推行粮肥套作或粮豆间作，以培肥土壤。二是仍要进一步推进测土配方施肥技术，大力提倡秸秆还田，强化农民无机肥与有机肥的结合、氮肥与磷钾肥结合的施肥观念，提高肥料的利用率和利用效率。三是进一步加强农田基础设施建设，完善灌排条件，在平缓的坝区要注意开沟排水，避免土壤向潜育化发展，逐步建设高产稳产农田。

（三）三级地

1. 面积与分布　三级地，综合评价指数为 0.63～0.70，耕地面积 49.59 万亩，占全区耕地面积的 32.25%。水田面积 34.4 万亩，占三级地面积 69.37%，占全区水田总面积 34.22%；旱地面积 15.19 万亩，占三级地面积 30.63%，占全区旱地总面积 28.53%（表 5-29）。

表 5-29　水田旱地三级地面积

利用类型	面积（万亩）	占水田旱地面积（%）	占三级地面积（%）
水田	34.40	34.22	69.37
旱地	15.19	28.53	30.63

三级地是江津区面积最广的耕地，主要分布于境内中低山区、广大的丘陵缓坡区及腹心地带部分平坝区，地貌特征以浅丘二台地、二塝地、丘陵支冲中上部较平缓地带为主，在全区除四面山镇，其他乡镇均有较大分布。该级耕地所处地势存在一定障碍因素，土体厚度基本满足作物生长，光热水源条件受一定限制，农田基础设施不够完善，灌溉和排涝条件受一定限制，灌溉主要以天然降水为主，农田灌溉只能基本保证，利用类型水田多于旱地。30 000亩以上的乡镇有白沙镇、油溪镇、西湖镇、石蟆镇、珞璜镇、先锋镇；22 500 亩以上的乡镇有永兴镇、李市镇；15 000 亩的乡镇有贾嗣镇、龙华镇、德感街道、慈云镇，其余乡镇分布面积均在 5 250～15 000 亩之间（表 5-13）。

2. 土壤理化性状分析

（1）土壤有机质含量分级统计　土壤有机质含量大于等于 30 克/千克的面积占三级地的 1.30%；土壤有机质含量在 20～30 克/千克之间的耕地面积比例为 14.79%；土壤有机质含量在 10～20 克/千克之间的耕地面积比例为 68.36%；土壤有机质含量小于 10 克/千克的面积比例为 15.55%。表明江津区耕地三级地土壤有机质含量处于较缺乏和缺乏的水平上，少部分耕地土壤有机质含量处于适量水平，见表 5-30。

表 5-30　三级地土壤有机质含量分级面积统计

土壤有机质含量等级分级标准（毫克/千克）	缺乏	较缺乏	适量	丰富	合计
	<10.0	10～20	20～30	≥30	
面积（万亩）	7.71	33.90	7.34	0.64	49.59
占该级地比例（%）	15.55	68.36	14.79	1.30	100

（2）土壤有效磷含量分级统计　由表 5-31 显示，三级地土壤有效磷以四等级土壤有效磷含量水平分布面积最广，为 15.31 万亩，占三级地面积的 30.87%；其次为五等级土壤有效磷水平，面积为 13.99 万亩，占 28.22%；三、六等级土壤有效磷水平分布比例相近，分别为 15.89% 和 13.83%；一等级土壤有效磷水平分布面积最少，仅有 1.28 万亩，占三级地面积的 2.57%。综上分析，江津区三级地土壤有效磷含量主要集中于 3～10 毫克/千克，处于四至六等级土壤有效磷含量水平，土壤有效磷含量总体处于偏少状态。

表 5-31　三级地土壤有效磷含量面积统计

土壤有效磷含量等级分级标准（毫克/千克）	一	二	三	四	五	六	合计
	≥40	40~20	20~10	10~5	5~3	<3	
面积（万亩）	1.28	4.27	7.88	15.31	13.99	6.86	49.59
占该级地比例（%）	2.57	8.62	15.89	30.87	28.22	13.83	100

（3）土壤 pH 分级统计　三级地土壤酸碱度以酸性范畴为主，分布面积为20.84万亩，占三级地面积的42.03%；处于强酸性、中性级微碱性土壤分布面积较平均，所占比例分别为16.85%、16.53%和16.17%；三级地中，以微酸性土壤最少，分布面积为4.17万亩，仅占8.42%。由此分析表明，三级地以酸性土壤为主，同时强酸性和微碱性土壤并存，见表5-32。

表 5-32　三级地土壤 pH 分级面积统计

土壤 pH 等级分级标准	强酸性	酸性	微酸性	中性	微碱性	合计
	<4.5	4.5~5.5	5.5~6.5	6.5~7.5	7.5~8.5	
面积（万亩）	8.36	20.84	4.17	8.20	8.02	49.59
占该级地比例（%）	16.85	42.03	8.42	16.53	16.17	100

（4）土壤质地分类统计　根据表5-33统计显示，三级地土壤质地以轻壤、砂土为主，分布面积分布为18.79万亩、16.63万亩，所占比例分别为37.90%、33.53%；中壤次之，所占比例为27.71%。与一级地、二级地比较，三级地中壤所占比例极具下降，沙性或黏性土壤比例增多。

表 5-33　三级地土壤质地面积统计

土壤类型	砂壤	轻壤	砂土	黏土	中壤	合计
面积（万亩）	0.19	18.79	16.63	0.24	13.74	49.59
占该级地比例（%）	0.38	37.90	33.53	0.48	27.71	100

3. 土性特征　三级地成土母质受地质构造的影响呈多样化，主要有第四季老冲积物、侏罗系中统沙溪庙组砂泥岩风化坡积物、遂宁组红棕紫色砂泥岩风化坡积物、蓬莱镇组紫色砂泥岩风化坡积物以及自流井组暗紫色及杂色砂泥岩风化坡积物等，该级地中各土壤类型都有分布，主要有暗紫泥水稻土、红棕紫泥水稻土、红棕紫泥土、灰棕紫泥水稻土、灰棕紫泥土、老冲积黄泥水稻土、紫黄泥水稻土、紫黄泥土集中分布于此级地，在该级地中由于耕地所处地形和成土母质的影响，土壤质地多表现出中壤、重壤的特征。水稻土主要有半沙半泥田、沙泥田、凡泥田等质地较为黏重或具有轻砾质的土种，旱地主要有半沙半泥土、凡泥土、大泥土、油石骨子土等土种，都有一定的障碍因素。分布较分散，主要分布于境内中低山区、广大的丘陵缓坡区及腹心地带部分平坝区，地貌特征以浅丘二台地、二墒地、丘陵支冲中上部较平缓地带为主，在全区除四面山管委会的其他乡镇均有较大分布。该区耕地所处地势存在一定障碍因素，土体厚度基本满足作物生长，光热水源条件受一定限制，农田基础设施不够完善，灌溉和排涝条件受一定限制，灌溉主要以天然降水为主，农田灌溉只能基本保证，利用类型以望

天田和旱地为主，土壤存在偏黏等各种障碍因素，不好耕作，土质瘦，在施肥较多的情况下才有后劲，水稻亩产一般达到 450 千克左右，玉米亩产 350 千克左右。现以水稻土半沙半泥田、旱地以半沙半泥土为代表，分别列出了其剖面理化性状（表 5-34、表 5-35）。

从典型剖面结构来看，水稻土质地较为黏重，由于淋溶淀积势较强，土壤质地重壤至轻黏，pH 中性偏酸，有机质含量低，耕作层较黏，内部紧实板结，通透性差，耕作困难，故作物不易扎根，土壤内含有少量的砾石，故耕层较为粗糙，保水保肥力弱，土内水、气、热不协调，受干旱影响大。旱地土壤质地为中壤—重壤，土体稍薄，台面坡度大于 10°，pH 偏酸性，有机质含量较低，耕层或粗或黏，通透性差，保水保肥力弱，抗旱力较弱，作物生长受一定限制。该级地生产性能受一定限制，主要问题是土壤存在各种障碍因素，在利用上因地制宜实行改良，增施有机肥，改善土壤性能，培肥土壤，则可实现好的收成。

表 5-34　半沙半泥田典型剖面形态和主要理化性状

剖面图	深度（厘米）	层次	质地	结构	颜色	坚实度	pH	有机质（克/千克）	全氮（克/千克）
		A（0～20厘米）淹育层	中壤	泥状	灰棕	较松	6.6	19.3	1.09
		PB（20～40厘米）犁底层	中壤	块状	灰棕，有少量胶膜	较紧实	6.9	11.1	0.668
		P（40～80厘米）初期潴育层	中壤	大棱柱状	灰棕，有大量胶膜	紧实	7.0	6.67	0.616
		G（>80厘米）潜育层	中壤	整体	灰棕	紧实	7.2	6.92	0.533

测定项目／剖面层次	全磷（克/千克）	全钾（克/千克）	有效氮（毫克/千克）	有效磷（毫克/千克）	速效钾（毫克/千克）	缓效钾（毫克/千克）	石灰性土壤交换量[厘摩尔（+）/升]	碳酸盐（克/千克）	全锰（克/千克）	全铅（毫克/千克）
耕作层	0.368	14.0	94.4	1.7	40.8	0.430	21.7	2.91	0.294	24.0
返渗层	0.303	13.9	53.5	1.1	43.7	0.515	22.3	2.90	0.297	16.8
母质层	0.245	12.5	55.1	2.0	48.5	0.473	23.7	2.91	0.279	13.3

测定项目／剖面层次	有效硼（毫克/千克）	有效铜（毫克/千克）	有效锌（毫克/千克）	有效铁（毫克/千克）	有效锰（毫克/千克）	有效铅（毫克/千克）	有效镉（毫克/千克）	全铜（毫克/千克）	全锌（毫克/千克）	全铁（克/千克）
耕作层	0.74	1.16	1.15	8.82	7.71	1.33	0.081 0	3.04	56.5	32.9
返渗层	0.55	2.19	0.200	11.9	7.68	2.32	0.038 2	未检出	49.7	32.1
母质层	0.51	2.45	0.189	12.3	10.0	2.50	0.044 3	6.18	49.9	31.3

表 5-35　半沙半泥土典型剖面形态和主要理化性状

剖面图	深度（厘米）	层次	质地	结构	颜色	坚实度	pH	有机质（克/千克）	全氮（克/千克）
	10	A（0～20厘米）耕作层	中壤	粒状	棕紫	疏松	6.7	10.5	0.751
	20 30	B（20～40厘米）返渗层	中壤	块状	棕紫	紧实	6.9	8.79	0.575
	40	C（>40厘米）母质层	中壤	小块状	棕紫	紧实	7.2	4.31	0.453

测定项目 剖面层次	全磷（克/千克）	全钾（克/千克）	有效氮（毫克/千克）	有效磷（毫克/千克）	速效钾（毫克/千克）	缓效钾（毫克/千克）	石灰性土壤交换量[厘摩尔（+）/升]	碳酸盐（克/千克）	有效钼（毫克/千克）	有效硼（毫克/千克）
耕作层	0.365	23.0	65.6	1.4	111	363	15.8		1.17	0.054 5
返渗层	0.270	19.6	71.4	0.093	88.9	371	13.5		1.67	0.017 6
母质层	0.504	24.6	20.3	0.19	94.8	453	16.1	36.0	0.821	0.048 0

测定项目 剖面层次	有效锌（毫克/千克）	有效铁（毫克/千克）	有效锰（毫克/千克）	有效铅（毫克/千克）	有效镉（毫克/千克）	全铜（毫克/千克）	全锌（毫克/千克）	全铁（克/千克）	全锰（克/千克）	全钛（克/千克）
耕作层	1.21	2.21	1.00	1.08	0.123	37.5	63.4	27.7	0.262	6.15
返渗层	0.650	4.13	1.58	0.956	0.043 3	26.7	60.1	23.3	0.256	6.03
母质层	0.482	1.09	0.574	0.721	0.023 2	25.6	70.0	32.0	0.254	6.77

4. 利用及改良措施　三级地是缓坡向山区过度的等级类型，各种属性介于两者之间，地势起伏不大，对于此级耕地，增加对其投入可极大地提高农业生产能力。由于其障碍因素多样，故对于此级耕地的管理，可根据利用类型因地制宜针对性的进行改良利用。一是加强农田基本建设，完善排灌设施，注意开沟排水，提高土壤通透性。二是精耕细作，发展旱作农业，可深耕深翻，平整地面，提高土壤蓄水保肥能力。三是增施有机肥料，可积极推广秸秆还田，推广测土配方施肥技术，实行有机无机结合，改良土壤理化性状，努力提高土地的产出水平。对于老冲积黄泥田，则应当突出抓好增施有机肥料培肥土壤，改良结构，同时要注意补充磷钾肥以满足作物的养分需求。对部分酸度较高的田块，还可以施用适量的石灰以降低土壤 pH。

（四）四级地

1. 面积与分布 四级地，综合评价指数为 0.55～0.63，耕地面积 32.44 万亩，占全区耕地总面积的 21.09%。水田面积 17.04 万亩，占四级地面积 52.54%，占全区水田总面积 16.95%；旱地面积 15.4 万亩，占四级地面积 47.46%，占全区旱地总面积 28.92%（表5-36）。

四级地主要分布于境内腹地山岭中下部、丘陵上部及顶部或海拔较高的四面山台地和山麓深丘一带，以及谷地低洼处和支冲汇口处。该区耕地坡度大，土体薄，土壤偏酸，土壤养分含量水平低，光热水源条件受一定限制，农田基础设施不健全，灌溉和排涝条件差，农田灌溉无保证，利用类型以旱地和望天田为主，水稻亩产 400 千克左右，玉米亩产 300 千克左右，是江津区农作物低产区。四级地分布比较广，白沙镇、柏林镇、蔡家镇面积达 30 000亩以上；李市镇、西湖镇、永兴镇面积达 22 500 亩以上；先锋镇、石蟆镇、塘河镇面积在 15 000 亩以上；贾嗣镇、嘉平镇、珞璜镇、中山镇面积也在 9 000 亩以上；油溪镇、吴滩镇、龙华镇、杜市镇、石门镇、德感街道、四面山镇、石门镇面积也有 4 500～7 500 亩，其余乡镇分布面积均在 3 750 亩之下（表5-13）。

表5-36 水田旱地四级地面积

利用类型	面积（万亩）	占水田旱地面积（%）	占四级地面积（%）
水田	17.04	16.95	52.54
旱地	15.40	28.92	47.46

2. 土壤理化性状分析

（1）土壤有机质含量分级统计 土壤有机质含量大于等于 30 克/千克的面积占四级地的 0.96%；土壤有机质含量大于等于 20 克/千克且小于等于 30 克/千克的面积比例为 10.29%；土壤有机质含量大于等于 10 克/千克且小于 20 克/千克的面积比例为 70.30%；土壤有机质含量小于 10 克/千克的面积比例为 18.46%。表明江津区耕地四级地土壤有机质含量处于较缺乏和缺乏水平上，见表5-37。

表5-37 四级地土壤有机质含量分级面积统计

土壤有机质含量等级分级标准（毫克/千克）	缺乏	较缺乏	适量	丰富	合计
	<10.0	10～20	20～30	≥30	
面积（万亩）	5.99	22.80	3.34	0.31	32.44
占该级地比例（%）	18.46	70.30	10.29	0.96	100

（2）土壤有效磷含量分级统计 土壤有效磷含量大于等于 40 毫克/千克的，占四级地面积的 1.08%；土壤有效磷含量大于等于 20 毫克/千克且小于 40 毫克/千克的占 3.96%；土壤有效磷含量大于等于 10 毫克/千克且小于 20 毫克/千克的占 13.88%；土壤有效磷含量大于等于 5 毫克/千克且小于 10 毫克/千克的占 33.23%；土壤有效磷含量大于等于 3 毫克/千

克且小于 5 毫克/千克的占 23.28%；土壤有效磷含量小于 3 毫克/千克的占 24.56%。表明江津区四级地土壤有效磷含量处 10 毫克/千克以下，见表 5-38。

表 5-38 四级地土壤有效磷含量面积统计

土壤有效磷含量等级分级标准（毫克/千克）	一	二	三	四	五	六	合计
	≥40	40～20	20～10	10～5	5～3	<3	
面积（万亩）	0.35	1.29	4.50	10.78	7.55	7.97	32.44
占该级地比例（%）	1.08	3.96	13.88	33.23	23.28	24.56	100

（3）土壤 pH 分级统计 四级地土壤酸碱度多在 5.5～7.5 之外，其中，pH4.0～4.5 的强酸性土壤占四级地面积的 17.22%；pH4.5～5.5 的酸性土壤占 49.65%；pH5.5～6.5 的微酸性土壤占 8.12%；pH6.5～7.5 的中性土壤占 6.71；pH 大于 7.5 的微碱性土占 18.30%，见表 5-39。

表 5-39 四级地土壤 pH 分级面积统计

土壤 pH 等级分级标准	强酸性	酸性	微酸性	中性	微碱性	合计
	<4.5	4.5～5.5	5.5～6.5	6.5～7.5	7.5～8.5	
面积（万亩）	5.59	16.11	2.63	2.18	5.94	32.44
占该级地比例（%）	17.22	49.65	8.12	6.71	18.30	100

（4）土壤质地分类统计 四级地土壤质地多为砂壤和砂土组成，面积分别为 16.45 万亩、11.28 万亩，分别占四级地的 50.71%、34.78%，见表 5-40。

表 5-40 四级地土壤质地面积统计

土壤类型	轻壤	砂壤	砂土	黏土	中壤	合计
面积（万亩）	0.01	16.45	11.28	0.16	4.54	32.44
占该级地比例（%）	0.02	50.71	34.78	0.50	13.98	100

3. 土性特征 四级地成土母质主要是侏罗系沙溪庙组沙岩风化物、自流井组暗紫色及杂色砂泥岩风化坡积物、三迭系雷口坡组、嘉陵江组灰岩风化物以及沙溪庙、遂宁组及蓬莱镇组砂岩风化物等，土壤类型主要有暗紫泥水稻土、暗紫泥土、灰棕紫泥水稻土、灰棕紫泥土、矿子黄泥土、老冲积黄泥水稻土、棕紫泥水稻土，水稻土主要有砂泥田、鸭屎泥田、麻矿黄泥田等质地较为黏重或具有轻砾质的土种，旱地主要有夹沙泥土、红石骨子土、半沙半泥土等土种，都有一定的障碍因素。现以水稻土砂泥田、旱地夹砂泥土为代表，分别列出了其剖面理化性状（表 5-41、表 5-42）。

表 5-41　沙泥田典型剖面形态和主要理化性状

剖面图	深度（厘米）	层次	质地	结构	颜色	坚实度	pH	有机质（克/千克）	全氮（克/千克）
	10	A'（0～20厘米）耕作层	砂壤	粒状	棕紫	疏松	5.4	21.1	1.14
	20 30	B（20～30厘米）犁底层	中壤	块状	棕紫	较紧实	5.1	17.0	1.08
	40	P（30～）初期潴育层（有大量铁胶膜）	中壤	棱柱状	棕色	紧实	5.1	9.67	0.624

测定项目 / 剖面层次	全磷（克/千克）	全钾（克/千克）	有效氮（毫克/千克）	有效磷（毫克/千克）	速效钾（毫克/千克）	缓效钾（毫克/千克）	交换量［厘摩尔（+）/升］	交换性钙［厘摩尔（+）/升］	交换性镁［厘摩尔（+）/升］	交换酸［厘摩尔（+）/升］
耕作层	0.309	16.9	111	14	46.6	192	16.6	6.93	1.47	7.69
返渗层	0.269	16.9	96.8	12	54.3	204	18.2	7.50	1.54	8.23
母质层	0.185	16.0	56.6	5.8	74.8	214	16.1	5.92	1.32	8.20

测定项目 / 剖面层次	有效硼（毫克/千克）	有效铜（毫克/千克）	有效锌（毫克/千克）	有效铁（毫克/千克）	有效锰（毫克/千克）	有效铅（毫克/千克）	有效镉（毫克/千克）	全铜（毫克/千克）	全锌（毫克/千克）	全铁（克/千克）
耕作层	0.400	2.11	2.80	181	3.48	4.38	0.245	27.8	44.2	15.2
返渗层	0.307	2.06	2.00	191	4.11	4.97	0.164	35.5	41.8	15.9
母质层	0.062 3	1.99	1.15	200	4.38	4.95	0.065 2	12.7	36.0	13.7

表 5-42　夹砂泥土典型剖面形态和主要理化性状

剖面层次	浓度（厘米）	颜色	结构	紧实度	容重（克/厘米³）	总孔隙度（%）	机械组成				
							＞0.05	0.05～0.01	0.01～0.005	0.005～0.001	＜0.001
A	0～24	暗棕	粒状	散	1.565	42.3	61.1	14.3	8.2	12.3	4.1
B	24～66	暗棕	粒状	稍紧	1.688	38.3	54.1	18.8	8.4	16.7	2
C	66 以下										

（续）

质地命名	全量（%）			速效（毫克/千克）			pH	C/N	代换量[厘摩尔(+)/千克]	盐基饱和度（%）	碳酸盐反应
	有机质	全氮	全磷	碱解氮	速效磷	速效钾					
轻壤	0.879	0.047	0.025	28	22	71	5.3	10.85	7.2	26.4	无
轻壤	0.709	0.045	0.026	23	21	53	5.4	9.14	9.2		无

从典型剖面结构来看，水稻土质地沙，物理性砂粒含量高，为85.9%～87.9%，松散无结构，砂粒水耕后沉降快，易淀浆、板结，雨后易失水而紧实结壳，有机质含量少，矿质胶体含量低，土壤偏酸，不保水不保肥，缓冲能力低，土壤瘦，缺磷，应重施泥质有机肥，增施磷肥，适施 Mo 等微肥，且勤施早追，少吃多餐，在耕作上宜边耙边栽秧，雨后应及时中耕松土。旱地土质地砂质轻壤（粉粒/砂粒比为0.37，黏粒/砂粒比为0.27），耕性好，通水透气，有机质缺乏，养分含量不高，底肥不足。

4. 利用及改良措施 四级地存在的限制主要是地形、土壤和水分，土层欠深厚或有不良层次，灌排条件差。对于此级耕地，应根据其土壤特性因地制宜有针对性的进行利用。一是平整土地，增加土层厚度，提高土壤保水保肥能力。二是因地制宜种植抗旱作物和品种，大力发展旱作农业。三是科学施肥，增施肥料特别是有机肥料，改良土壤理化性状。四是对于烂泥田，开沟排水，降低地下水位，实行水旱轮作，提高地温，改善土壤通透性，选择适当作物品种，适量施用碱性肥料以改善土壤性能。

（五）五级地

1. 面积与分布 五级地，综合评价指数为0.55以下，总耕地面积15.88万亩，以旱地为主，占全区耕地面积的10.32%。水田面积2.62万亩，占五级地面积16.51%，占全区水田总面积2.61%；旱地面积13.25万亩，占五级地面积83.49%，占全区旱地总面积24.89%（表5-43）。

五级地主要分布于低山山岭中上部及山麓和高山一带，海拔较高，地面坡度较大，土壤瘠薄，有机质及矿质养分总体水平偏低，无灌溉条件，利用类型以旱地为主，水土流失严重，作物长势差，干旱年绝收，玉米亩产250～300千克，产量很低。蔡家镇、李市镇、柏林镇面积在15 000亩以上；四面山镇、白沙镇、中山镇、先锋镇、石蟆镇面积在7 500亩以上；贾嗣镇、杜市镇、西湖镇、嘉平镇、德感街道、龙华镇、慈云镇、珞璜镇、永兴镇面积也在3 000亩以上，其余乡镇在2 400亩以下（表5-43）。

表5-43 水田旱地五级地面积

利用类型	面积（万亩）	占水田旱地面积（%）	占五级地面积（%）
水田	2.62	2.61	16.51
旱地	13.25	24.89	83.49

2. 土壤理化性状分析

（1）土壤有机质含量分级统计 土壤有机质含量大于等于30克/千克的面积占五级地的

0.93％；土壤有机质含量大于等于 20 克/千克且小于等于 30 克/千克的面积比例为 7.09％；土壤有机质含量大于等于 10 克/千克且小于 20 克/千克的面积比例为 63.65％；土壤有机质含量小于 10 克/千克的面积比例为 28.33％。表明江津区耕地五级地土壤有机质含量处于缺乏和较缺乏水平上，见表 5-44。

表 5-44　五级地土壤有机质含量分级面积统计

土壤有机质含量等级分级标准（毫克/千克）	缺乏	较缺乏	适量	丰富	合计
	<10.0	10～20	20～30	≥30	
面积（万亩）	4.50	10.10	1.13	0.15	15.88
占该级地比例（％）	28.33	63.65	7.09	0.93	100

（2）土壤有效磷含量分级统计　土壤有效磷含量大于等于 40 毫克/千克的，占四级地面积的 0.92％；土壤有效磷含量大于等于 20 毫克/千克且小于 40 毫克/千克的占 3.73％；土壤有效磷含量大于等于 10 毫克/千克且小于 20 毫克/千克的占 12.10％；土壤有效磷含量大于等于 5 毫克/千克且小于 10 毫克/千克的占 38.19％；土壤有效磷含量大于等于 3 毫克/千克且小于 5 毫克/千克的占 25.57％；土壤有效磷含量小于 3 毫克/千克的占 19.49％。表明江津区五级地土壤有效磷含量处 10 毫克/千克以下，见表 5-45。

表 5-45　五级地土壤有效磷含量面积统计

土壤有效磷含量等级分级标准（毫克/千克）	一	二	三	四	五	六	合计
	≥40	40～20	20～10	10～5	5～3	<3	
面积（万亩）	0.15	0.59	1.92	6.06	4.06	3.09	15.88
占该级地比例（％）	0.92	3.73	12.10	38.19	25.57	19.49	100

（3）土壤 pH 分级统计　五级地土壤酸碱度多在 5.5～7.5 之外，其中，pH4.0～4.5 的强酸性土壤占五级地面积的 13.57％；pH4.5～5.5 的酸性土壤占 54.41％；pH5.5～6.5 的微酸性土壤占 7.23％；pH6.5～7.5 的中性土壤占 6.82；pH 大于 7.5 的微碱性土占 19.97％，见表 5-46。

表 5-46　五级地土壤 pH 分级面积统计

土壤 pH 等级分级标准	强酸性	酸性	微酸性	中性	微碱性	合计
	<4.5	4.5～5.5	5.5～6.5	6.5～7.5	7.5～8.5	
面积（万亩）	2.16	8.64	1.15	1.08	2.85	15.88
占该级地比例（％）	13.57	54.41	7.23	6.82	17.97	100

（4）土壤质地分类统计　五级地土壤质地多为砂壤和砂土组成，面积分别为 7.02 万亩、6.96 万亩，分别占五级地的 44.25％、43.82％，见表 5-47。

表 5-47　五级地土壤质地面积统计

土壤类型	轻壤	砂壤	砂土	黏土	中壤	合计
面积（万亩）	0.04	7.02	6.96	0.01	1.84	15.88
占该级地比例（％）	0.27	44.25	43.82	0.06	11.60	100

3. 土性特征　五级地成土母质主要是页岩和沙岩风化物等，土壤类型以红棕紫泥土、灰棕紫泥土、冷沙黄泥水稻土、冷沙黄泥土、棕紫泥土土属为主，代表土种石骨子土、黄沙土、黄沙田、冷沙田、死黄泥土，都有较大的障碍因素。该级地耕地由于所处地形部位高，土壤瘠薄，有机质及矿质养分总体水平偏低，台面坡度大，多数在 25°以上，土层浅薄，水土流失严重，砾石含量较高，耕作困难，持水保肥力弱，无灌溉条件，利用类型以旱地为主，作物生长差，产量很低。现以石骨子土、冷沙田为代表，列出了其剖面理化性状（表5-48、表5-49）。

从典型剖面结构来看土壤发育度浅，剖面层次分化不明显；土层浅薄，土壤质地轻，土体疏松，土壤抗旱性差；土壤有机质含量低，全氮、全磷偏低，有效氮、有效磷偏低，土壤微量元素铁、锰有效性低，其他处于中—低水平；无超标重金属元素土层浅薄。重点推行养地作物的种植，增加有机肥和氮肥的施用量，加强水土保持。

表 5-48　石骨子土典型剖面形态和主要理化性状

剖面图	深度（厘米）	层次	质地	结构	颜色	坚实度	pH	有机质（克/千克）	全氮（克/千克）
		A（0～20厘米）耕作层	重壤	粒状	红棕紫	疏松	7.1	16.3	1.17
		C（20～30厘米）底土层	重壤	粒状	红棕紫	较紧实	7.3	13.6	0.990

测定项目\剖面层次	全磷（克/千克）	全钾（克/千克）	有效氮（毫克/千克）	有效磷（毫克/千克）	速效钾（毫克/千克）	缓效钾（毫克/千克）	石灰性土壤交换量[厘摩尔(＋)/升]	碳酸盐（克/千克）	有效硼（毫克/千克）	有效铜（毫克/千克）
耕作层	0.472	22.0	83.7	0.0	86.2	373	14.1	30.1	0.177	0.588
底土层	0.458	22.7	71.3	1.2	65.2	373	15.0	3.61	0.126	0.762

测定项目\剖面层次	有效锌（毫克/千克）	有效铁（毫克/千克）	有效锰（毫克/千克）	有效铅（毫克/千克）	有效镉（毫克/千克）	全铜（毫克/千克）	全锌（毫克/千克）	全铁（克/千克）	全锰（克/千克）	全钛（克/千克）
耕作层	7.49	1.16	1.01	1.34	0.153	36.0	88.8	31.8	0.301	6.63
底土层	3.11	1.72	1.12	0.930	0.094 0	34.4	89.8	32.1	0.271	6.24

表 5-49 冷沙田典型剖面形态和主要理化性状

剖面层次	浓度（厘米）	颜色	结构	紧实度	容重（克/厘米³）	总孔隙度（%）	机械组成				
							＞0.05	0.05～0.01	0.01～0.005	0.005～0.001	＜0.001
A'	0～30	黄色	粒状	较紧	1.02	60.3	73.7	14.2	6.1	2.0	4.0
Wb₁	30～70	黄褐	小块	紧	1.585	41.6	63.5	22.3	2.1	8.1	4.0
C	70 以下	母质岩									

质地命名	全量（%）			速效（毫克/千克）			pH	C/N	代换量[厘摩尔(+)/千克]	盐基饱和度（%）	碳酸盐反应
	有机质	全氮	全磷	碱解氮	速效磷	速效钾					
重壤	0.832	0.026	0.038	24	25	49	6.1	18.56	18.5	86.6	无
重壤	0.661	0.032	0.031	22	12	52	5.3	11.98	17.0		无

备注：数据摘自第二次土壤普查报告。

4. 利用及改良措施 五级地分布在山丘地区的山坡上，光、热、水条件较差，改良利用有较大的难度。对可利用耕地，则应因地制宜保持水土，坡改梯，开环山堰，增加土层厚度，并增加有机肥及化肥施用量，提高土壤肥力。对于其中坡度较大的旱地，在利用方向上应退耕还林，大力发展猕猴桃、漆树、油桐、核桃等易存活经济林木，保持生态平衡。

三、耕地地力评价结果验证

为了验证评价结果的准确性和实用性，主要采取了专家确认、田间试验数据验证、实地调查、问卷调查等方式，按照 5 个不同地力等级的耕地，对评价结果的准确性进行验证。

（一）专家确认

2009 年 11 月 6 日，特邀请西南大学、江津土肥、农技专家审阅了本次地力评价结果汇总表（表 3-2），对评价指标数据、结果比例以及各级地面积、分布和土壤属性等情况进行了认真校核和确认。当地专家对实地情况（如地形地貌、分布位置等）的描述不准确提出了异议，例如，山麓及坡腰平缓地、丘陵上部、丘陵下部等描述存在不准确，与当地实际也存在出入；各级地的面积比例和其他属性描述均较科学准确。根据当地专家的建议，将江津区域划分为坝区、深丘、山区 3 个地貌类型区，调整了评价指标体系，重新进行了评价。1 月5 日，新评价结果得到了各位专家的认可。

（二）田间试验数据验证

为了进一步验证结果的准确性，将 2006—2008 年江津土肥站测土配方施肥田间试验数据进行分析，以验证该地力评价结果与现实的吻合性。

1. 水田试验验证

（1）基础地力高水平的验证 2006 年在油溪镇桥头村 1 社秦云财承包的子母丘稻田，

位于经度 106°01′59.4″，纬度 29°11′56.1″，海拔 308 米，土属为灰棕紫泥水稻土，土种为紫泥田，重壤，土壤 pH5.3，有机质 24.7 克/千克，全氮 1.54 克/千克，碱解氮 97.2 毫克/千克，速效钾 176 毫克/千克，有效磷 9.3 毫克/千克。试验结果表明土壤基础地力水平较高，无肥区生产稻谷 513.4 千克/亩，无肥区相当于全肥区产量的 82.6%。该试验点无肥区产量较中等地力稻田"3414"试验无肥区产量高 100 千克/亩，6 处理（全肥区）的产量 621.5 千克/亩，较当年江津区水稻平均产量（510 千克/亩）高 111.5 千克/亩。此次评价的平坝丘陵区油溪镇桥头村 1 社秦云财承包的稻田，恰好处于水稻土一级区域。

（2）基础地力中等水平的验证　2006 年在永兴镇谢家村 5 社刘洪伦承包的黄桷大田稻田，经度 106°11′14.3″，纬度 29°00′24.3″，海拔 297 米，土属为灰棕紫泥水稻土，土种为紫泥田，中壤，土壤 pH4.9，有机质 15.9 克/千克，全氮 1.13 克/千克，全磷 0.421 克/千克，碱解氮 125 毫克/千克，速效钾 96.6 毫克/千克，有效磷 8.5 毫克/千克。试验结果表明无肥区水稻产量为 408 千克/亩，6 处理（全肥区）水稻产量为 515 千克/亩，无肥区相当于全肥区产量的 76.2%。试验结果表明其基础地力处于中等水平，此次地力评价的永兴镇谢家村 5 社刘洪伦承包的稻田，恰好处于水稻土三级区域。

（3）基础地力低水平的验证　2006 年在柏林镇东胜村 5 社汪兴财承包的颗粒林屯水田稻田，经度 106°29′57.5″，纬度 28°42′07.0″，海拔 1 007 米，土属为棕紫泥水稻土，土种为沙泥田，黏壤，土壤 pH4.9，有机质 9.58 克/千克，全氮 0.645 克/千克，全磷 0.374 克/千克，碱解氮 60.8 毫克/千克，速效钾 30.5 毫克/千克，有效磷 6.5 毫克/千克。其土壤养分含量水平低，试验结果表明土壤基础地力（无肥区）生产稻谷 356 千克/亩，6 处理（全肥区）的产量 494 千克/亩，无肥区相当于全肥区产量的 72.1%，表明基础地力水平处于低水平。此次地力评价处于南部低山区柏林镇东胜村 5 社汪兴财承包的稻田，恰好处于四级稻田区域。

2. 旱地田间试验验证

（1）基础地力高水平的验证　2006 年在油溪大坡村 2 社王佑清承包的新房子槽上玉米地，经度 106°06′03.5″，纬度 29°12′13.7″，海拔 243 米，中壤，土属为灰棕紫泥土，土种为紫泥土，土壤 pH6.5，有机质 28.3 克/千克，碱解氮 141 毫克/千克，速效钾 101 毫克/千克，有效磷 11.2 毫克/千克。试验结果表明土壤原始生产力高，无肥区玉米产量 282 千克/亩，6 处理（全肥区）468 千克/亩，无肥区相当于全肥区产量的 60.3%，此次地力评价油溪大坡村 2 社王佑清承包的新房子槽上玉米地，正好处于二级地区域。

（2）基础地力中等水平的验证　2007 年在石蟆天旗村 4 队陈祖华承包飞仙山大土玉米地，经度 105°54′15.7″，纬度 28°57′19.7″，海拔 306 米，土属为灰棕紫泥土，土种半沙半泥土，土壤 pH5.8，有机质 16.7 克/千克，碱解氮 106 毫克/千克，速效钾 45 毫克/千克，有效磷 7.0 毫克/千克。试验结果表明土壤原始生产力低，无肥区玉米产量 245 千克/亩，全肥区玉米产量 430 千克/亩，无肥区相当于全肥区产量的 56.9%。此次地力评价石蟆天旗村 4 队陈祖华承包的飞仙山大土玉米地，正好处于三级地区域。

（3）基础地力低水平的验证　2008 年在蔡家镇石佛村 1 社王井亚承包的大土玉米地，经度 106°21′59.7″，纬度 28°51′03.0″，海拔 388 米，质地为中壤，土属为暗紫泥土，土种为大泥土，土壤 pH5.5，有机质 10.8 克/千克，碱解氮 80.1 毫克/千克，速效钾 60 毫克/千克，有效磷 8.2 毫克/千克。试验结果表明土壤原始生产力较低，无肥区玉米产量 217 千克/亩，全肥区玉米产量 411 千克/亩，无肥区相当于全肥区产量的 52.8%。由于其地处深丘区，光热条件差，土层厚度较薄，玉米生产力受限制。此次地力评价蔡家镇石佛村 1 社王井亚承包的玉米地，正好处于四等地区域。

综合 2006—2008 年水稻、玉米的田间试验，此次水田、旱地地力评价结果与现实基本相符。

（三）实地调查

按照重庆市农技总站制订的调查验证方案和调查表格，江津区安排专人于 2009 年 12 月 2～4 日，到油溪镇、朱杨镇等实地调查了 11 户，现场了解群众稻田、旱地的生产力，逐一核实评价结果的真实性、适用性（表 5-50），调查结果与评价结果基本吻合。

表 5-50 地力评价实地调查结果

一、调查田（土）基本情况						
地名	海拔	经度	纬度	面积（亩）	作物产量（千克/亩）	质地
圣中坝	174	106°06′12.4″	29°08′33.8″	1.2	—	轻壤
圣中坝	174	106°06′11.5″	29°08′28.0″	4	—	轻壤
当当咀	191	106°06′53.8″	29°07′23.8″	3	500	重壤
新房子	230	106°07′01.8″	29°07′01.0″	2	400	中壤
颜家湾	337	106°05′45.6″	29°09′43.5″	1	500	中壤
四方碑	287	106°05′33.7″	29°11′29.3″	2	550	中壤
简槽沟	234	105°57′42.2″	29°07′57.8″	3	450	轻壤
鱼田坝	246	105°58′15.5″	29°08′30.8″	1.5	400	沙壤
两夹子	243	105°58′14.3″	29°08′36.3″	1	350	轻壤
塘湾头	157	105°55′59.6″	29°04′43.9″	2.5	550	中壤
七十二挑大田	273	105°58′51.1″	29°05′48.7″	6	600	重壤
二、田块所属农户基本情况及地块等级评价						
姓名	家庭人口	主要作物	镇	村	社	农民评价	评价等级
曾凡玉	2	蔬菜	油溪	金刚	8	上等	1
李权喜	5	蔬菜	油溪	金刚	8	上等	1
蹇永刚	4	水稻	油溪	金刚	4	下等	4
王真富	6	水稻	油溪	金刚	6	下等	5
曹九	4	水稻	油溪	万团	1	中等	3
丁贤禄		水稻	油溪	万团	5	上等	2
曹形连	5	水稻	朱杨	板桥	8	中等	3

（续）

卞崇杰	3	水稻	朱杨	板桥	8	下等	4
卞崇超		水稻	朱杨	板桥	8	下等	5
唐廷华	5	水稻	朱杨	振兴	7	上等	2
程龙灿	5	水稻	朱杨	桥坪	2	上等	1

三、地力评价指标调查

地形部位	成土母质	土类	土属	土种	土层厚度	灌溉能力
河流一级阶地	新冲积	冲积土	紫色冲积土	潮沙土	40	能
河流一级阶地	新冲积	冲积土	紫色冲积土	潮沙土	40	能
河流三级阶地	老冲积	水稻土	老冲积黄泥水稻土	黄泥田	30	能
丘陵坡中	老冲积	水稻土	老冲积黄泥水稻土	卵石黄泥田	22	抽水
子湾	沙溪庙	水稻土	灰棕紫泥水稻土	紫泥田	30	抽水
正沟	沙溪庙	水稻土	灰棕紫泥水稻土	紫泥田	35	能
子湾	自流井	水稻土	暗紫泥水稻土	夹沙泥田	35	能
溪沟边	沙溪庙	水稻土	灰棕紫泥水稻土	半沙半泥田	30	能
丘陵山脚	自流井	水稻土	暗紫泥水稻土	夹沙泥田	35	能
平坝	沙溪庙	水稻土	灰棕紫泥水稻土	半沙半泥田	40	能
正沟	沙溪庙	水稻土	灰棕紫泥水稻土	紫泥田	45	能

（四）问卷调查

制作地力评价询问表格，采用问卷形式发放 100 份，回收 92 份。据统计，认为地力评价结果与现实相符的占 71 人（份），占回收的 77.17%；认为基本相符的 12 人，占 13.04%；认为有较大差异的 7 人，占 7.61%；认为不相符的 1 人，占 1.08%。

采取问卷调查的方法进行，询问调查对象属于常规施肥水平，水稻、玉米等作物产量属于高、中、低水平。验证结果表明，农民对自己承包地的地力评价与本文的第二套评价结果基本吻合。一级地，农户自己也认为在常规施肥水平下水稻单产在 550～650 千克/亩之间，玉米单产则在 400 千克/亩以上；二级地，水稻单产在 500～550 千克/亩，玉米单产 350kg～400 千克/亩；三级地，水稻单产 450～500 千克/亩，玉米单产 300～350 千克/亩；四级地，水稻单产 400～450 千克/亩，玉米单产 250～300 千克/亩；五级地，水稻单产 350～400 千克/亩，玉米单产约 250 千克/亩。

第六章

建立基于地力评价的县域
粮食作物配肥体系

区域配肥是在充分了解作物生长发育规律、养分吸收规律、土壤养分供应特点的基础上，通过养分资源综合管理相关技术的综合运用研发区域作物专用肥，同时配套肥料生产、销售服务体系，最终以复混（合）肥为载体，建立基于地力评价为单元的区域配方体系，达到协调一定区域养分投入和产出的平衡，既保证作物稳产高产，又减少养分向环境的迁移，减少养分浪费和对环境的污染。配方制定及配方肥开发是区域配肥的重要基础。配方是核心，配方肥是载体，二者之间结合紧密。在当前农民文化水平普遍偏低和农业经营还处在"小小农"的情况下，为了确保测土配方施肥落实到位，通过配方研制，开发"傻瓜化"的配方肥是行之有效的关键措施。

第一节　区域配肥依据

1. 粮食作物施肥指标体系　施肥指标体系是开展区域配肥的重要基础。根据第四章的试验分析，江津区稻田和旱地粮食作物施肥指标体系和建议如下（表 6-1 至表 6-4）。

表 6-1　江津区水稻施肥指标体系

亩产（千克）	N 推荐施用量（千克/亩）	土壤肥力	土壤有效磷含量（毫克/千克）	P_2O_5 推荐施用量（千克/亩）	土壤速效钾含量（毫克/千克）	K_2O 推荐施用量（千克/亩）
700	11.5	低	0～10	7.5	0～50	11.0
		中	10～15	5	50～80	10.0
		高	>15	—	>80	9.0
600	10.5	低	0～10	6.5	0～50	9.0
		中	10～15	4.3	50～80	8.0
		高	>15	—	>80	7.0
500	9.5	低	0～10	5.5	0～50	7.0
		中	10～15	3.7	50～80	6.0
		高	>15	—	>80	5.0

表 6-2　江津区旱粮作物高产水平下的推荐施肥建议

旱粮作物	目标产量（千克/亩）	施氮量（N）（千克/亩）	施磷量（P_2O_5）（千克/亩）	施钾量（K_2O）（千克/亩）
玉米	600	18.0	6.0	8.0
甘薯	2 000	4.0	2.5	9.0
胡豆	140	3.0	6.5	6.0
总量		25.0	15.0	23.0

表 6-3　江津区旱粮作物中产水量下的推荐施肥建议

旱粮作物	目标产量（千克/亩）	施氮量（N）（千克/亩）	施磷量（P_2O_5）（千克/亩）	施钾量（K_2O）（千克/亩）
玉米	500	15.00	5.00	7.00

（续）

旱粮作物	目标产量 （千克/亩）	施氮量（N） （千克/亩）	施磷量（P₂O₅） （千克/亩）	施钾量（K₂O） （千克/亩）
甘薯	1 800	3.5	2.0	8.0
胡豆	120	2.5	5.5	5.0
总量		21.0	12.5	20.0

表 6-4　江津区旱粮作物低产水平下的推荐施肥建议

旱粮作物	目标产量 （千克/亩）	施氮量(N) （千克/亩）	施磷量（P₂O₅） （千克/亩）	施钾量（K₂O） （千克/亩）
玉米	400	12.0	4.5	6.0
甘薯	1 600	3.0	1.5	7.0
胡豆	100	2.0	4.5	4.0
总量		17.0	10.5	17.0

注：甘薯是忌氯作物，选用肥料时要注意不用含有氯元素的肥料。

2. 耕地地力评价成果　耕地地力是在当前管理水平下，由土壤本身特性、自然背景条件和基础设施水平等要素综合构成的耕地生产能力。耕地地力评价单元采用土壤图与土地利用现状图叠加产生的图斑作为评价单元，这样形成的评价单元空间界线明确，有准确的面积、地貌类型及土壤类型，利用方式及耕作方式基本相同。在粮食作物上，以地力评价单元作为配肥区域，目标产量明确，针对性强，操作简单，也有利于配方肥落地。根据江津区的地力评价成果，形成了如下耕地地力分级及全国地力等级体系对应表和评价成果汇总表（表6-5、表 6-6）。

表 6-5　江津区耕地地力分级及全国地力等级体系对应

级别	一级	二级	三级	四级	五级
地力综合指数	≥0.79	0.70～0.79	0.63～0.70	0.55～0.63	≤0.55
面积（万亩）	15.27	40.60	49.59	32.44	15.88
百分比（%）	9.93	26.40	32.25	21.09	10.32
产量水平（千克/亩）	600	500～550	450～500	400～450	350～400
划分标准（千克/亩）	700～600	600～500	500～400	400～300	300～200
全国耕地地力等级	四级	五级	六级	七级	八级

表 6-6　江津区耕地地力评价结果汇总

	地力等级	一级	二级	三级	四级	五级
面积统计	面积（万亩）	15.27	40.6	49.59	32.44	15.88
	占耕地（%）	9.93	26.41	32.25	21.09	10.32
	水田（万亩）	13.78	32.7	34.4	17.04	2.62
	占该级地（%）	90.21	80.52	69.37	52.54	16.51
	旱地（万亩）	1.5	7.91	15.19	15.4	13.25
	占该级地（%）	9.79	19.48	30.63	47.46	83.49

（续）

地力等级		一级	二级	三级	四级	五级
立地条件	地貌类型	坝区	坝区	坝区、深丘	深丘、坝区	深丘、山区
	海拔（米）	≤300	≤450	≤650	≤800	>800
	成土母质	沙溪庙、遂宁组、蓬莱镇组	沙溪庙、遂宁组、蓬莱镇组	沙溪庙、蓬莱镇组、遂宁组	沙溪庙、蓬莱镇组、遂宁组	沙溪庙、蓬莱镇组、须家河组
土壤管理	灌溉能力	充分满足	充分满足	一般满足	无灌溉条件	无灌溉条件
	土层厚度（厘米）	92.7±10.5	83.3±19.8	73.9±24.7	58.1±26.1	31.8±16.3
理化性状	pH	4.9～7.3	4.4～6.8	4.3～6.7	4.2～6.6	4.6～5.8；7.2～8.2
	质地	中壤重壤	中壤重壤	轻壤中壤	砂壤砂土	砂壤砂土
养分状况	有机质（克/千克）	24.6±7.2	19.2±6.1	16.1±5.5	14.3±5.0	12.4±3.9
	有效磷（毫克/千克）	10.5±5.6	9.8±6.1	9.3±6.5	7.9±5.4	7.3±5.1
	速效钾（毫克/千克）	94±51	86±44	79±39	72±34	69±35
主要分布乡镇		双福街道、油溪镇、石蟆镇、珞璜镇、龙华镇	白沙镇、油溪镇、德感街道、吴滩镇、石门镇	白沙镇、朱杨镇、永兴镇、贾嗣镇、先锋镇	中山镇、柏林镇、蔡家镇、塘河镇、西湖镇	蔡家镇、中山镇、柏林镇、嘉坪镇、四面山镇
代表土属		灰棕紫泥水稻土、红棕紫泥水稻土、灰棕紫泥土、棕紫泥水稻土、红棕紫泥土	灰棕紫泥水稻土、棕紫泥水稻土、暗紫泥水稻土、红棕紫泥水稻土、灰棕紫泥土、棕紫泥土	灰棕紫泥水稻土、棕紫泥水稻土、红棕紫泥土、棕紫泥土、红棕紫泥水稻土	灰棕紫泥土、棕紫泥水稻土、棕紫泥土、红棕紫泥土、灰棕紫泥水稻土、红棕紫泥水稻土	灰棕紫泥土、冷沙黄泥土、棕紫泥土、红棕紫泥土、暗紫泥土、棕紫泥水稻土
代表土种		大泥田（土）、潮泥田（土）、紫泥田（土）	紫泥田（土）、大土泥田（土）、半沙半泥田	半沙半泥田（土）、大泥土、沙泥田、油石骨子土	沙泥田、黄泥土、半沙半泥土、红石骨子土	石骨子土、黄沙土、冷沙田黄沙土、死黄泥
典型种植制度		稻—再生稻；稻—菜；豆—玉—薯	一季中稻；稻—菜；豆—玉—薯	一季中稻；玉—薯	玉—薯、麦—玉—薯；一季中稻	芋—玉；一季玉米；一季中稻
平均产量水平（千克/亩）		600	500～550	450～500	400～450	350～400
全国耕地等级		四级	五级	六级	七级	八级

注：海拔、pH指标指主要幅度；地貌类型、成土母质、灌溉能力、质地、分布乡镇、代表土属、种植制度均为面积最大的主要代表；土层厚度、有机质、有效磷、速效钾均为平均值±标准差。

　　根据地力分等定级评价成果，江津区的耕地地力分等定级共五级。平坝丘陵区，主要分布一、二、三级耕地，深丘区主要分布二、三、四级耕地，南部山区主要分布三、四、五级耕地。耕地的生产力水平在县域尺度上受光合生产潜力影响，在小区域上受地形地貌影响。

根据农户调查，并对有关数据作适当修正，进一步形成水田和旱地地力等级与粮食产量的对应关系（表6-7、表6-8）。

表6-7　耕地地力评价等级与水田（一季中稻）产量关系对应

地力等级	水稻产量（千克/亩）
一级地	≥600
二级地	500～600
三级地	450～500
四级地	400～450
五级地	≤400

表6-8　耕地地力评价等级与旱地（胡—玉—薯）产量关系对应

地力等级	旱粮（千克/亩）		
	玉米	甘薯	胡豆
一级地	≥450	≥2 000	≥140
二级地	400～450	1 800～2 000	120～140
三级地	350～400	1 600～1 800	100～120
四级地	300～350	1 400～1 600	80～100
五级地	≤300	≤1 400	≤80

为了使区域配肥更简化，可进一步合并耕地地力等级，将一、二级地合并为上等地，三级地为中等地，四、五级地合并为下等地。合并后江津区上等地面积为55.87万亩，占耕地面积的36.34%，其中，水田46.48万亩，占该等地的83.17%，旱地9.4万亩，占该等地的16.83%；中等地面积49.59万亩，占耕地面积的32.25%，其中，水田34.4万亩，占该等地的69.37%，旱地15.19万亩，占该等地的30.63%；下等地面积48.32万亩，占耕地面积的31.41%，其中，水田19.66万亩，占该等地的40.70%，旱地28.65万亩，占该等地的59.30%。合并后的水田、旱地地力等级与产量关系对应表6-9、表6-10。

表6-9　基于简化的耕地地力等级与水田（一季中稻）产量关系对应表

地力等级	水稻产量（千克/亩）
上等地	≥500
中等地	450～500
下等地	≤450

表6-10　基于简化的耕地地力等级与旱地（胡—玉—薯）产量关系对应表

地力等级	旱粮（千克/亩）		
	玉米	甘薯	胡豆
上等地	≥400	≥1 800	≥120
中等地	350～400	1 600～1 800	100～120
下等地	≤350	≤1 600	≤100

第二节　配肥原则

一、与地力评价分等定级相统一

根据种植业分区，江津区分为平坝丘陵区、深丘区和南部山区 3 个区，这 3 个区的养分含量差异不大，粮食产量更多的受光合生产潜力和地形地貌的影响，因此采用地力分等定级的办法来确定施肥单元，针对性更强，配方更简化。

二、与区域主要耕作制度相统一

大田作物中水田以中稻—冬水为主，部分为稻—油等；旱地以胡（胡豆）—玉（玉米）—薯（甘薯）为主。在制定配肥方案时要服从于主要粮食作物的种植制度。

三、与作物生长规律相统一

作物的生长是一个持续的过程，从栽培到收获的时间内，作物的需肥时间、种类都不一样，所以在施肥的过程中，应充分遵循作物生长发育的规律，在作物生长发育的关键时期施肥。

1. 水稻　在江津区，水稻的一生从种子萌芽到新种子形成的整个生长发育过程，生育期一般 150 天左右。水稻生长需经历营养生长期、生殖生长期和成熟期几个不同阶段。营养生长期主要包括萌芽期、秧苗期和分蘖期；生殖生长期分为幼穗分化期和开花期；此后是结实期，又称成熟期。水稻为了正常生长需要吸收各种营养元素，除 16 种营养元素外，对硅的吸收较多。据有关研究，每生产 100 千克稻谷，需从土壤中吸收氮（N）1.6～2.5 千克、磷（P_2O_5）0.6～1.3 千克、钾（K_2O）1.4～3.8 千克，氮、磷、钾的吸收比例为 1：0.5：1.3。但由于栽培地区、栽培品种、土壤肥力、施肥水平和产量水平不同，对氮、磷、钾的吸收会有一些变化。根据凌启鸿的研究，单季稻由于生育期较长，对氮素的吸收有两个高峰，第一个是分蘖期，该时期水稻需要大量的氮素以保证有足够的分蘖，第二个高峰是幼穗分化期，此时不能缺氮，在生产上要特别重视穗肥的施用，从而达到水稻高产的目的。根据水稻的生长发育规律和氮素吸收及累积规律，我国主要水稻生产区水稻氮肥的分期调控办法是：一般分 3～4 次施用，施肥关键时期分别在移栽前（基肥占 35%～40%）、分蘖期（移栽后 7～10 天，分蘖肥占 20%～25%）、幼穗分化期（移栽后 5～6 周，穗肥占 25%～30%）、始穗期（移栽后 8～9 周，粒肥占 10%），单季稻生育期较长，一般分为 4 次施用。水稻各生育期均需要磷，以幼苗期和分蘖期吸收最多，插秧后 20 天左右为吸收高峰，水稻从苗期吸收磷，在生育过程中可反复多次从衰老器官向新生器官转移，早期施磷对保证水稻磷素供应极为重要，因此磷肥一般作底肥施用。但有关研究表明：高产水稻拔节期至抽穗期对磷钾的吸收量很大，也可适当将一部分磷肥后移施用。水稻幼苗对钾素吸收量不高，钾吸收高峰在分蘖盛期到拔节期这段时间，穗期茎、叶中含钾量不足 1.2%，颖花数会显著减少，高钾对增加颖花数量，提高水稻抗倒伏能力有较大作用。所以，钾除了作基肥外，对于高产田来说，还可在中后期追施。

2. 玉米　在江津区，玉米在整个生育期中经历出苗、拔节、抽雄、开花、吐丝、灌浆阶段，生育期一般130天以上。生产上常将玉米的生育期分为3个阶段，即苗期（出苗—拔节）、穗期（拔节—抽雄）和花粒期（抽雄—成熟，包括抽雄期、散粉期和成熟期）。玉米整个生育期中吸收的养分，以氮最多，钾次之，磷最少。有关研究表明：一般每生产100千克玉米籽粒，需从土壤中吸收氮（N）2.57～3.43千克、磷（P_2O_5）0.86～1.23千克、钾（K_2O）2.14～3.26千克，氮、磷、钾的吸收比例为1∶0.36∶0.95。玉米不同生育期对营养元素的需求不一样，苗期植株较小，对营养元素的需要量较少；拔节期、开花期生长快，此期是雄穗和雌穗的形成和发育时期，吸收养分的速度快，数量多，是玉米需要营养的关键时期，因此应供应充足的营养物质；生育后期，吸收养分的速度缓慢，吸收的数量少。玉米各生育期对氮、磷、钾的吸收趋势相同。一般玉米苗期到拔节期吸收的氮素较少，吸收速度慢，吸氮量占总氮量的1.18%～6.6%；拔节以后氮素吸收明显增多，吐丝前后达到高峰，吸氮量达到总量的50%～60%；吐丝至籽粒形成期吸收的氮素仍然较快，吸氮量占总氮量的40%～50%。玉米苗期对磷的吸收量很小，一般吸磷量占总量的0.6%～1.1%，但却系玉米磷的敏感时期；拔节期以后磷的吸收速度显著增快，吸收高峰在抽雄期和吐丝期，吸磷量占总量的50%～60%；吐丝至籽粒形成期吸收磷素减慢，吸收量占总量的40%～50%。玉米对钾的吸收在生育前期比氮和磷快，苗期钾素吸收量占总量的0.7%～4%；拔节以后迅速增加，到抽雄期和吐丝期累计吸钾量占总量的60%～80%，吸收的高峰出现在雄穗小花分化期至抽雄期；在灌浆至成熟期，钾的吸收量缓慢下降。玉米对养分吸收的总趋势是：苗期吸收量少，拔节后逐渐增加，灌浆前出现高峰，以后又逐渐减少。因此，在玉米施肥上应根据玉米吸肥"小头大尾"的特点，特别是后期需肥量大的特点，有针对性地进行追肥，才能防止玉米脱肥影响产量。

玉米是生育期较长且需肥较多的作物，除基肥外，玉米追肥一般分4个时期进行。苗肥，指从玉米出苗（或移栽后）到拔节期追施的肥料；拔节肥，指从拔节至拔节后10天追施的肥料；攻穗（包）肥，指拔节10天左右至抽雄期间追施的肥料；攻粒肥，指雌雄穗处于开花受精至籽粒形成期追施的肥料。根据有关研究：高产玉米的施肥原则是：施足底肥，轻施苗肥，巧施拔节肥，重施攻苞肥，酌施粒肥。各时期的施氮比例大致为：基肥可占总量的35%左右，苗肥占10%，拔节肥占15%，攻苞肥占40%以上。一般磷肥作底肥一次施用。钾肥作底肥和拔节肥或攻苞肥两次施用，肥料用量和前后比例应根据当地土壤条件等实际情况，灵活掌握。

3. 甘薯　又名红薯、红苕等。在江津，甘薯是与玉米套作进行种植的。甘薯的生育期一般150天以上，生长过程分为4个阶段：发根缓苗阶段、分枝结薯阶段、茎叶旺长阶段和茎叶衰退薯块迅速肥大阶段。据研究，每生产1 000千克鲜薯，需吸收氮（N）3.5～4.2千克、磷（P_2O_5）1.5～1.8千克、钾（K_2O）5.5～6.2千克，氮、磷、钾的吸收比例为1∶0.4∶0.5。甘薯根系发达，吸肥能力较强，又是喜钾作物，对钾肥需要多，氮肥次之，磷肥需要较少。据金继运等的研究：甘薯对氮、磷、钾三要素吸收总的趋势是：前、中期迅速，后期缓慢。在生育前期，即发根缓苗阶段、分枝结薯阶段，应争取早分枝、早结薯、多结薯，此期氮、磷、钾的吸收量分别是全生育期吸收量的 37.7％、26.9％、39.3％。进入生育中期，即从封垄开始到茎叶生长最高峰时，是茎叶旺长、块根膨大时期，养分吸收量迅速增加，尤其是磷、钾的吸收增幅大，此期氮、磷、钾吸收量分别占总量的 41.5％、61.8％、55.4％。到生育后期，氮、磷、钾吸收量分别占总量的 20.7％、11.3％、5.3％，这一时期，块根盛长，茎叶生长渐衰，养分吸收下降，并向块根转移。

4. 胡豆　又名蚕豆，属豆科作物。在江津，胡豆是与玉米轮作种植的，因此种植胡豆需要为来年玉米种植预留空间。胡豆是需肥较多的作物，据有关研究：大约生产 100 千克籽粒，需吸收氮（N）6.44 千克、磷（P_2O_5）2.0 千克、钾（K_2O）5.0 千克。胡豆与根瘤菌共生，每亩根瘤菌可以从空气中固定氮素 5～10 千克。胡豆的生育期一般 180 天左右，生长过程需经历苗期、现蕾—初花期、开花—结荚期、灌浆—成熟期 4 个阶段。胡豆不同生育期对养分的吸收不同，前期较少，花荚期较多。氮、磷、钾三要素，从出苗到始花期所需要吸收的量分别占总量的 20％、10％、37％；从始花期到终花期分别占总量的 48％、60％、46％；灌浆期到成熟期分别占总量的 32％、30％、17％。此外胡豆对微量元素需要较多，需求敏感，特别是硼和钼，因此应根据土壤丰缺状况有针对性地施用。

第三节　配方制定

根据上述依据、原则，形成水稻和旱粮作物基于地力等级的施肥配方：

一、水稻

1. 基于耕地地力分等定级的施肥配方　水稻是江津的主要口粮，科学施肥是确保水稻稳产增产的关键措施。在水稻施肥上，对于一、二、三级地，采取"前促、中控、后补""一底三追"的施肥方法，以提高穗粒数和增加粒重为实现产量目标。氮肥分 4 次施用，底肥占 50％左右，分蘖肥占 25％左右，拔节肥占 15％左右，穗粒肥占 10％左右；磷肥分两次施用，底肥占 70％以上，分蘖肥占 30％左右；钾肥分 3 次施用，底肥占 25％左右，拔节肥占 50％左右，穗粒肥占 25％左右。对于四、五级地，采取"前促""一底两追"的施肥方法，以增穗为实现产量目标。氮肥采取 3 次施用，底肥占 70％左右，分蘖肥占 20％左右，拔节肥占 10％左右；磷肥分 2 次施用，底肥占 70％左右，分蘖肥占 30％左右；钾肥分 2 次施用，底肥和拔节肥各占 50％（表 6-11 至表 6-13）。

表 6-11　基于地力评价等级的水稻施肥配方（千克/亩）

地力评价等级	目标产量	施肥纯量（N-P_2O_5-K_2O）
一级地	≥600	11.5-7.5-10
二级地	500～600	10.5-6.5-9.0
三级地	450～500	9.5-5.5-8.0
四级地	400～450	9.0-4.8-7.0
五级地	≤400	8.5-4.3-6.0

表 6-12　一、二、三级地水稻氮磷钾基追比例（%）

肥料种类	基肥	分蘖肥	拔节肥	穗粒肥
氮肥	50	25	15	10
磷肥	70	30	—	
钾肥	25	—	50	25

表 6-13　四、五级地水稻氮磷钾基追比例（%）

肥料种类	基肥	分蘖肥	拔节肥	穗粒肥
氮肥	70	20	10	—
磷肥	70	30	—	—
钾肥	50	—	50	

2. 基于简化的地力等级施肥配方　采取"一底一追"的方法，氮肥采取两次施用，基肥占 70% 以上，追肥占 20%～30%，在拔节期施用；磷肥全部作基肥施用；钾肥分两次施用，基肥占 40% 左右，追肥占 60%，在拔节期施用（表 6-14、表 6-15）。

表 6-14　基于简化的地力等级水稻施肥配方（千克/亩）

地力等级	目标产量	施肥纯量（N-P$_2$O$_5$-K$_2$O）
上等地	≥500	11.5-6.5-10.0
中等地	450～500	10.0-5.5-8.0
下等地	≤450	9.0-4.5-6.0

表 6-15　基于简化的地力等级水稻氮磷钾基追比例（%）

肥料种类	基肥	拔节肥
氮肥	70～80	20～30
磷肥	100	—
钾肥	40	60

二、旱粮（胡豆—玉米—甘薯）

1. 基于耕地地力分等定级的施肥配方　在江津，旱粮作物采取轮作套作的方式种植。玉米施肥上，采取"施足底肥，巧施拔节肥，重施攻苞肥"3 次施肥的方法。氮肥基肥占 40% 左右，拔节肥占 20% 左右，攻苞肥占 40% 左右；磷肥底肥占 80% 左右，拔节肥占 20% 左右；钾肥基肥和拔节肥各占 30%，攻苞肥占 40%。甘薯由于与玉米套作，可以吸收玉米剩余的肥料，因此甘薯前期应减少氮肥的施用，可不施底肥，采取"轻施促苗肥、重施结薯肥"的两次施肥方法，促进早结薯、早封垄。甘薯促苗肥氮肥占 30% 左右，结薯肥占 70% 左右；甘薯磷肥全部做促苗肥施用；钾肥分两次施用，促苗肥占 30% 左右，结薯肥占 70% 左右。胡豆采取"一底一追"两次施肥，胡豆由于前期需肥相对较少，当胡豆早期分枝开始现蕾时，生长速度开始加快，但这时气温低，根瘤菌的固氮能力弱，需要重施。因此胡豆施肥总的原则是"施足基肥，重施现蕾—初花肥"。氮肥基肥占 30% 左右，现蕾—初花肥占 70% 左右；磷肥全部作基肥施用；钾肥基肥占 30% 左右，现蕾—初花肥占 70% 左右（表 6-16 至表 6-19）。

表 6-16　江津区旱粮作物基于地力评价等级的施肥配方（千克/亩）

地力评价等级	玉米		甘薯		胡豆	
	目标产量	施肥纯量 (N-P_2O_5-K_2O)	目标产量	施肥纯量 (N-P_2O_5-K_2O)	目标产量	施肥纯量 (N-P_2O_5-K_2O)
一级地	≥450	15.0-5.5-6.0	≥2 000	4-2.5-8.5	≥140	3.0-6.5-6.0
二级地	400～450	13.5-5.0-5.5	1 800～2 000	3.5-2.0-7.5	120～140	2.5-5.5-5.5
三级地	350～400	12.0-4.5-5.0	1 600～1 800	3.0-2.0-7.0	100～120	2.5-5.0-5.0
四级地	300～350	11.0-4.0-4.5	1 400～1 600	3.0-1.5-6.0	80～100	2.0-4.5-4.5
五级地	≤300	10.0-3.5-4.0	≤1 400	2.5-1.5-5.0	≤80	1.5-4.0-4.0

表 6-17　旱粮作物（玉米）基于地力评价等级氮磷钾基追比例（%）

肥料种类	基肥	拔节肥	攻苞肥
氮肥	40	20	40
磷肥	80	20	—
钾肥	30	30	40

表 6-18　旱粮作物（甘薯）基于地力评价等级氮磷钾基追比例（%）

肥料种类	促苗肥	结薯肥
氮肥	30	70
磷肥	100	0
钾肥	30	70

表 6-19　旱粮作物（胡豆）基于地力评价等级氮磷钾基追比例（%）

肥料种类	基肥	蕾肥
氮肥	40	60
磷肥	100	—
钾肥	40	60

2. 基于简化的地力等级施肥配方　采取"一底一追"的方法，玉米氮肥和钾肥各 60% 左右作基肥，40% 左右作攻苞肥，磷肥全部作基肥施用；甘薯氮肥、磷肥全部作结薯肥施用，钾肥 40% 作结薯肥，60% 作催薯肥施用；胡豆氮肥和磷肥全部作基肥施用，钾肥基、追肥各占 50%，追肥在初花期施用（表 6-20 至表 6-23）。

表 6-20　江津区旱粮作物基于简化的地力评价等级施肥配方（千克/亩）

地力评价等级	玉米		甘薯		胡豆	
	目标产量	施肥纯量 (N-P_2O_5-K_2O)	目标产量	施肥纯量 (N-P_2O_5-K_2O)	目标产量	施肥纯量 (N-P_2O_5-K_2O)
上等地	≥400	14.5-5.5-6.0	≥1 800	3.5-2.5-8.0	≥120	3.0-6.0-6.0

（续）

地力评价	玉米		甘薯		胡豆	
等级	目标产量	施肥纯量 ($N-P_2O_5-K_2O$)	目标产量	施肥纯量 ($N-P_2O_5-K_2O$)	目标产量	施肥纯量 ($N-P_2O_5-K_2O$)
中等地	350～400	12.5-5.0-5.0	1 600～1 800	3.0-2.0-7.0	100～120	2.5-5.0-5.5
下等地	≤350	10.5-3.5-4.0	≤1 400	2.0-1.5-5.0	≤100	2.0-4.0-4.0

表 6-21　旱粮作物（玉米）基于简化的地力等级氮磷钾基追比例（％）

肥料种类	基肥	攻苞肥
氮肥	60	40
磷肥	100	—
钾肥	60	40

表 6-22　旱粮作物（甘薯）基于简化的地力等级氮磷钾基追比例（％）

肥料种类	结薯肥	催薯肥
氮肥	100	—
磷肥	100	—
钾肥	40	60

表 6-23　旱粮作物（胡豆）基于简化的地力等级氮磷钾基追比例（％）

肥料种类	基肥	初花肥
氮肥	100	—
磷肥	100	—
钾肥	50	50

第四节　配方肥开发

一、配方肥开发基本思路

1. 大配方、小调整　一种思路是在地力分等定级的基础上，制定不同粮食作物的施肥配方。根据"大配方、小调整"的原则，根据作物的不同，每种作物开发一个或两个大配方肥料产品，然后根据地力等级做施用数量上的调整，这样既减少了配方肥的品种数量，又实现了大面积的"精准"调控。另一种思路是简化地力等级，将一、二级地合并为上等地，三级地为中等地，四、五级地合并为下等地，按其相应的目标产量制订一个基肥大配方，实现基肥配方化，不足部分由农民用单质肥料进行补足。

2. 套餐化　作物的生长是一个持续的过程，从栽培到收获的时间内，作物的需肥时间、种类都不一样，所以在研制配方肥的过程中，就应制订不同作物生长时期的肥料配方，形成配方化基肥，配方化追肥，整体上形成作物生长全生育期的"营养套餐"化。

3. 傻瓜化　农民的文化程度普遍偏低，如果制订的配方太过复杂，操作太过繁琐的话，就要阻碍测土配方施肥的推广运用。所以，有必要简化配方肥施用程序，开发"傻瓜化"肥料，将每种作物、每个时期施用的配方肥，尽量采取"一包肥"的形式，方便农民购买和施用，确保测土配方施肥落到实处。

二、配方肥配方

区域配肥是以复混肥（或 BB 肥）为载体，在配方制订的基础上，配方肥的生产应综合考虑原料的种类和工艺参数的优化控制。为此，结合原料的种类和 BB 肥的生产工艺，并对有关数据作适当调整后，形成如下配方肥配方（表6-24 至表6-32）。

（一）水稻

1. 水稻全程配方化配方

表6-24　一、二、三级地肥料配方及用量（千克/亩）

地力等级	底肥(N-P$_2$O$_5$-K$_2$O) (20-17-8)	分蘖肥(N-P$_2$O$_5$-K$_2$O) (28-22-0)	拔节肥(N-P$_2$O$_5$-K$_2$O) (10-0-30)	穗粒肥(N-P$_2$O$_5$-K$_2$O) (10-0-25)
一级地	30	10	18	10
二级地	28	8	16	8
三级地	26	6	16	6

表6-25　四、五级地肥料配方及用量（千克/亩）

地力等级	底肥(N-P$_2$O$_5$-K$_2$O)(20-10-10)	分蘖肥(N-P$_2$O$_5$-K$_2$O)(20-15-0)	拔节肥(N-P$_2$O$_5$-K$_2$O)(10-0-40)
四级地	30	10	10
五级地	30	8	8

2. 水稻基肥化配方

表6-26　肥料配方及用量（千克/亩）

地力等级	底肥（N-P$_2$O$_5$-K$_2$O）(19-13-8)	拔节肥（尿素、氯化钾）
上等地	50	5、10
中等地	40	5、8
下等地	35	5、6

（二）旱粮作物

1. 旱粮作物全程配方化配方

表6-27　玉米肥料配方及用量（千克/亩）

地力等级	基肥(N-P$_2$O$_5$-K$_2$O)(20-14-6)	拔节肥(N-P$_2$O$_5$-K$_2$O)(15-6-9)	攻苞肥(N-P$_2$O$_5$-K$_2$O)(30-0-12)
一级地	30	20	20

（续）

地力等级	基肥(N-P$_2$O$_5$-K$_2$O)(20-14-6)	拔节肥(N-P$_2$O$_5$-K$_2$O)(15-6-9)	攻苞肥(N-P$_2$O$_5$-K$_2$O)(30-0-12)
二级地	28	18	18
三级地	26	16	16
四级地	24	14	14
五级地	22	12	12

表 6-28　甘薯肥料配方及用量（千克/亩）

地力等级	促苗肥（N-P$_2$O$_5$-K$_2$O）(6-12-12)	结薯肥（N-P$_2$O$_5$-K$_2$O）(15-0-30)
一级地	20	20
二级地	18	18
三级地	16	16
四级地	14	14
五级地	12	12

注：甘薯的钾肥选用硫酸钾。

表 6-29　胡豆肥料配方及用量（千克/亩）

地力等级	基肥（N-P$_2$O$_5$-K$_2$O）(6-17-12)	蕾肥（N-P$_2$O$_5$-K$_2$O）(9-17-19)
一级地	20	20
二级地	18	18
三级地	16	16
四级地	14	14
五级地	12	12

2. 旱粮作物基肥化配方

表 6-30　玉米肥料配方及用量（千克/亩）

地力等级	基肥（N-P$_2$O$_5$-K$_2$O）(20-12-8)	攻苞肥（尿素、氯化钾）
上等地	45	12.4
中等地	40	10、3
下等地	30	10、3

表 6-31　甘薯肥料配方及用量（千克/亩）

地力等级	结薯肥（N-P$_2$O$_5$-K$_2$O）(12-8-10)	催薯肥（硫酸钾）
上等地	30	10
中等地	25	9
下等地	20	6

表 6-32　胡豆肥料配方及用量（千克/亩）

地力等级	基肥（N-P$_2$O$_5$-K$_2$O）（10-20-10）	初花肥（氯化钾）
上等地	30	5
中等地	25	5
下等地	20	4

第五节　配方肥生产、供应与施肥指导

测土配方施肥是一项系统工程，农业部门往往偏重于"测、配、施"环节，而"产、供"环节比较薄弱，造成技术服务与肥料的生产供应严重脱节，大大降低了测土配方施肥的到位率。江津区的做法是：农企合作，联合服务。打通"测、配、产、供、施"的"肠梗阻"，企业做市场，农业部门做服务，形成"测、配、产、供、施"一体化。

1. 认定配方肥生产合作企业，实现配方肥工厂化生产　江津区农委制定了《江津区测土配方施肥配方肥合作企业认定与管理办法》，认定了重庆沃津农业有限责任公司、重庆石川泰安化工有限公司、重庆万植巨丰生态肥业有限公司、贵州西洋实业有限公司、中化重庆涪陵化工有限公司、云南云天化农业科技股份有限公司、四川顺民肥料有限公司 7 家复混肥生产企业为江津区的农企合作企业，按照江津区农业技术推广部门提供的配方专门生产测土配方"傻瓜"肥料。区农委对农企合作企业生产的配方肥料进行抽样检查，加强对配方肥生产企业和肥料市场的监管，切实保障配方肥料质量稳定，防止出现假冒伪劣肥料坑农害农，趁机哄抬肥料价格的行为。经认定的农企合作企业出现产品质量和虚假宣传等问题，经查证属实的，将取消认定企业资格，5 年内不得申报。区农委每年对合作企业开展一次考核，考核不合格的企业，剔除合作企业名录，5 年内不得再参与农委涉农肥料补贴的相关项目。

2. 建立配方肥连锁经营店，实行"五统一"的经营服务　以企业为主，农业部门配合。通过在镇、村建立农化服务连锁店，采取"统一形象、统一经营方针、统一配送、统一销售价格、统一服务规范"的"五统一"连锁经营方式，把专用配方肥直接供应到村社和农户，实现了配方肥的全面落地，推进了全区整建制推进测土配方施肥的工作。目前，7 家企业已在江津区建立农化连锁服务店 350 余家，从业人员达 1 000 余人，形成了一支规模化的配方施肥营销网络。

3. 大力宣传推广配方肥，强化技术指导　区域配方肥有很强的针对性和技术操作性，针对特定作物、特定区域，若施用不当，不仅不能发挥配方肥的肥效，还会适得其反。因此区域配方肥要求有健全的施肥技术指导和售后服务。区农业技术部门通过"建议卡"入户、"培训班"到田、"施肥方案"上墙、"触摸屏"进店、"施肥片"到村、"配方肥"下地等技术组合措施，对测土配方施肥进行广泛宣传，普及科学施肥知识，提高广大农民施用配方肥的意识。通过建立田间对比试验，建立示范户和示范片，树立样板，展示配方肥技术效果，引导农民应用测土配方施肥技术。同时，农企合作企业建立售后服务体系，在配合农业部门搞好宣传的同时，要求营销体系建立农户购肥档案，跟踪了解配方肥及农民购肥和施肥后的有关情况、存在的问题，并及时向农业技术部门作好沟通反馈。

第六节 配方验证

一、配方田间验证

为保证肥料配方的准确性和效果，从 2006 年至 2011 年，每年开展大区对比试验，6 年共开展各类大区对比试验 150 个，其中水稻 90 个，玉米 44 个，甘薯 6 个。试验一般设 3 个处理：无肥、习惯施肥、配方施肥。无肥区一般 30 米^2，其他各区至少 200 米^2。品种选择本地主栽作物品种或拟推广的品种。计算产出和投入时，肥料和农产品价格按 2011 年市场价格计算，其中氮肥（N）5.6 元/千克、磷肥（P$_2$O$_5$）6.3 元/千克、钾肥（K$_2$O）5.8 元/千克、水稻 2.6 元/千克、玉米 2.4 元/千克、甘薯 1.2 元/千克。试验结果分析如下：

（一）测土配方施肥对作物产量的影响

从表 6-33 可以看出，测土配方施肥与农民习惯相比都表现出良好的增产效果。水稻配方施肥比农民习惯管理平均增产 71 千克/亩，增产率为 14％；玉米平均增产 79 千克/亩，增产率 22％；甘薯平均增产 434 千克/亩，增产 32％。3 种作物的配方施肥比农民习惯增产的情况是甘薯＞玉米＞水稻。

表 6-33 不同施肥方法下的作物产量比较（千克/亩）

作物	水稻（n＝90）		玉米（n＝44）		甘薯（n＝6）	
	习惯	配方	习惯	配方	习惯	配方
均值	508	579	413	492	1 357	1 791
标准差	92	117	88	82	140	312
变异系数（%）	18.1	20.3	21.4	16.7	10.3	17.4
最大值	734	795	620	691	1 515	2 334
最小值	273	258	237	323	1 153	1 383

每年试验的具体情况如下：

1. 水稻试验 2006 年，配方施肥区平均单产 600.9 千克/亩，习惯施肥区平均单产 518.0 千克/亩，无肥区平均单产 420.1 千克/亩，配方施肥区比习惯施肥区亩增产水稻 82.0 千克，增产率为 15.81％。2007 年，配方施肥区平均单产 651.1 千克/亩，习惯施肥区平均单产 528.0 千克/亩，无肥区平均单产 347.7 千克/亩，配方施肥区比习惯施肥区亩增产水稻 123.1 千克，增产率为 23.06％。2008 年，配方施肥区平均单产 677.5 千克/亩，习惯施肥区平均单产 587.6 千克/亩，无肥区平均单产 395.2 千克/亩；配方施肥区比习惯施肥区亩增产水稻 89.8 千克，增产率为 15.28％。2009 年，配方施肥区平均单产 503.6 千克/亩，习惯施肥区平均单产 461.0 千克/亩，无肥区平均单产 393.9 千克/亩；配方施肥区比习惯施肥区亩增产水稻 42.6 千克，增产率为 9.23％。2010 年，配方施肥区平均单产 492.0 千克/亩，习惯施肥区平均单产 453.2 千克/亩，无肥区平均单产 378.0 千克/亩；配方施肥区比习惯施肥区亩增产水稻 38.8 千克，增产率为 8.57％。

2. 玉米试验 2006年，配方施肥区平均单产438.4千克/亩，习惯施肥区平均单产370.4千克/亩，无肥区平均单产256.3千克/亩，配方施肥区比习惯施肥区亩增产玉米68.0千克，增产率为18.36%。2007年，配方施肥区平均单产449.5千克/亩，习惯施肥区平均单产371.8千克/亩，无肥区平均单产238.9千克/亩，配方施肥区比习惯施肥区亩增产玉米77.7千克，增产率为20.89%。2008年，配方施肥区平均单产547.9千克/亩，习惯施肥区平均单产471.7千克/亩，无肥区平均单产299.5千克/亩；配方施肥区比习惯施肥区亩增产玉米76.2千克，增产率为16.16%。2010年，配方施肥区平均单产508.5千克/亩，习惯施肥区平均单产398.0千克/亩，无肥区平均单产405.6千克/亩；配方施肥区比习惯施肥区亩增产玉米110.5千克，增产率为27.77%。

3. 甘薯试验 2007年，配方施肥区平均单产1 791千克/亩，习惯施肥区平均单产1 357千克/亩，无肥区平均单产902千克/亩，配方施肥区比习惯施肥区亩增产甘薯434千克，增产率为31.97%。

（二）测土配方施肥对肥料效率的影响

从表6-34和表6-35可以看出，配方施肥可以提高作物的氮肥偏生产力，农民习惯管理条件下，水稻和玉米的偏生产力分别为49千克/千克、26千克/千克；而配方施肥处理的偏生产力水稻为54千克/千克，玉米为32千克/千克。

农民习惯管理条件下，水稻和玉米磷肥的偏生产力较高，其中水稻磷肥偏生产力为211千克/千克，玉米为131千克/千克；水稻钾肥偏生产力为284千克/千克，玉米为187千克/千克。其中磷肥变异情况很大，水稻变异系数为170%，玉米变异系数为63%。

与农民习惯管理相比，配方施肥磷钾肥的偏生产力有很大降低，水稻磷肥偏生产力平均利用率遵循报酬递减律，农民习惯管理条件下，单位肥料的产量很高说明磷钾肥的投入量不足，从而限制了产量的进一步提高。配方施肥处理的磷钾肥偏生产力有很大的降低，主要是在农民习惯管理的基础上增加了磷肥和钾肥的投入，实现养分投入的平衡。

表6-34 不同施肥方法下水稻肥料偏生产力的比较（千克/亩）

施肥方法	习惯			配方		
	N	P_2O_5	K_2O	N	P_2O_5	K_2O
均值	49	211	284	54	143	137
标准差	21	359	118	11	50	93
变异系数	43.5	170.1	41.7	21.0	34.9	68.1
最大值	135	2 700	675	75	221	313
最小值	19	61	78	22	34	26

表6-35 不同施肥方法下玉米肥料偏生产力的比较（千克/亩）

施肥方法	习惯			配方		
	N	P_2O_5	K_2O	N	P_2O_5	K_2O
均值	26	131	187	32	77	93
标准差	7	83	52	7	23	35

（续）

施肥方法	习惯			配方		
	N	P$_2$O$_5$	K$_2$O	N	P$_2$O$_5$	K$_2$O
变异系数	27.3	62.9	27.6	22.1	29.8	37.9
最大值	49	490	298	50	118	171
最小值	13	59	83	18	33	48

（三）测土配方施肥对经济效益的影响

从农民习惯施肥和配方施肥处理下经济效益的对比情况可以看出（表6-36），3种作物的配方施肥都比农民习惯施肥的经济效益提高了，其中水稻配方施肥比农民习惯施肥增加155元/亩，增加12.7%；玉米配方施肥比农民习惯施肥增加149元/亩，增加17.2%；甘薯增加491元/亩，增加31.2%。3种作物的配方施肥比农民习惯施肥经济效益增加的情况是甘薯＞玉米＞水稻，经济效益增加的趋势与产量增加的趋势一致。

表6-36　不同施肥方法下的经济效益比较（元/亩）

作物	水稻		玉米		甘薯	
	习惯	配方	习惯	配方	习惯	配方
均值	1 224	1 379	865	1 014	1 573	2 064
标准差	236	309	204	191	177	367
变异系数	19.3	22.4	23.6	18.8	11.3	17.8
最大值	1 800	1 920	1 349	1 462	1 785	2 679
最小值	600	500	437	666	1 306	1 588

二、"大配方、小调整"区域配肥验证

（一）试验目的

验证大配方的效果，确定小调整的方式，与农民习惯施肥相比增产、增收和增效情况。

（二）材料与方法

1. 区域大配方的设计　根据农业生产的自然条件相似性，将全区划分为3个区域：①平坝丘陵区；②深丘区；③南部山区。2006—2009年稻田的耕层土壤养分测试结果表明，平坝丘陵区（n=2 599，n指土壤样品数量）、深丘区（n=476）和南部山区（n=662）土壤速效磷（Olsen-P）含量的平均值分别为6.03、5.62、6.37毫克/千克，土壤速效钾（NH$_4$OAc-K）含量的平均值分别为78.2、75.0、72.9毫克/千克。考虑不同区域的水稻产量水平有较大的差异，因此在大配方设计中将平坝丘陵区、深丘区和南部山区的水稻目标亩产分别定为700、650、600千克。

根据不同区域的水稻目标产量和土壤磷、钾肥力水平，参照江津区水稻施肥指标体系，确定了平坝丘陵区的每亩施肥总量为N 11.5千克、P$_2$O$_5$ 7.5千克、K$_2$O 10千克；深丘区的每亩施肥总量为 N 11 千克、P_2O_5 7 千克、K_2O 9 千克；南部山区的每亩施肥总量为 N 10.5 千克、P_2O_5 6.5 千克、K_2O 8 千克。然后依据水稻的需肥规律，水稻生育期内按基肥、分蘖肥、拔节肥和穗粒肥分 4 次施用，其中氮、磷、钾的基肥：分蘖肥：拔节肥：穗粒肥分别为 50％：25％：15％：10％、70％：30％：0：0、25％：0：50％：25％。

按照氮、磷、钾基肥的用量，本研究设计了一个基肥大配方（20-17-8）。该配方肥在平坝丘陵区、深丘区和南部山区每亩的推荐用量分别为 30、28、26 千克。剩余养分在分蘖期、拔节期和抽穗期追施相应量的单质肥料，分别以尿素、过磷酸钙和氯化钾作为相应的氮、磷、钾养分来源。

2. 试验设计

（1）试验　分别在江津区的 3 个不同生态区域进行，共 15 个试验点，其中平坝丘陵区、深丘区和南部山区各设置 5 个，播前土壤主要理化性状见表 6-37。试验共设 3 个处理（表 6-38）：①不施肥处理，不施氮磷钾肥；②习惯施肥处理，肥料用量是江津区农业技术推广中心通过对当地农户施肥调查获得，平坝丘陵区每亩的肥料用量为 N 14 千克、P_2O_5 3 千克、K_2O 2 千克，深丘区每亩的肥料用量为 N 12 千克、P_2O_5 3 千克、K_2O 2 千克，南部山区每亩的肥料用量为 N 11 千克、P_2O_5 3 千克、K_2O 2 千克，分基肥、分蘖肥两次施用，氮肥的基追质量比例为 6：4，磷肥、钾肥全部作为基肥施用；③大配方（20-17-8）处理的施肥方式如前所述。

表 6-37　试验田块土壤理化性状

编号	pH	有机质（克/千克）	有效磷（毫克/千克）	速效钾（毫克/千克）	编号	pH	有机质（克/千克）	有效磷（毫克/千克）	速效钾（毫克/千克）
平坝1	4.51	21.3	1.0	99.9	深丘4	5.35	18.6	9.0	115.5
平坝2	4.77	19.3	1.3	122.2	深丘5	5.38	20.0	2.5	141.2
平坝3	5.51	18.6	3.8	39.6	山区1	5.49	25.9	3.5	109.1
平坝4	4.89	18.0	4.0	119.4	山区2	5.18	31.1	2.5	59.9
平坝5	5.22	26.4	3.3	147.3	山区3	5.9	16.4	3.0	89.5
深丘1	5.27	22.6	7.0	156.0	山区4	6.32	16.4	3.0	88.5
深丘2	5.03	21.8	7.5	91.8	山区5	6.49	18.1	4.0	134.4
深丘3	5.47	12.3	2.8	104.6					

表 6-38　试验处理

处理	区域	各处理水稻不同时期肥料养分（N+P_2O_5+K_2O）施用量（千克/亩）				
		基肥	分蘖肥	拔节肥	穗粒肥	总计
不施肥	平坝丘陵区	0	0	0	0	0
	深丘区	0	0	0	0	0
	南部山区	0	0	0	0	0
习惯施肥	平坝丘陵区	8.4+3+2	5.6+0+0	0	0	14+3+2
	深丘区	7.2+3+2	4.8+0+0	0	0	12+3+2
	南部山区	6.6+3+2	4.4+0+0	0	0	11+3+2

（续）

处理	区域	各处理水稻不同时期肥料养分（N＋P₂O₅＋K₂O）施用量（千克/亩）				
		基肥	分蘖肥	拔节肥	穗粒肥	总计
大配方	平坝丘陵区	6+5.1+2.4	2.9+2.3+0	1.7+0+5.0	1.2+0+2.5	11.8+7.4+9.9
	深丘区	5.6+4.8+2.2	2.8+2.1+0	1.7+0+4.5	1.1+0+2.3	11.2+6.9+9
	南部山区	5.2+4.4+2.1	2.6+2.0+0	1.6+0+4.0	1.1+0+2.0	10.5+6.4+8.1

（2）观测分蘖动态 从水稻分蘖开始数第一次分蘖，各处理按对角线选5点，每点数10穴茎蘖数，算出50穴的平均茎蘖数，以后对固定的植株进行跟踪调查，确定最高分蘖数和成熟期的有效穗。

（3）测产 在水稻收获当天，在各处理中心位置收割面积≥5米²（如收割计产区内有取样考种的，应补足所取的穴数）、脱粒、晒干及称量计产，并折算成亩产。

3. 分析测定和统计 土壤pH、有机质、速效磷和速效钾等用常规方法测定。试验结果用Excel和Spss软件统计分析。

①养分平衡＝养分投入量－产量×生产100千克子粒所需养分量×收获带走的养分比率。根据试验结果测算，生产100千克子粒所需养分N、P₂O₅、K₂O分别为1.82、0.83、3.04千克；当地农民收获时普遍留高茬，若茎鞘（不包含叶片）按50%还田计，根据本研究的试验结果测算，收获带走的N、P₂O₅、K₂O养分比率分别为91%、92%、61%。

②经济效益＝（施肥产量－空白产量）×产品价格－施肥成本（氮肥用量×氮肥价格＋磷肥用量×磷肥价格＋钾肥用量×钾肥价格）。其中水稻价格2元/千克，氮肥（N）、磷肥（P₂O₅）、钾肥（K₂O）的价格分别为4.4、4.8、5.3元/千克。

（三）结果与分析

1. 产量比较 15个试验点的不施肥处理、习惯施肥处理、大配方处理的亩产分别为408、479、535千克，大配方比不施肥、习惯施肥处理分别增产31.1%和11.7%，均达到显著水平（图6-1）。在不同区域，大配方的增产效应也表现出相同的趋势，平坝丘陵区5个试验点的不施肥、习惯施肥、大配方的平均亩产分别为416、520、562千克，深丘区5个试验点的平均亩产分别为492、539、629千克，南部山区的5个试验点的平均亩产分别为317、376、412千克（数据未列出）。这表明区域大配方满足了不同区域作物的养分需求和土壤肥力情况，因而提高了水稻产量。

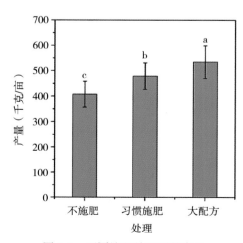

图6-1 不同施肥处理下的产量

然而，本试验中的实际产量并没有达到预期的目标，主要是受到2010年江津区特殊气候条件（逐旬气温与46年平均气温相比）的影响。在3月下旬至4月下旬正值水稻分蘖期，受到持续低温的影响（平均气温为15℃，刚达到分蘖和生根发生的最低温度；在 7 月中旬至 8 月中旬正值水稻抽穗结实期，又受到持续高温的影响（平均气温为 31 ℃，相关研究表明，籼稻抽穗期的适宜温度在 27 ℃左右，结实期的适宜温度在 23～24 ℃）。

2. 产量构成因素比较 水稻产量由单位面积有效穗、穗粒数、千粒质量 3 个因素构成。从产量构成因素分析（表 6-39），大配方处理亩有效穗的数量明显高于习惯施肥处理和不施肥处理，这与产量的结果相一致。从茎蘖动态的观察发现（图 6-2），大配方处理促进了分蘖的早生快发。另外，大配方处理的穗粒数与其他两个处理相比也有所增加，千粒质量则差异不大。

表 6-39 不同施肥处理对产量构成因素的影响

处理	有效穗（万穗/亩）	穗粒数	千粒质量（克）
不施肥	9.6±2.2	142±30	28.6±2.3
习惯施肥	11.1±2.4	142±32	29.0±2.4
大配方	12.4±2.5	151±38	28.9±2.5

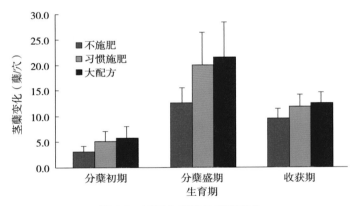

图 6-2 不同生育期的茎蘖变化

3. 养分平衡和经济效益比较 从养分平衡来看，大配方处理的氮素盈余量明显小于习惯施肥处理，仅为其一半（表 6-40），这将有利于减少氮损失造成的污染。与习惯施肥处理相比，大配方处理土壤磷则有较大的盈余，这正好符合磷恒量监控的技术原理，因为该区域稻田的磷含量仍处于低水平，土壤 Olsen-P 平均只有 6 毫克/千克，应通过增施磷肥逐步提高土壤磷水平。同样，大配方处理钾的亏缺量也明显减少，这有利于维持土壤钾的肥力状况。

从施肥效益比较发现，大配方处理的效益比习惯施肥处理高 1 倍（表 6-40）。总体比较可发现，大配方处理取得了较好的产量效益和经济效益。

表 6-40 不同施肥处理养分平衡和经济效益比较

处理	氮平衡（千克/亩）	磷平衡（千克/亩）	钾平衡（千克/亩）	经济效益（千克/亩）
习惯施肥	4.4±1.8	−0.7±0.9	−6.9±2.2	61±131
大配方	2.1±1.8	2.9±0.8	−1.0±1.9	123±179

（四）讨论

1. 大配方的增产原因分析　多点的田间试验表明，大配方明显比习惯施肥增产，其中原因可能涉及以下几个方面。大配方在设计上抓住了区域土壤磷普遍低的问题，江津区2005—2009年间大量的土壤测试结果发现，稻田土壤 Olsen-P 有88％的土壤样品处于低肥力水平（小于10毫克/千克），因此在大配方设计上增加了磷肥的用量；氮肥依据总量控制、分期调控的原则，根据"3414"试验中水稻的肥料效应将亩氮肥总量控制在10.5～11.5千克，并依据水稻养分需求规律确定不同生育时期的施肥比例（基肥、分蘖肥、拔节肥和穗粒肥质量比例为50％∶25％∶15％∶10％），习惯施肥则过于注重前期施肥而忽视生长中后期水稻的营养需求；根据肥料效应适当增加拔节期和扬花期钾肥的供应，使得大配方处理的水稻群体数量和质量要比习惯施肥优越（亩有效穗和每穗粒数均较高），因此获得较高的产量。

2. "大配方、小调整"区域配肥技术的作用　实际施肥管理中，农民施肥的变异是很大的，其中很大一部分是由于盲目施肥造成的不合理变异。"大配方、小调整"区域配肥技术是根据一定区域范围内作物需肥规律、土壤供肥性能和肥料效应设计肥料配方，以实现科学施肥理论和技术的简化和物化，这不仅能够满足农业需求，也有利于企业减少配方肥配方数量，同时也方便农民应用，是当前保障农户权益、优化肥料产品结构、推动测土配方施肥技术普及应用的重要技术手段。

三、水稻中微量元素试验验证

（一）试验目的

根据土壤测试，从江津区平坝丘陵区、深丘区、南部山区3个区域的中微量元素的丰缺状况来看，3个区域的分布比较相似，有部分区域缺 Ca、Mg，普遍缺 B。为了摸清江津区水稻中微量元素的实际施用效果，2012—2016年连续5年开展了水稻中微量元素试验，现将试验结果分析总结于下。

（二）试验基本情况

在2012—2016年5年间共进行20个水稻中微量元素试验，其中有效锌试验5个、有效铜试验5个、交换性镁试验5个、有效硅试验3个、有效硼试验2个，具体试验情况如表6-41所示。各镇试验地地势平坦、肥力均匀、水源条件好、交通方便、比较方正、面积在1～2亩以上。各个试验在同一农户同一块地中进行，水稻处理间必须作埂（用膜覆盖）隔开，严禁肥、水串灌。密度1.1万窝/亩，每窝2苗；宽窄行栽培，宽行40厘米、窄行20厘米、窝距20厘米。供试水稻品种为 Q 优6号或宜香优1108。

表6-41　水稻中微量元素试验基本情况

项目	落实镇街（时间）	个数	试验地养分含量范围（毫克/千克）
有效锌（纯锌）	石蟆（2012—2013）、永兴（2014—2015）、蔡家（2016）	5	3.0～4.0

（续）

项目	落实镇街（时间）	个数	试验地养分含量范围（毫克/千克）
有效铜（纯铜）	石门（2012—2014）、石蟆（2015—2016）	5	4.0～5.0
交换性镁（纯镁）	西湖（2012—2013）、蔡家（2014）、石门（2015—2016）	5	60～120
有效硅（SiO_2）	永兴（2012—2013）、石蟆（2014）	3	160～210
有效硼（硼砂）	蔡家（2015）、永兴（2016）	2	—

（三）试验设计

1. 小区设计 每个试验设 4 个处理，3 重复。分别为：空白对照、适宜用量、适宜用量的 2 倍、施 B。各小区面积 30 米²，除施肥外，各小区其他田间管理措施相同。小区随机排列，各处理布置如图 6-3。

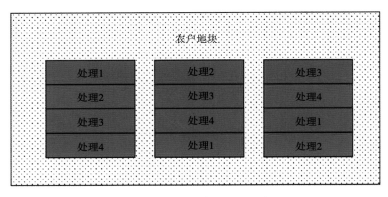

图 6-3 中微量元素试验小区布置

2. 施肥设计 每个试验处理 1、2、3、4 均按配方施肥的荐用量和施肥方式施用。平坝区按亩施纯 N11.5、$P_2O_5$7.5、K_2O 10 千克计算，深丘区按亩施纯 N11、$P_2O_5$7、K_2O 9 千克计算。50%N，70% P_2O_5，25% K_2O 作底肥施用。15%N，30% P_2O_5 作分蘖肥施用。25%N，50% K_2O 作拔节肥施用。10%N，25% K_2O 作穗粒肥施用。中微量元素肥料全部作基肥使用（表 6-42 至表 6-46）。

表 6-42 水稻施用锌肥作基肥试验设计

处理	水平	纯 Zn 施用量（千克/亩）
处理①	0 水平（空白对照）	0
处理②	1 水平（适宜用量）	0.23
处理③	2 水平（适宜用量的 2 倍）	0.46
处理④	施 B	硼砂 0.5

表 6-43　水稻施用铜肥作基肥试验设计

处理	水平	纯 Cu 施用量（千克/亩）
处理①	0 水平（空白对照）	0
处理②	1 水平（适宜用量）	0.125
处理③	2 水平（适宜用量的 2 倍）	0.25
处理④	施 B	硼砂 0.5

表 6-44　水稻施用镁肥作基肥试验设计

处理	水平	纯 Mg 施用量（千克/亩）
处理①	0 水平（空白对照）	0
处理②	1 水平（适宜用量）	1.3
处理③	2 水平（适宜用量的 2 倍）	2.6
处理④	施 B	硼砂 0.5

表 6-45　水稻施用硅肥作基肥试验设计

处理	水平	硼砂施用量（千克/亩）
处理①	0 水平（空白对照）	0
处理②	1 水平（适宜用量）	8.0
处理③	2 水平（适宜用量的 2 倍）	16.0
处理④	施 B	0.5

表 6-46　水稻施用硼肥作基肥试验设计

处理	水平	硼砂施用量（千克/亩）
处理①	0 水平（空白对照）	0
处理②	1 水平（适宜用量）	0.5
处理③	2 水平（适宜用量的 2 倍）	1.0
处理④	3 水平（适宜用量的 3 倍）	1.5

（四）试验结果与分析

1. 有效锌试验　由表 6-47 可知，2012 年和 2013 年在石蟆进行的有效锌试验的结果是 2 水平＞1 水平＞0 水平。2014 年和 2015 年在永兴进行的有效锌试验的结果都是 0 水平＞1 水平＞2 水平。而 2016 年在蔡家进行的有效锌试验的结果是 0 水平＞2 水平＞1 水平，相同的地方有相同的结果，不同的地方结果有所不同，说明各个地方对锌需求的临界值不同。从平均值来看，结果是 2 水平＞1 水平＞0 水平，说明施用锌肥有可能整体提高江津区的水稻产量，施用量以 0.46 千克/亩为宜。

表 6-47　有效锌试验各处理产量情况（千克/亩）

处理	石 蟆（2012）	石 蟆（2013）	永 兴（2014）	永 兴（2015）	蔡 家（2016）	平均
0 水平	491	555	479	532	437	498
1 水平	554	592	517	518	414	519
2 水平	610	629	506	511	424	536

2. 有效铜试验　由表 6-48 可知，2012—2014 年在石门进行的有效铜试验的结果都是 0水平＞1 水平＞2 水平，说明在石门施用铜肥反而会使水稻减产。2015 年和 2016 年在石蟆进行的有效铜试验的结果都是 0 水平＞2 水平＞1 水平，比较两年的 1 水平和 2 水平产量相差不大，可认为产量一样，说明在石门施用铜肥也会造成产量的降低；从平均值来看，结果是 0 水平＞1 水平＞2 水平，说明施用铜肥有可能整体降低江津区的水稻产量，且施用量越大降低得越多。

表 6-48　有效铜试验各处理产量情况（千克/亩）

处理	石 门（2012）	石 门（2013）	石 门（2014）	石 蟆（2015）	石 蟆（2016）	平均
0 水平	580	530	497	553	596	551
1 水平	541	543	543	518	576	544
2 水平	503	518	493	526	578	524

3. 交换性镁试验　由表 6-49 可知，2012 年在西湖进行的交换性镁试验的结果是 2 水平＞1 水平＞0 水平。而 2013 年在西湖进行的交换性镁试验的结果是 0 水平＞1 水平＞2 水平，可能是因为前一年残留的镁已经能满足下一年的需要，继续施用镁肥反而对水稻造成毒害。2014 年在蔡家进行的交换性镁试验的结果都是 1 水平＞2 水平＞0 水平，说明在 1 水平是水稻镁肥的适宜量，低于或者高于都会影响水稻产量。2015 年在石门进行的交换性镁试验的结果都是 2 水平＞0 水平＞1 水平。2016 年在石门进行的交换性镁试验的结果是 1 水平＞2 水平＞0 水平，说明镁肥的试验效果在当地比较复杂。

总的来看，不同的地方镁肥效应比较复杂，但从平均值来看，施用镁肥整体上会提高水稻产量。

表 6-49　交换性镁试验各处理产量情况（千克/亩）

处理	西 湖（2012）	西 湖（2013）	蔡 家（2014）	石 门（2015）	石 门（2016）	平均
0 水平	463	592	660	457	491	533
1 水平	523	555	672	450	502	540
2 水平	573	543	668	466	494	549

4. 有效硅试验　由表 6-50 可知，2012 年在永兴进行的有效硅试验的结果是 1 水平＞2 水平＞0 水平。2013 年在永兴进行的有效硅试验的结果是 2 水平＞1 水平＞0 水平，说明施用硅肥对提高水稻产量有一定的积极作用，但不一定是施用量越大越好。2014 年在石蟆进行的有效硅试验的结果是 2 水平＞1 水平＞0 水平，说明在石蟆施用硅肥同样有增产的效果。

从平均值来看，结果是 2 水平＞1 水平＞0 水平，2 水平和 1 水平几乎一样，说明施用硅肥可能在江津区都有增产效果，但 1 水平比较合适。

表 6-50　有效硅试验各处理产量情况（千克/亩）

处理	永　兴（2012）	永　兴（2013）	石　蟆（2014）	平均
0 水平	658	514	602	591
1 水平	704	555	627	629
2 水平	681	592	617	630

5. 有效硼试验　由表 6-51 可知，2015 年在蔡家进行的有效硼试验的结果是 0 水平＞3 水平＞1 水平＞2 水平。2016 年在永兴进行的有效硼试验的结果是 1 水平＞2 水平＞0 水平＞3 水平，二者说明硼肥作为基肥施用时对水稻产量没有实质性的影响，虽然江津区土壤检测普遍缺硼，但水稻可以不施硼。

表 6-51　有效硼试验各处理产量情况（千克/亩）

处理	蔡　家（2015）	永　兴（2016）	平均
0 水平	552	445	499
1 水平	537	480	509
2 水平	534	477	506
3 水平	546	412	479

（五）结论与讨论

通过对 2012—2016 年 5 年来中微量元素的试验总结，发现不同的中微量元素在不同地点或者相同地点的不同年份都有不同的效果，说明中微量元素对水稻产量的影响很复杂，其中锌肥有可能整体提高江津区的水稻产量；铜肥有可能整体降低江津区的水稻产量，且施用量越大降低的越多；施用镁肥和硅肥整体上都有增产效果，但施用硅肥要控制量；硼肥作为基肥施用时对水稻产量没有实质性的影响。综上，水稻基肥施用中微量元素，要因地制宜，不宜全区范围内"一视同仁"地推广，这可能与全区土壤中微量元素的变异性大有很大关系。

第七章

主要粮食作物施肥指导意见

为了全面推广应用测土配方施肥技术，引导农民科学施肥，切实提高肥料利用效率，减少环境污染，降低肥料生产成本，促进农业增产增收，特制定江津区主要粮食农作物施肥指导意见。

第一节　制定的原则

一、与地力评价分等定级相统一

根据种植业分区，江津区分为平坝丘陵区、深丘区、南部山区 3 个区，这 3 个区的养分含量差异不大，粮食产量更多的受光合生产潜力和地形地貌的影响，因此采用地力分等定级的办法来确定施肥单元，针对性更强，肥料调控相对更准确。

二、与区域主要耕作制度相统一

大田作物中水田以中稻—冬水为主，部分为稻—油、稻—菜等。旱地以胡豆—玉米—甘薯为主，部分为玉米—甘薯等。施肥指导要服从于主要粮食作物的种植制度。

三、与作物生长规律相统一

作物的生长是一个持续的过程，从栽培到收获的时间内，作物的需肥时间和肥类种类都不一样，所以在施肥的过程中，应充分遵循作物生长发育的规律，在作物生长发育的关键期进行施肥。

第二节　江津区主要粮食作物施肥配方和配方肥配方

一、水稻

（一）基于地力等级评价的水稻施肥配方和配方肥配方

参见表 7-1 至表 7-3。

表 7-1　基于地力评价等级的水稻施肥配方（千克/亩）

地力评价等级	目标产量	施肥纯量 N-P_2O_5-K_2O
一级地	≥ 600	11.5-7.5-10.0
二级地	500～600	10.5-6.5-9.0
三级地	450～500	9.5-5.5-8.0
四级地	400～450	9.0-4.8-7.0
五级地	≤ 400	8.5-4.3-6.0

表 7-2　水稻全程配方化配方 [一、二、三级地肥料配方及用量（千克/亩）]

地力等级	底肥 N-P$_2$O$_5$-K$_2$O (20-17-8)	分蘖肥 N-P$_2$O$_5$-K$_2$O (28-22-0)	拔节肥 N-P$_2$O$_5$-K$_2$O (10-0-30)	穗粒肥 N-P$_2$O$_5$-K$_2$O (10-0-25)
一级地	30	10	18	10
二级地	28	8	16	8
三级地	26	6	16	6

表 7-3　水稻全程配方化配方 [四、五级地肥料配方及用量（千克/亩）]

地力等级	底肥 N-P$_2$O$_5$-K$_2$O (20-10-10)	分蘖肥 N-P$_2$O$_5$-K$_2$O (20-15-0)	拔节肥 N-P$_2$O$_5$-K$_2$O (10-0-40)
四级地	30	10	10
五级地	30	8	8

（二）基于简化的地力等级水稻施肥配方和配方肥配方

参见表 7-4、表 7-5。

表 7-4　基于简化的地力等级水稻施肥配方（千克/亩）

地力等级	目标产量	施肥纯量 N-P$_2$O$_5$-K$_2$O
上等地	≥500	11.5-6.5-10.0
中等地	450～500	10.0-5.5-8.0
下等地	≤450	9.0-4.5-6.0

表 7-5　基于简化的地力等级水稻基肥化配方 [肥料配方及用量（千克/亩）]

地力等级	底肥 (19-13-8)	拔节肥（尿素、氯化钾）
上等地	50	5、10
中等地	40	5、8
下等地	35	5、6

二、旱粮（胡豆—玉米—甘薯）

（一）基于地力等级评价的旱粮作物施肥配方和配方肥配方

参见表 7-6 至表 7-9。

表 7-6　基于地力等级评价的旱粮作物施肥配方（千克/亩）

地力评价等级	玉米		甘薯		胡豆	
	目标产量	施肥纯量 N-P$_2$O$_5$-K$_2$O	目标产量	施肥纯量 N-P$_2$O$_5$-K$_2$O	目标产量	施肥纯量 N-P$_2$O$_5$-K$_2$O
一级地	≥450	15.0-5.5-6.0	≥2 000	4.0-2.5-8.5	≥140	3.0-6.5-6.0

（续）

地力评价等级	玉米		甘薯		胡豆	
	目标产量	施肥纯量 N-P_2O_5-K_2O	目标产量	施肥纯量 N-P_2O_5-K_2O	目标产量	施肥纯量 N-P_2O_5-K_2O
二级地	400～450	13.5-5.0-5.5	1 800～2 000	3.5-2-7.5	120～140	2.5-5.5-5.5
三级地	350～400	12.0-4.5-5	1 600～1 800	3.0-2-7.0	100～120	2.5-5.0-5.0
四级地	300～350	11.0-4.0-4.5	1 400～1 600	3.0-1.5-6	80～100	2.0-4.5-4.5
五级地	≤300	10.0-3.5-4	≤1 400	2.5-1.5-5	≤80	1.5-4.0-4.0

表 7-7　旱粮作物全程配方化配方〔玉米肥料配方及用量（千克/亩）〕

地力等级	基肥 N-P_2O_5-K_2O（20-14-6）	拔节肥 N-P_2O_5-K_2O（15-6-9）	攻苞肥 N-P_2O_5-K_2O（30-0-12）
一级地	30	20	20
二级地	28	18	18
三级地	26	16	16
四级地	24	14	14
五级地	22	12	12

表 7-8　旱粮作物全程配方化配方〔甘薯肥料配方及用量（千克/亩）〕

地力等级	促苗肥 N-P_2O_5-K_2O（6-12-12）	结薯肥 N-P_2O_5-K_2O（15-0-30）
一级地	20	20
二级地	18	18
三级地	16	16
四级地	14	14
五级地	12	12

表 7-9　旱粮作物全程配方化配方〔胡豆肥料配方及用量（千克/亩）〕

地力等级	基肥 N-P_2O_5-K_2O（6-17-12）	蕾肥 N-P_2O_5-K_2O（9-17-19）
一级地	20	20
二级地	18	18
三级地	16	16
四级地	14	14
五级地	12	12

（二）基于简化的地力等级旱粮作物施肥配方和配方肥配方

参见表 7-10 至表 7-13。

表 7-10　基于简化的地力等级旱粮作物施肥配方（千克/亩）

地力等级	玉米		甘薯		胡豆	
	目标产量	施肥纯量 N-P₂O₅-K₂O	目标产量	施肥纯量 N-P₂O₅-K₂O	目标产量	施肥纯量 N-P₂O₅-K₂O
上等地	≥400	14.5-5.5-6.0	≥1 800	3.5-2.5-8.0	≥120	3.0-6.0-6.0
中等地	350～400	12.5-5.0-5.0	1 600～1 800	3.0-2.0-7.0	100～120	2.5-5.0-5.5
下等地	≤350	10.5-3.5-4.0	≤1 600	2.0-1.5-5.0	≤100	2.0-4.0-4.0

表 7-11　旱粮作物基肥化配方［玉米基肥配方及用量（千克/亩）］

地力等级	基肥 N-P₂O₅-K₂O（20-12-8）	攻苞肥（尿素、氯化钾）
上等地	45	12、4
中等地	40	10、3
下等地	30	10、3

表 7-12　旱粮作物基肥化配方［甘薯基肥配方及用量（千克/亩）］

地力等级	结薯肥 N-P₂O₅-K₂O（12-8-10）	催薯肥（硫酸钾）
上等地	30	10
中等地	25	9
下等地	20	6

表 7-13　旱粮作物基肥化配方［胡豆基肥配方及用量（千克/亩）］

地力等级	基肥 N-P₂O₅-K₂O（10-20-10）	初花肥（氯化钾）
上等地	30	5
中等地	25	5
下等地	20	4

第三节　江津区主要粮食作物施肥指导意见

一、杂交中稻

1. 作物特性　水稻是江津区的第一大粮食作物，常年种植 60 多万亩，多为一年一熟，少部分为稻—菜、稻—油等两熟制。从海拔 200 米到海拔 1 000 米均有种植。海拔 300 米以下的适宜蓄留再生稻，特别是沿长江的河谷地区，是蓄留再生稻的优势区域。海拔 600 米以上的部分深丘区和南部山区，种植的水稻品质优、口感好。

在江津区，水稻的一生是从种子萌芽到新种子形成的整个生长发育过程，生育期一般140～170 天。水稻生长需经历秧苗期、分蘖期、幼穗分化期、开花期、结实期。水稻的最适播期：平坝丘陵区一般为 2 月 25 日至 3 月 15 日，深丘区为 3 月 5～15 日，南部山区为 3月 20 日后。水稻一般采取旱育秧和水育秧或机插育秧的方式进行育苗移栽。冬水田移栽时间：平坝丘陵区 4 月 5～15 日，深丘区 4 月 15～25 日，南部山区 4 月 20 日至 5 月 5 日；水旱轮作田：平坝丘陵区 4 月 25 日至 5 月 10 日，深丘区 5 月 5～20 日，南部山区 5 月 20 日后。移栽规格：冬水田手栽：苗龄 4～4.5 叶时移栽，宽窄行栽培，宽行行距 40 厘米，窄行行距 20 厘米，窝距 17～20 厘米，亩植 1.1 万～1.3 万窝，每窝栽植 2 粒谷苗。机插秧：苗龄 3.5～4.5 叶时栽插，栽插行距为 30 厘米 ×（17～20）厘米，亩插 1.1 万～1.3 万窝，平均每窝 2 粒谷苗，漏插率小于 5％，均匀度合格率 85％以上，机械作业覆盖面 95％以上，秧块插深 1～1.5 厘米，不漂不倒，连续缺窝达 3 窝以上的要实行人工补插。水旱轮作田栽插：稻—菜轮作田，在叶龄 4～5 时移栽，栽插密度与冬水田一致；稻—油轮作田，在叶龄 6～8 叶时移栽，宽行窄株栽培，行距 30 厘米，窝距 15～18 厘米，每亩 1.2 万～1.5 万窝，窝植 2 粒谷苗。

2. 施肥存在问题　有机肥施用不足，部分农户未实施秸秆还田；部分田块底肥"一道清"造成化肥损失严重；化肥前期施用比例过大，尤其是氮肥前期普遍施用量大，造成后期脱肥；磷钾肥普遍用量不足，氮磷钾施用比例不协调。

3. 施肥原则　增施有机肥，实施秸秆还田，提高土壤有机质含量，有机无机配合施用；控制氮肥总量，增施磷、钾肥，调整氮、磷、钾施用比例；减少前期氮肥用量，氮肥分次施用；提高磷、钾肥施用量；在夹沟田、冷浸田和冬水烂泥田种植水稻时要注意增施锌肥。

4. 施肥方法　方法一（基肥追肥配方化）：在水稻施肥上，对于一、二、三级地，采取"前促、中控、后补""一底三追"的施肥方法，以提高穗粒数和增加粒重为实现产量目标。氮肥分 4 次施用，底肥占 50％左右，分蘖肥占 25％左右，拔节肥占 15％左右，粒肥占 10％左右；磷肥分 2 次施用，底肥占 70％以上，分蘖肥占 30％左右；钾肥分 3 次施用，底肥占 25％左右，拔节肥占 50％左右，粒肥占 25％左右。对于四、五级地，采取"前促""一底两追"的施肥方法，以增穗为实现产量目标。氮肥采取 3 次施用，底肥占 70％左右，分蘖肥占 20％左右，拔节肥占 10％左右；磷肥分 2 次施用，底肥占 70％左右，分蘖肥占 30％左右；钾肥分 2 次施用，底肥和拔节肥各占 50％。

水稻底肥在栽秧前 2～3 天深施，施后耙田，与耕层泥土混匀；分蘖肥在栽后 7～10 天施用；拔节肥在栽后 35～42 天施用；粒肥在栽后 56～65 天施用。

方法二（基肥配方化）：采取"一底一追"的方法，氮肥采取两次施用，基肥占 70％左右，追肥占 20％～30％，在拔节期施用；磷肥全部作基肥施用；钾肥分两次施用，基肥占 40％左右，追肥占 60％左右，在拔节期施用。

5. 施肥建议

（1）一级地（上等地）　目标产量 600 千克/亩以上。实行"一底三追"的，在水稻作物秸秆全部还田的基础上，基肥施水稻基肥配方肥（氮磷钾配方：20-17-8）30 千克/亩；分蘖初期用水稻分蘖配方肥（氮磷钾配方：28-22-0）10 千克/亩；拔节初期用水稻拔节配方肥（氮磷钾配方：10-0-30）18 千克/亩；孕穗末期用水稻穗粒肥配方肥（氮磷钾配方：10-0-25）10 千克/亩。实行"一底一追"的，在水稻作物秸秆全部还田的基础上，基肥施水稻基肥配方肥（氮磷钾配方：19-13-8）50 千克/亩；拔节初期用尿素 5 千克/亩、钾肥 10 千克/亩作追肥。

（2）二级地（上等地）　目标产量 500～600 千克/亩。实行"一底三追"的，在水稻作物秸秆全部还田的基础上，基肥施水稻基肥配方肥（氮磷钾配方：20-17-8）28 千克/亩；分蘖初期用水稻分蘖配方肥（氮磷钾配方：28-22-0）8 千克/亩；拔节初期用水稻拔节配方肥（氮磷钾配方：10-0-30）16 千克/亩；孕穗末期用水稻穗粒肥配方肥（氮磷钾配方：10-0-25）8 千克/亩。实行"一底一追"的，在水稻作物秸秆全部还田的基础上，基肥施水稻基肥配方肥（氮磷钾配方：19-13-8）50 千克/亩；拔节初期用尿素 5 千克/亩、钾肥 10 千克/亩作追肥。

（3）三级地（中等地） 目标产量 450～500 千克/亩。实行"一底三追"的，在水稻作物秸秆全部还田的基础上，基肥施水稻基肥配方肥（氮磷钾配方：20-17-8）26 千克/亩；分蘖初期用水稻分蘖配方肥（氮磷钾配方：28-22-0）6 千克/亩；拔节初期用水稻拔节配方肥（氮磷钾配方：10-0-30）16 千克/亩；孕穗末期用水稻穗粒肥配方肥（氮磷钾配方：10-0-25）6 千克/亩。实行"一底一追"的，在水稻作物秸秆全部还田的基础上，基肥施水稻基肥配方肥（氮磷钾配方：19-13-8）40 千克/亩；拔节初期用尿素 5 千克/亩、钾肥 8 千克/亩作追肥。

（4）四级地（下等地） 目标产量 400～500 千克/亩。实行"一底二追"的，在水稻作物秸秆全部还田的基础上，基肥施水稻基肥配方肥（氮磷钾配方：20-10-10）30 千克/亩；分蘖初期用水稻分蘖配方肥（氮磷钾配方：20-15-0）10 千克/亩；拔节初期用水稻拔节配方肥（氮磷钾配方：10-0-30）10 千克/亩。实行"一底一追"的，在水稻作物秸秆全部还田的基础上，基肥施水稻基肥配方肥（氮磷钾配方：19-13-8）35 千克/亩；拔节初期用尿素 5 千克/亩、钾肥 6 千克/亩作追肥。

（5）五级地（下等地） 目标产量小于 400 千克/亩。实行"一底二追"的，在水稻作物秸秆全部还田的基础上，基肥施水稻基肥配方肥（氮磷钾配方：20-10-10）30 千克/亩；分蘖初期用水稻分蘖配方肥（氮磷钾配方：20-15-0）8 千克/亩；拔节初期用水稻拔节配方肥（氮磷钾配方：10-0-30）8 千克/亩。实行"一底一追"的，在水稻作物秸秆全部还田的基础上，基肥施水稻基肥配方肥（氮磷钾配方：19-13-8）35 千克/亩；拔节初期用尿素 5 千克/亩、钾肥 6 千克/亩作追肥。

二、旱地粮食作物（胡豆—玉米—甘薯）

1. 作物特性 胡豆—玉米—甘薯轮作套作种植是目前江津区旱粮作物最广泛的种植制度。有两种种植方式：一是带状种植：2 米开厢，1 米冬季种植胡豆，1 米作预留行，来年春种植玉米，胡豆收获后种植甘薯；二是"夹二行"种植：1 米开厢，在厢一边种植胡豆，来年春季在两厢胡豆中间种植玉米，胡豆收获后，上厢，在厢两边种植甘薯。

胡豆带状种植的种 3 行，窝距 33.3 厘米，每窝 2～3 粒；"夹二行"种植的，种植两行，每窝 2～3 粒。胡豆南部山区比平坝丘陵区早，一般 10 月 5～10 日，深丘区 10 月 10～15 日，平坝丘陵区，10 月 20～30 日。胡豆的生育期一般 180 天左右，生长过程需经历苗期、现蕾—初花期、开花—结荚期、灌浆—成熟期 4 个阶段。

玉米无论带状种植还是"夹二行"种植，均种两行。大穗平展型玉米品种，亩植 2 800～3 200 株，紧凑耐密型品种亩植 3 500～4 000 株。玉米也可直播，直播每窝播种 3～4

粒，保证每窝出苗 2～3 株，留两株。实行育苗移栽的，平坝丘陵区播种时间为 3 月 1～10 日，深丘区为 3 月 10～25 日，南部山区为 3 月 20～30 日；实行直播的：平坝丘陵区为 3 月 25～30 日，深丘区为 3 月 30 日至 4 月 5 日，南部山区为 4 月 5～10 日。育苗移栽时间：平坝丘陵区为 4 月 10～20 日，深丘区为 4 月 20～30 日，南部山区为 4 月 30 日至 5 月 10 日。在江津区，玉米在整个生育期中，经历出苗、拔节、抽雄、开花、吐丝、灌浆阶段。生育期一般 130 天以上。生产上常将玉米的生育期分为 3 个阶段，即苗期（出苗—拔节）、穗期（拔节—抽雄）和花粒期（抽雄—成熟，包括抽雄期、散粉期和成熟期）。

甘薯，实行带状种植的，胡豆收获后的带状，即为甘薯种植的行间，每行种植 3 窝，窝距 33.3 厘米。实行"夹二行"种植的，在胡豆收后，为玉米上厢，甘薯栽培在厢的两边，双行错窝栽，亩栽 3 000～3 500 株。甘薯的生育期一般 150 天以上，生长过程分为 4 个阶段：发根缓苗阶段、分枝结薯阶段、茎叶旺长阶段、茎叶衰退薯块迅速肥大阶段。

2. 施肥存在问题 玉米氮肥用量过大，磷肥用量略偏高，钾肥施用量不足，施肥比例不合理；玉米秸秆还田比例较低。甘薯施肥量少，有的基本不施化肥；胡豆栽前一把灰，基本不施化肥，产量低。

3. 施肥原则 实施玉米秸秆还田，培肥地力，用养结合；玉米减施氮肥，适当调减磷肥，增施钾肥，调整施肥比例。高产地块和缺锌的土壤注意施用锌肥；甘薯和胡豆，适当增施化肥和有机肥，有机无机相结合。胡豆对微量元素需要较多，需求敏感，特别是硼和钼，因此应根据土壤丰缺状况，针对性的施用。

4. 施肥方法 方法一（基肥追肥配方化）：玉米施肥上，采取"施足底肥，巧施拔节肥，重施攻苞肥" 3 次施肥的方法。氮肥基肥占 40％左右，拔节肥占 20％左右，攻苞肥占 40％左右；磷肥底肥占 80％左右，拔节肥占 20％左右；钾肥基肥和拔节肥各占 30％，攻苞肥占 40％。甘薯由于与玉米套作，可以吸收玉米剩余的肥料，因此甘薯前期应减少氮肥的施用，可不施底肥，采取"轻施促苗肥、重施结薯肥"的两次施肥方法，促进早结薯、早封垄。甘薯促苗肥氮肥占 30％左右，结薯肥占 70％左右；甘薯磷肥全部做促苗肥施用；钾肥分两次施用，促苗肥占 30％左右，结薯肥占 70％左右。胡豆采取"一底一追"两次施肥，胡豆由于前期需肥相对较少，当胡豆早期分枝开始现蕾时，生长速度开始加快，但这时气温低，根瘤菌的固氮能力弱，需要重施。因此胡豆施肥总的原则是"施足基肥，重施现蕾—初花肥"。氮肥基肥占 30％左右，现蕾—初花肥占 70％左右；磷肥全部作基肥施用；钾肥基肥占 30％左右，现蕾—初花肥占 70％左右。

方法二（基肥配方化）：采取"一底一追"的方法，玉米采取"一底一追"的方法，氮肥和钾肥各 60％左右作基肥，40％左右作攻苞肥，磷肥全部作基肥施用；甘薯氮肥、磷肥全部作结薯肥施用，钾肥 40％左右作结薯肥，60％左右作催薯肥施用。胡豆氮肥和磷肥全部作基肥施用，钾肥基、追肥各占 50％，追肥在初花期施用。

5. 施肥建议

（1）一级地（上等地）

①玉米：目标产量大于 450 千克/亩。实行"一底二追"的，底肥用玉米基肥配方肥（氮磷钾配方：20-14-6）30 千克/亩；拔节初期用玉米拔节配方肥（氮磷钾配方：15-6-9）20 千克/亩；大喇叭口期用玉米攻苞配方肥（氮磷钾配方：30-0-12）20 千克/亩。实行"一

底一追"的，底肥用玉米基肥配方肥（氮磷钾配方：20-12-8）45千克/亩，在玉米大喇叭口期用12千克/亩尿素、4千克/亩氯化钾作玉米攻苞肥施用。玉米收获后秸秆全部还田。

②甘薯：目标产量大于2 000千克/亩（鲜薯，下同）。甘薯由于可以"吃"玉米剩余的肥料，采取"轻施促苗肥、重施结薯肥"的办法施用。促苗肥用促苗配方肥（氮磷钾配方：6-12-12）20千克/亩，在栽后20天左右施用；在封垄前（栽后约60天，玉米收获后），用甘薯结薯配方肥（氮磷钾配方：15-0-30）20千克/亩，施壮株结薯肥。也可不施促苗肥，在甘薯封垄前（栽后约60天，玉米收获后），用甘薯结薯配方肥（氮磷钾配方：12-8-10）30千克/亩，施壮株结薯肥。栽后80~100天，施硫酸钾10千克/亩作催薯肥，施时与土渣肥混合，便于施用。

③胡豆：目标产量大于140千克/亩。胡豆播种时，用胡豆基肥配方肥（氮磷钾配方：6-17-12）20千克/亩作基肥施用，当胡豆早期分枝开始现蕾时，用胡豆蕾肥配方肥（氮磷钾配方：9-17-19）20千克/亩作蕾肥施用。也可用胡豆基肥配方肥（氮磷钾配方：10-20-10）30千克/亩作基肥施用，在胡豆初花期追施5千克/亩氯化钾，施时与土渣肥混合，便于施用。

（2）二级地（上等地）

①玉米：目标产量400~450千克/亩。实行"一底二追"的，底肥用玉米基肥配方肥（氮磷钾配方：20-14-6）28千克/亩；拔节初期用玉米拔节配方肥（氮磷钾配方：15-6-9）18千克/亩；大喇叭口期用玉米攻苞配方肥（氮磷钾配方：30-0-12）18千克/亩。实行"一底一追"的，底肥用玉米基肥配方肥（氮磷钾配方：20-12-8）45千克/亩，在玉米大喇叭口期用12千克/亩尿素、4千克/亩氯化钾作玉米攻苞肥施用。玉米收获后秸秆全部还田。

②甘薯：目标产量1 800~2 000千克/亩。甘薯由于可以"吃"玉米剩余的肥料，采取"轻施促苗肥、重施结薯肥"的办法施用。促苗肥用促苗配方肥（氮磷钾配方：6-12-12）18千克/亩，在栽后20天左右施用；在封垄前（栽后约60天，玉米收获后），用甘薯结薯配方肥（氮磷钾配方：15-0-30）18千克/亩，施壮株结薯肥。也可不施促苗肥，在甘薯封垄前（栽后约60天，玉米收获后），用甘薯结薯配方肥（氮磷钾配方：12-8-10）30千克/亩，施壮株结薯肥，栽后80~100天，施硫酸钾10千克/亩作催薯肥，施时与土渣肥混合，便于施用。

③胡豆：目标产量120~140千克/亩。胡豆播种时，用胡豆基肥配方肥（氮磷钾配方：6-17-12）180千克/亩作基肥施用，当胡豆早期分枝开始现蕾时，用胡豆蕾肥配方肥（氮磷钾配方：9-17-19）18千克/亩作蕾肥施用。也可用胡豆基肥配方肥（氮磷钾配方：10-20-10）30千克/亩作基肥施用，在胡豆初花期追施5千克/亩氯化钾，施时与土渣肥混合，便于施用。

（3）三级地（中等地）

①玉米：目标产量350~400千克/亩。实行"一底二追"的，底肥用玉米基肥配方肥（氮磷钾配方：20-14-6）26千克/亩；拔节初期用玉米拔节配方肥（氮磷钾配方：15-6-9）16千克/亩；大喇叭口期用玉米攻苞配方肥（氮磷钾配方：30-0-12）16千克/亩。实行"一底一追"的，底肥用玉米基肥配方肥（氮磷钾配方：20-12-8）40千克/亩，在玉米大喇叭口期用10千克/亩尿素、3千克/亩氯化钾作玉米攻苞肥施用。玉米收获后秸秆全部还田。

②甘薯：目标产量1 600~1 800千克/亩。甘薯由于可以"吃"玉米剩余的肥料，采取"轻施促苗肥、重施结薯肥"的办法施用。促苗肥用促苗配方肥（氮磷钾配方：6-12-12）16千克/亩，在栽后20天左右施用；在封垄前（栽后约60天，玉米收获后），用甘薯结薯配方

肥（氮磷钾配方：15-0-30）16千克/亩，施壮株结薯肥。也可不施促苗肥，在甘薯封垄前（栽后约60天，玉米收获后），用甘薯结薯配方肥（氮磷钾配方：12-8-10）25千克/亩，施壮株结薯肥；栽后80～100天，施硫酸钾9千克/亩作催薯肥，施时与土渣肥混合，便于施用。

③胡豆：目标产量100～120千克/亩。胡豆播种时，用胡豆基肥配方肥（氮磷钾配方：6-17-12）16千克/亩作基肥施用，当胡豆早期分枝开始现蕾时，用胡豆蕾肥配方肥（氮磷钾配方：9-17-19）16千克/亩作蕾肥施用。也可用胡豆基肥配方肥（氮磷钾配方：10-20-10）25千克/亩作基肥施用，在胡豆初花期追施5千克/亩氯化钾，施时与土渣肥混合，便于施用。

（4）四级地（下等地）

①玉米：目标产量300～350千克/亩。实行"一底二追"的，底肥用玉米基肥配方肥（氮磷钾配方：20-14-6）24千克/亩；拔节初期用玉米拔节配方肥（氮磷钾配方：15-6-9）14千克/亩；大喇叭口期用玉米攻苞配方肥（氮磷钾配方：30-0-12）14千克/亩。实行"一底一追"的，底肥用玉米基肥配方肥（氮磷钾配方：20-12-8）35千克/亩，在玉米大喇叭口期用10千克/亩尿素、3千克/亩氯化钾作玉米攻苞肥施用。玉米收获后秸秆全部还田。

②甘薯：目标产量1 400～1 600千克/亩。甘薯由于可以"吃"玉米剩余的肥料，采取"轻施促苗肥、重施结薯肥"的办法施用。促苗肥用促苗肥配方肥（氮磷钾配方：6-12-12）14千克/亩，在栽后20天左右施用；在封垄前（栽后约60天，玉米收获后），用甘薯结薯配方肥（氮磷钾配方：15-0-30）14千克/亩施壮株结薯肥。也可不施苗肥，在甘薯封垄前（栽后约60天，玉米收获后），用甘薯结薯配方肥（氮磷钾配方：12-8-10）20千克/亩，施壮株结薯肥；栽后80～100天，施硫酸钾6千克/亩作催薯肥，施时与土渣肥混合，便于施用。

③胡豆：目标产量80～100千克/亩。胡豆播种时，用胡豆基肥配方肥（氮磷钾配方：6-17-12）14千克/亩作基肥施用，当胡豆早期分枝开始现蕾时，用胡豆蕾肥配方肥（氮磷钾配方：9-17-19）14千克/亩作蕾肥施用。也可用胡豆基肥配方肥（氮磷钾配方：10-20-10）20千克/亩作基肥施用，在胡豆初花期追施4千克/亩氯化钾，施时与土渣肥混合，便于施用。

（5）五级地（下等地）

①玉米：目标产量小于300千克/亩。实行"一底二追"的，底肥用玉米基肥配方肥（氮磷钾配方：20-14-6）22千克/亩；拔节初期用玉米拔节配方肥（氮磷钾配方：15-6-9）12千克/亩；大喇叭口期用玉米攻苞配方肥（氮磷钾配方：30-0-12）12千克/亩。实行"一底一追"的，底肥用玉米基肥配方肥（氮磷钾配方：20-12-8）30千克/亩，在玉米大喇叭口期用10千克/亩、3千克/亩氯化钾作玉米攻苞肥施用。玉米收获后秸秆全部还田。

②甘薯：目标产量小于1 400千克/亩。甘薯由于可以"吃"玉米剩余的肥料，采取"轻施促苗肥、重施结薯肥"的办法施用。促苗肥用苗肥配方肥（氮磷钾配方：6-12-12）12千克/亩，在栽后20天左右施用；在封垄前（栽后约60天，玉米收获后），用甘薯结薯配方肥（氮磷钾配方：28-22-0）12千克/亩，作壮株结薯肥施用。也可不施促苗肥，在甘薯封垄前（栽后约60天，玉米收获后），用甘薯结薯配方肥（氮磷钾配方：12-8-10）20千克/亩，

作壮株结薯肥施用，栽后 80～100 天，施硫酸钾 6 千克/亩作催薯肥，施时与土渣肥混合，便于施用。

③胡豆：目标产量小于 80 千克/亩。胡豆播种时，用胡豆基肥配方肥（氮磷钾配方：6-17-12）12 千克/亩作基肥施用，当胡豆早期分枝开始现蕾时，用胡豆蕾肥配方肥（氮磷钾配方：9-17-19）12 千克/亩作蕾肥施用。也可用胡豆基肥配方肥（氮磷钾配方：10-20-10）20 千克/亩作基肥施用，在胡豆初花期追施 4 千克/亩氯化钾，施时与土渣肥混合，便于施用。

江津区主要粮食作物施肥建议请参见表 7-14、表 7-15。

表 7-14 江津区主要粮食作物施肥建议卡（基肥追肥配方化）

地力分级	作物	目标产量	基肥（千克/亩）			第一次追肥（千克/亩）			第二次追肥（千克/亩）			第三次追肥（千克/亩）		
			施肥时期	推荐配方 N-P₂O₅-K₂O	用量	施肥时期	推荐配方 N-P₂O₅-K₂O	用量	施肥时期	推荐配方 N-P₂O₅-K₂O	用量	施肥时期	推荐配方 N-P₂O₅-K₂O	用量
一级地	水稻	＞600	移栽前	20-17-8	30	分蘖初期	28-22-0	10	拔节初期	10-0-30	18	孕穗末期	10-0-25	10
	玉米	＞450	移栽时	20-14-6	30	拔节初期	15-6-9	20	大喇叭期	30-0-12	20			
	甘薯	＞2 000				移栽后 20 天	6-12-12	20	封垄前（栽后约 60 天）	28-22-0	20			
	胡豆	＞140	播种时	6-17-12	20	现蕾时	9-17-19	20						
二级地	水稻	500～600	移栽前	20-17-8	28	分蘖初期	28-22-0	8	拔节初期	10-0-30	16	孕穗末期	10-0-25	8
	玉米	400～450	移栽时	20-14-6	28	拔节初期	15-6-9	18	大喇叭口期	30-0-12	18			
	甘薯	1 800～2 000				移栽后 20 天	6-12-12	18	封垄前（栽后约 60 天）	28-22-0	18			
	胡豆	120～140	播种时	6-17-12	18	现蕾时	9-17-19	18						
三级地	水稻	450～500	移栽前	20-17-8	26	分蘖初期	28-22-0	6	拔节初期	10-0-30	16	孕穗末期	10-0-25	6
	玉米	350～400	移栽时	20-14-6	26	拔节初期	15-6-9	16	大喇叭口期	30-0-12	16			
	甘薯	1 600～1 800				移栽后 20 天	6-12-12	16	封垄前（栽后约 60 天）	28-22-0	16			
	胡豆	100～120	播种时	6-17-12	16	分枝现蕾时	9-17-19	16						
四级地	水稻	400～450	移栽前	20-10-10	30	分蘖初期	20-15-0	10	拔节初期	10-0-30	10			
	玉米	300～350	移栽前后	20-14-6	24	拔节初期	15-6-9	14	大喇叭口期	30-0-12	14			
	甘薯	1 400～1 600				移栽后 20 天	6-12-12	14	封垄前（栽后约 60 天）	28-22-0	14			
	胡豆	80～100	播种时	6-17-12	14	分枝现蕾时	9-17-19	14						

（续）

地力分级	作物	目标产量	基肥（千克/亩）施肥时期	推荐配方 N-P₂O₅-K₂O	用量	第一次追肥（千克/亩）施肥时期	推荐配方 N-P₂O₅-K₂O	用量	第二次追肥（千克/亩）施肥时期	推荐配方 N-P₂O₅-K₂O	用量	第三次追肥（千克/亩）施肥时期	推荐配方 N-P₂O₅-K₂O	用量
五级地	水稻	<400	移栽前	20-10-10	30	分蘖初期	20-15-0	8	拔节初期	10-0-30	8			
	玉米	<300	移栽时	20-14-6	22	拔节初期	15-6-9	12	大喇叭口期	30-0-12	12			
	甘薯	<1 400				移栽后	6-12-12	12	封垄前（栽后约60天）	28-22-0	12			
	胡豆	<80	播种时	6-17-12	12	现蕾时	9-17-19	12						

表 7-15　江津区主要粮食作物施肥建议卡（基肥配方化）

地力等级	作物	目标产量	基肥（千克/亩）施肥时期	推荐配方 N-P₂O₅-K₂O	用量	追肥（千克/亩）施肥时期	推荐配方 N-P₂O₅-K₂O	用量
上等地	水稻	>500	移栽前	19-13-8	50	拔节初期	尿素、钾肥	5、10
	玉米	>400	移栽时	20-12-8	45	大喇叭口期	尿素、钾肥	12、4
	甘薯	>1 800	封垄前（栽后约60天）	12-8-10	30	栽后80~100天	硫酸钾	10
	胡豆	>120	播种时	10-20-10	30	初花期	氯化钾	5
中等地	水稻	450~500	移栽前	19-13-8	40	拔节初期	尿素、钾肥	5、8
	玉米	350~400	移栽时	20-12-8	40	大喇叭口期	尿素、钾肥	10、3
	甘薯	1 600~1 800	封垄前（栽后约60天）	12-8-10	25	栽后80~100天	硫酸钾	9
	胡豆	100~120	播种时	10-20-10	25	初花期	氯化钾	5
下等地	水稻	<450	移栽前	19-13-8	35	拔节初期	尿素、钾肥	5、6
	玉米	<350	移栽时	20-12-8	30	大喇叭口期	尿素、钾肥	10、3
	甘薯	<1 600	封垄前（栽后约60天）	12-8-10	20	栽后80~100天	硫酸钾	6
	胡豆	<100	播种时	10-20-10	20	初花期	氯化钾	4

第八章
测土配方施肥专家咨询系统
开发与应用

测土配方施肥技术更多的是知识型的技术包（包括施肥配方的选择、用量、施用时期、产品选择等），如何将这一技术传播到千家万户是一项系统工程。既包括农民知识水平的提升，也包括技术的集成简化，更要依赖高效的技术传播渠道。为此江津区利用电子计算机建立测土配方施肥专家咨询系统指导施肥，促进了测土配方施肥技术的推广。目前，江津区共开发和应用了2种测土配方施肥专家咨询系统，即测土配方施肥专家决策系统和触摸屏系统。

第一节　测土配方施肥专家决策系统

一、系统概述

测土配方施肥专家决策系统是测土配方施肥成果数字化的延伸，是测土配方施肥推向深入的举措。江津区与西南大学合作，利用已建立的江津区测土配方施肥属性数据库和空间数据库，将人工智能技术和传统的数据处理技术有机地相结合，开发测土配方施肥专家决策系统。该系统以 GIS（Geographic Information System）技术和网络技术为支撑，实现了对第二次土壤普查成果、土地利用现状、土壤化验、田间试验等大量测土配方施肥相关数据的有效管理，建立了江津区最新的耕地质量空间数据库和属性数据库，使农业部门能够准确地发布耕地质量信息，全面掌握耕地地力的动态变化。也可以快捷方便地进行相关数据查询，并应用上述数据为政府有关部门制定中低产田改造、高标准粮田建设、土壤培肥等耕地质量建设规划提供科学依据，为农业结构调整、发展高效农业等提供辅助决策工具。

二、系统建立

（一）资料的收集整理

1. 图件资料　地形图（比例尺 1∶5 万地形图）、土壤图及土壤养分图（第二次土壤普查成果图）、土地利用现状图、行政区划图（乡镇界）、地貌类型分区图。

2. 属性数据及文本表格资料　第二次土壤普查成果资料（土壤志、土种志），县、乡、村名编码表（参照《县域耕地资源管理信息系统数据字典》中编码规则，建立一套最新、最准、最全的县内行政区划代码表）。土壤类型代码表及市县土壤类型代码对照表（参照《县域耕地资源管理信息系统数据字典》中编码规则，建立一套土壤类型代码表），耕地地力调查点基本情况及土壤样品化验结果数据表（根据我区实际情况选择了测土配方施肥土壤采样点9 642个，涵盖了各乡镇村、种植制度、作物、地貌类型等），历年土壤肥力监测点田间记载及化验结果资料，各乡镇、村近 3 年种植面积、粮食单产、总产统计资料，历年土壤、植株测试资料、农村及农业生产基本情况资料、土壤典型剖面照片及相关数据、地方介绍资料。

（二）属性数据库的建立

测土配方施肥工作中，属性数据库建设是一项非常重要的基础性工作。属性数据库的录入和管理是当前工作验收的标准，也是今后对数据进行综合分析、利用、挖掘的基础。就是将在测土配方施肥各环节中成果以数据的形式沉淀下来，通过开发通用性的测土配方施肥属性数据库管理系统，建立规范化和标准化的测土配方施肥属性数据库，能为科学决策、指导施肥提供良好的数据支持。

采用数据库软件和 Excel 表格，对属性数据进行了规范整理。数据内容及来源包括镇、村行政编码表等内容。按照数据字典的要求，设计各数据表字段数量、字段类型、长度等，统一以 DBase 的 DBF 格式保存入库。

（三）空间数据库的建立

将扫描矢量化及空间插值等处理生成的各类专题图件，在 MAPGIS 软件的支持下，以点、线、面文件的形式进行存储和管理，同时将所有图件转换统一到北京 54 的投影坐标。将空间数据内容导入到 ArcGIS 软件系统和 CLRMIS 软件系统（县耕地资源管理信息系统）中，建立基础空间数据库及江津区工作空间。

（四）测土配方施肥专家决策系统的建立

将建立好的空间数据库、属性数据库输入 ArcGIS 软件系统和 CLRMIS 软件系统，可以建立完整的江津区测土配方施肥专家决策系统。

三、系统功能

该系统的功能集数据查询、数据管理、施肥决策为一体，实现了采样点数据图文一体化的管理，突出了数据查询统计功能，综合了各种施肥方法的优点，建立了符合实际的施肥模型，有效解决了测土配方施肥的问题。

系统主要模块包括数据录入模块、数据查询模块、施肥模块。

数据录入模块。实现计算机前台对后台数据库的录入、更新和 GIS 图形管理工作。通过建立数据字典的管理功能，实现录入数据的标准化，保证数据录入质量。

数据查询模块。实现计算机前台对后台数据库的查询、统计、管理工作。该系统支持查询分析的自由定制，实现对数据库中已有数据的自由查询。

施肥模块。采用改进的测土配方施肥法即区域平均适宜施量法建立施肥模型并编程实现算法。施肥菜单主要是为作物施肥进行合理的推荐，用户为不同的作物设置作物品种、肥料、运筹及各种施肥模型等参数，系统会根据这些参数会自动拟合出施肥的配方，最终将这些配方运用到每个地块。

第二节　测土配方施肥专家咨询系统 ——触摸屏系统

一、触摸屏系统概述

江津区与重庆师范大学合作，将测土配方施肥专家决策系统实物化，开发了针对农民、为农民服务的测土配方施肥专家咨询系统——触摸屏系统。该系统是江津区与重庆师范大学新农村发展研究院数字农业与智慧农村工程中心、重庆市农业技术推广总站等部门协作，运用人工智能技术研发而成的测土配方施肥智能系统，适用于指导农村粮、油、果、蔬等作物生产，方便农民查询施肥信息，根据所在施肥分区、土壤条件等选择购买肥料和进行科学施肥。

同时，该系统集成了"粮油高产栽培技术查询系统"、"植保技术及预报查询系统"和"农时信息发布系统"。其中，"粮油高产栽培技术查询系统"提供水稻、玉米作物等标准化栽培、管理等技术，发挥农技推广技术优势，帮助农民增产增收。"植保技术及预报查询系统"及时发布粮食作物病虫害预测预报，减轻病虫危害，提高粮食产量。"农时信息发布系统"发布农时信息，让农民及时了解当前农时，及时完成作物播种、施肥、病虫防治、收获等农事活动。

二、触摸屏系统的功能和使用方法

测土配方施肥专家咨询系统：用户通过触摸屏和相关网站进入"测土配方施肥专家咨询系统"主页，点击"配方查询"进入镇街选项；选择需要查询的镇街，点击进入村级选项；选择需要查询的村，点击进入地块类型选项；选择需要查询的地块类型，点击进入作物类型选项；选择需要查询的种植作物类型，点击进入配方施肥建议查询，农户不仅可以查询专家给的施肥建议，还可以进行打印设置、打印浏览、打印等操作，将"测土配方施肥建议卡"打印后带回家去。

粮油高产栽培技术查询系统：用户通过触摸屏和相关网站进入"粮油高产栽培技术查询系统"主页，选择需要查询的作物类型，点击进入高产栽培技术类型选项；选择需要查询的作物高产栽培技术类型，点击进入，查询相关高产栽培技术指导和科学管理方法等。

植保技术及预报查询系统：用户通过触摸屏和相关网站进入"植保技术及预报查询系统"主页，选择需要查询的作物类型，点击进入病虫害类型选项，同时还可点击进入"江津区病虫预报查询"，查询相关病虫害预测信息；选择需要查询的作物病虫害类型，点击进入，查询相关病虫害信息和防治方法等。

农时信息发布系统：用户通过触摸屏和相关网站进入"农时信息发布系统"，查询农时信息，让农民及时了解当前农时，及时完成作物播种、施肥、病虫防治、收获等农事活动。

江津区创新测土配方施肥专家咨询系统的使用方式，将触摸屏直接设置在镇、村的农资超市和农资连锁店内，方便农民购肥时直接查询测土配方施肥信息。截至2015年，在全区主要镇街及农资超市配备了测土配方施肥专家咨询系统的数字化触摸屏50台，实现全区28个镇街和重点农资店的全覆盖。同时，与重庆师范大学合作，集成测土配方施肥智能系统，农户、经销商和农技人员等可利用电脑、手机登录网站，随时查询测土配方施肥信息。

第三节　应用效果

测土配方施肥专家咨询系统启用以来，专家和农业科技工作者能够更好地对江津区的耕地资源进行分析和评价，为农业决策者、农业技术人员和农民合理安排作物栽培管理、科学施肥、病虫害防治等农事措施提供信息服务和决策支持，实现对耕地的合理利用和科学管理。

触摸屏查询系统信息发布流程短，受制约因素较少，信息传播过程非常便捷、灵活。广大群众能够通过电脑、触摸屏、平板电脑、手机等平台实时浏览查询江津所有镇村不同地块位置的主要作物推荐施肥配方、配方肥配方、施肥量和施肥技术，起到测土配方施肥贴身技术专家作用。农民对于这一新的技术查询方式很感兴趣，争相试用。据统计，自该系统建成以来，全区触摸屏信息查询次数就达 50 万次，加快了测土配方施肥技术扩散。

重庆农业信息网、华龙网、凤凰网、光明网、中国广播网、江津网等媒体陆续刊登转载《重庆江津农民"触摸屏上种田"》、《江津：农业数字服务系统 农民也玩"触摸屏"》等文章，加深了人们对测土配方施肥工作的认识，形成了浓厚的测土配方施肥科技氛围，推进了测土配方施肥技术知识和理念的传播。

第九章
建立县域测土配方施肥
技术长效机制

十年来，测土配方施肥项目的实施，不仅使江津区土肥领域的土壤和植株测试、技术集成示范、宣传培训和咨询等基础服务建设逐渐完备，技术服务队伍和水平得到提升，而且探索建立了长效机制，形成了测土配方施肥"十个一"的技术模式，将不断推进江津区测土配方施肥向纵深发展。

第一节　测土配方施肥工作进展情况

2006年，江津区作为重庆市第二批项目区县正式开始实施测土配方施肥项目，实施年度从2006年3月至2009年3月。2009年后，江津区作为续建项目县继续开展测土配方施肥工作。2010年，江津区被纳入全国首批100个测土配方施肥整建制推进示范县。2015年后，根据农业部制定的《到2020年化肥零增长行动方案》，江津区开始实施基于测土配方施肥的化肥减量增效行动。从2006年到2017年，历时12年，江津区的测土配方施肥大致经历了3个阶段：

第一阶段：时间从2006年到2009年，重点是基础服务体系建设。主要开展的工作：

1. 建立化验室，开展土样和植株采集检测　共分析化验样品10 770个，其中：土壤样品9 642个，包括：一般农化样品7 788个、农户调查样品1 529个、试验示范样品295个、剖面样品30个；植株样品1128个，包括：植株564个、籽粒564。共检测80 867项次。基本摸清了土壤养分含量状况。

2. 开展试验，初步建立主要粮食作物施肥指标体系　根据江津的主要粮食作物和耕作制度，在全区主要土壤类型布置了"3414"肥效小区试验112个，其中：水稻35个、玉米24个、甘薯25个、胡豆21个、洋芋5个、小麦1个、油菜1个。初步建立了主要粮食作物的施肥指标体系。

3. 开展地力评价　利用农业部统一提供的县域耕地资源管理信息系统软件，基于江津区耕地资源基础数据库，建立了江津区县域耕地资源管理信息系统。选取地貌类型、成土母质、海拔、灌溉能力、土层厚度、质地、pH、有机质、有效磷9项因子作为耕地地力评价的指标，给评价指标合理赋值，确定评价因子的权重、拟合隶属函数，建立评价指标体系，在县域耕地资源管理信息系统上关联空间数据库、属性数据库和评价指标体系进行耕地地力评价，计算耕地地力综合指数。按照累积曲线法，将本区耕地划分为一、二、三、四、五级耕地，最后将本地一、二、三、四、五等级耕地并入全国耕地地力等级体系的相应耕地地力等级。

4. 制定配方，开展配方验证　依据初步建立的粮食作物施肥指标体系和地力评价成果，并结合耕作制度和主要粮食需肥规律，建立基于地力评价为单元的测土配方施肥区域配方，形成了"建议卡"和施肥指导意见，同时开展配方验证。共开展测土配方施肥配方和当地习惯施肥校正试验150个，其中：水稻90个、玉米44个、甘薯6个、胡豆3个、洋芋3个、芋头4个；开展肥料利用率试验30个，其中：水稻19个、玉米11个。

5. 开发配方肥，开展示范、推广　与企业合作，按照"大配方、小调整"的原则，生产区域配方肥，以配方肥为载体，物化测土配方施肥技术，进行示范推广。

第二阶段：整建制推进示范推广阶段，时间从2010年到2015年。重点是示范和推广，探索建立测土配方施肥长效机制。主要的工作：

1. 大力开展测土配方施肥技术宣传　通过开展"建议卡"入户、"施肥片"到村、"培训班"到田、"施肥方案"上墙、"触摸屏"进店、"配方肥"下地等技术组合措施，为测土配方施肥知识和理念向千家万户传播建立有效渠道。

2. 开展农企合作　向社会发布配方，制定《江津区测土配方施肥配方肥合作企业认定与管理办法》，认定测土配方施肥合作企业，共同策划建立测土配方施肥连锁店，形成"农企合作、联合服务"的思路，突破测土配方施肥的瓶颈。

3. 建立示范户和示范片　依托其他农业生产项目，选择大量的示范村和新型经营主体，进行集中连片推广，探索整村、整镇和个性化开展测土配方施肥的有效模式和机制。

第三阶段：时间是 2015 年后。重点是开展基于测土配方施肥的化肥减量增效试验示范和推广。主要的工作：

①制定禁止秸秆焚烧的措施。

②开展秸秆还田和施用有机肥替代一部分化肥的试验、示范。

③开展种植绿肥压青和堆沤还田替代一部分化肥试验、示范。

④利用耕地质量提升项目，全面推广秸秆还田技术。

⑤建立新的基于化肥减量的粮食作物推荐施肥配方和施肥指导意见。

以上 3 个阶段既相互联系，又一脉相承，且各有侧重，推进江津区测土配方施肥的不断深化。

第二节　示范和推广情况

一、示范和推广面积

2006—2017 年，测土配方施肥项目在全区石门、油溪、吴滩、石蟆、白沙等 29 个镇、街累计推广粮食作物实施 1 308.72 万亩。其中：水稻测土配方施肥技术推广面积 715.1 万亩，玉米测土配方施肥技术推广面积 310.35 万亩，甘薯测土配方施肥技术推广面积 244.09 万亩，胡豆测土配方施肥技术推广面积 39.18 万亩。2017 年全区推广面积达到 137.7 万亩，加上高粱和大豆等粮食作物实施的面积，粮食作物测土配方施肥实施面积达到 90% 以上，基本实现了粮食作物全覆盖（表 9-1）。

表 9-1　江津区 2006—2017 年测土配方施肥技术推广情况（万亩）

时间	水稻	玉米	甘薯	胡豆	合计
2006	25.50	8.50	1.00	0.80	35.80
2007	33.80	13.90	4.45	1.75	53.90
2008	41.00	17.80	9.77	1.80	70.37
2009	67.70	29.30	22.60	2.82	122.42
2010	67.70	29.30	22.60	2.96	122.56
2011	68.00	29.45	25.87	3.01	126.33
2012	67.90	29.80	25.90	3.20	126.80

（续）

时间	水稻	玉米	甘薯	胡豆	合计
2013	68.10	30.10	25.90	3.23	127.33
2014	68.40	30.0	26.0	3.25	127.65
2015	68.50	30.50	26.30	3.26	128.56
2016	69.20	30.60	26.20	3.30	129.30
2017	69.30	31.10	27.50	9.80	137.70
总计	715.10	310.35	244.09	39.18	1 308.72

2006—2017 年，江津区累计开展大区对比示范 160 个，累计建立示范户（含新型经营主体）1.5 万户，累计建立测土配方施肥示范片 804 个，示范面积 127.4 万亩，其中：水稻测土配方施肥示范片 87.35 万亩，玉米测土配方施肥示范片 25.64 万亩，甘薯测土配方施肥示范片 12.36 万亩，胡豆测土配方施肥示范片 2.05 万亩（表 9-2）。

表 9-2 江津区 2006—2017 年测土配方施肥示范片建设情况（万亩）

时间	水稻	玉米	甘薯	胡豆	合计
2006	1.50				1.50
2007	2.05	0.27	0.30	0.12	2.74
2008	6.00	0.35	0.36	0.15	6.86
2009	7.50	1.12	0.50	0.14	9.26
2010	9.00	3.10	1.20	0.24	13.54
2011	8.50	3.00	1.50	0.25	13.25
2012	8.80	3.10	1.60	0.22	13.72
2013	8.20	2.70	1.50	0.26	12.66
2014	9.10	2.80	0.90	0.18	12.98
2015	9.50	3.30	1.20	0.16	14.16
2016	8.0	2.80	1.70	0.16	12.66
2017	9.20	3.10	1.60	0.17	14.07
总计	87.35	25.64	12.36	2.05	127.40

二、推广效果

从 2012 年开始，在开展大面积推广的同时，为了验证推广效果，同时为改进配方提供依据，同步开展了水稻习惯施肥与配方施肥效果的正规试验，对玉米—甘薯—胡豆耕作制度开展了习惯施肥与配方施肥效果对比试验。试验结果如下：

（一）水稻

1. 试验概况　试验地覆盖江津区平坝丘陵区和深丘区。试验土壤皆为紫色水稻土，面积 2 亩以上。田块不受荫蔽、形状规整、地力均匀、肥力中等偏上、排灌方便、非秧田，具体情况见表 9-3。

表 9-3　江津区水稻配方肥推广效果试验地基本概况

试验时间	地点	经度	纬度	海拔（米）	成土母质	土壤类型	试验品种
2012	永兴镇	106°11′21″	29°03′25″	283	沙溪庙	灰棕紫泥水稻土	宜香优 1108
2012	蔡家镇	106°17′57″	28°57′1″	300	自流井组	暗紫泥水稻土	Q优 6 号
2012	石蟆镇	105°58′59″	28°58′57″	245	沙溪庙	灰棕紫泥水稻土	Q优 6 号
2012	西湖镇	106°21′1″	29°04′22″	403	沙溪庙	灰棕紫泥水稻土	Q优 6 号
2012	石门镇	105°59′13″	29°06′23″	303	沙溪庙	灰棕紫泥水稻土	Q优 6 号
2013	西湖镇	106°21′8″	29°40′12″	402	沙溪庙	灰棕紫泥水稻土	Q优 6 号
2014	永兴镇	106°11′21″	29°03′27″	279	沙溪庙	灰棕紫泥水稻土	Q优 8 号
2015	石蟆镇	105°56′45″	28°59′14″	346	沙溪庙	灰棕紫泥水稻土	Q优 6 号
2016	石蟆镇	105°56′45″	28°59′14″	328	沙溪庙	灰棕紫泥水稻土	宜香优 1108
2017	永兴镇	106°11′21″	29°03′27″	279	沙溪庙	灰棕紫泥水稻土	Q优 6 号
2017	蔡家镇	106°21′55″	28°52′47″	323	自流井组	暗紫泥水稻土	Q优 6 号
2017	石蟆镇	105°56′45″	28°59′14″	328	沙溪庙	灰棕紫泥水稻土	Q优 6 号
2018	永兴镇	106°11′21″	29°03′27″	279	沙溪庙	灰棕紫泥水稻土	Q优 6 号
2018	石门镇	106°0′44″	29°8′26″	335	沙溪庙	灰棕紫泥水稻土	Q优 6 号
2018	石蟆镇	105°56′45″	28°59′14″	328	沙溪庙	灰棕紫泥水稻土	Q优 6 号

2. 试验设计　试验设 9 个处理，3 次重复，以习惯施肥和配方施肥为主处理，缺素种类为副处理，各处理分别为：无肥、习惯施肥、习惯无氮、习惯无磷、习惯无钾、配方施肥、配方无氮、配方无磷、配方无钾。其中：无氮区，即试验小区施用磷、钾肥，不施氮肥；无磷区，即试验小区施用氮、钾肥，不施磷肥；无钾区，即试验小区施用氮、磷肥，不施钾肥；氮磷钾区，即试验小区施用氮、磷、钾肥。每小区 30 米^3，种植密度 11 000 窝/亩，每窝 2 苗；宽窄行栽培，宽行 40 厘米、窄行 20 厘米，窝距 20 厘米。各处理均用单质肥料进行配方，肥料的施用方法：采取"一底一追"的方法，氮肥采取两次施用，基肥占 70% 左右，追肥占 30% 左右，在拔节期施用；磷肥全部作基肥施用；钾肥分两次施用，基肥占 40% 左右，追肥占 60% 左右，在拔节期施用，具体施肥设计见表 9-4。

表 9-4　水稻肥配方肥推广效果试验施肥处理设计

时间	镇街	处理内容	施肥量（千克/亩）		
			N	P_2O_5	K_2O
2012	永兴镇	习惯施肥	9	3	2
		配方施肥	11.5	7.5	10
	蔡家镇	习惯施肥	8.5	3	2
		配方施肥	11	7	9
	石蟆镇	习惯施肥	9	3	2
		配方施肥	11.5	7.5	10
	西湖镇	习惯施肥	8.5	3	2
		配方施肥	11	7	9
	石门镇	习惯施肥	9	3	2
		配方施肥	11.5	7.5	10
2013	西湖镇	习惯施肥	8.5	3	2
		配方施肥	11	7	9
2014	永兴镇	习惯施肥	8.5	3	2
		配方施肥	11.5	7.5	10
2015	石蟆镇	习惯施肥	8.5	3	2
		配方施肥	10	5	7
2016	石蟆镇	习惯施肥	8.5	3	2
		配方施肥	10	5	7
2017	蔡家镇	习惯施肥	8.5	3	2
		配方施肥	10	5	7
	石蟆镇	习惯施肥	8.5	3	2
		配方施肥	10	5	7
2018	永兴镇	习惯施肥	8.5	3	2
		配方施肥	10	5	7
	石门镇	习惯施肥	8.5	3	2
		配方施肥	10	5	7
	石蟆镇	习惯施肥	8.5	3	2
		配方施肥	10	5	7

3. 数据处理　在水稻收获当天，组织进行收获计产。在各处理中心位置选取 5 窝进行考种、取样。然后每个小区单打、单收、单计产。测定并记录各处理的茎叶和籽粒的重量。所得数据用 Excel2016 整理和计算，SPSS17.0 中进行均值和标准差计算。农作物肥料利用率计算公式如下：

化肥利用率＝（氮磷钾区作物吸收的养分量－缺素区作物吸收的养分量）/养分施入量×100%

氮肥利用率（RE_N）：

$$RE_N = \frac{U_{NPK} - U_{PK}}{F_N} \times 100\%$$

式中：U_{NPK} 为氮磷钾区植株全氮含量；U_{PK} 为无氮区植株全氮含量；F_N 为氮肥投入量。

磷肥利用率（RE_P）：

$$RE_P = \frac{U_{NPK} - U_{NP}}{F_P} \times 100\%$$

式中：U_{NPK} 为氮磷钾区植株全磷含量；U_{NK} 为无磷区植株全磷含量；F_P 为磷肥投入量。

钾肥利用率（RE_K）：

$$RE_K = \frac{U_{NPK} - U_{NK}}{F_K} \times 100\%$$

式中：U_{NPK} 为氮磷钾区植株全钾含量；U_{NP} 为无钾区植株全钾含量；F_K 为钾肥投入量。

4. 结果与分析

（1）不同施肥处理的产量分析　通过对水稻多年肥料试验产量进行分析（表9-5），配方施肥处理组的产量均高于农民习惯施肥处理组。配方施肥区平均产量为607.9千克/亩，比习惯施肥区558.8千克/亩，增产49.1千克/亩，增效率8.8%。配方施肥处理组中，缺氮区平均产量为503.0千克/亩，比全肥区减产104.9千克/亩，减产率17.3%；缺磷区平均产量为537.0千克/亩，比全肥区减产70.9千克/亩，减产率11.7%；缺钾区平均产量为568.3千克/亩，比全肥区减产39.6千克/亩，减产率6.5%。习惯施肥处理组中，缺氮区平均产量为469.9千克/亩，比全肥区减产88.9千克/亩，减产率15.9%；缺磷区平均产量为487.9千克/亩，比全肥区减产70.9千克/亩，减产率12.7%；缺钾区平均产量为514.9千克/亩，比全肥区减产43.9千克/亩，减产率7.9%。说明水稻生产中，氮肥仍是水稻主要限制因子，氮大于磷，磷大于钾。

表 9-5　水稻配方肥推广效果试验产量结果

年份	镇街	习惯施肥产量（千克/亩）				配方施肥产量（千克/亩）			
		缺氮区	缺磷区	缺钾区	全肥区	缺氮区	缺磷区	缺钾区	全肥区
2012	永兴镇	527.3	499.5	513.4	555.0	568.9	584.0	621.5	638.3
2012	蔡家镇	466.2	416.3	444.0	532.8	543.9	510.0	566.0	588.3
2012	石蟆镇	416.3	444.0	485.6	499.5	543.2	599.0	580.7	618.1
2012	西湖镇	374.6	333.0	402.4	466.2	438.0	388.0	499.0	532.0
2012	石门镇	513.4	527.3	562.0	610.5	503.7	534.2	580.0	638.3
2013	西湖镇	537.0	500.0	574.0	592.0	481.0	537.0	611.0	663.0
2014	永兴镇	425.5	462.5	481.0	527.3	499.5	573.5	592.0	629.0
2015	石蟆镇	546.0	516.0	442.0	586.0	520.0	579.0	544.0	582.0

（续）

年份	镇街	习惯施肥产量（千克/亩）				配方施肥产量（千克/亩）			
		缺氮区	缺磷区	缺钾区	全肥区	缺氮区	缺磷区	缺钾区	全肥区
2016	石蟆镇	414.0	520.0	528.0	541.0	467.0	539.0	560.0	587.0
2017	蔡家镇	571.0	579.0	586.0	609.0	617.0	594.0	601.0	579.0
2017	石蟆镇	481.0	539.0	578.0	597.0	462.0	557.0	559.0	616.0
2018	永兴镇	415.1	493.6	526.9	571.1	484.4	524.4	554.4	596.1
2018	石门镇	520.7	527.4	552.3	583.8	521.4	523.6	548.0	629.7
2018	石蟆镇	370.2	473.4	532.4	551.6	391.9	474.6	539.4	613.8
	平均值	469.9	487.9	514.3	558.8	503.0	537.0	568.3	607.9

（2）农民习惯施肥与配方施肥的经济效益分析　从施肥效益比较分析来看（表9-6），配方施肥亩均投入124.2元，习惯施肥亩均投入64.1元。配方施肥平均亩产607.9千克，按水稻市场价2.4元/千克计算，亩产值1 459元，减去肥料成本，亩均纯收入1 334.8元。习惯施肥平均亩产558.8千克，亩产值1 341.1元，减去肥料成本，亩均纯收入1 276.9元。总体而言，配方施肥较农民习惯施肥亩均增效57.9元。

表 9-6　水稻配方肥推广效果试验经济效益分析

年份	镇街	习惯施肥				配方施肥			
		产量（千克/亩）	产值（元/亩）	肥料总投入（元/亩）	经济效益（元/亩）	产量（千克/亩）	产值（元/亩）	肥料总投入（元/亩）	经济效益（元/亩）
2012	永兴镇	555	1 332.0	65.9	1 266.1	638.3	1 531.92	144.25	1 387.7
2012	蔡家镇	532.8	1 278.7	63.65	1 215.1	588.3	1 411.92	133.9	1 278.0
2012	石蟆镇	499.5	1 198.8	65.9	1 132.9	618.1	1 483.44	144.25	1 339.2
2012	西湖镇	466.2	1 118.9	63.65	1 055.2	532	1 276.8	133.9	1 142.9
2012	石门镇	610.5	1 465.2	65.9	1 399.3	638.3	1 531.92	144.25	1 387.7
2013	西湖镇	592	1 420.8	63.65	1 357.2	663	1 591.2	133.9	1 457.3
2014	永兴镇	527.3	1 265.5	63.65	1 201.9	629	1 509.6	144.25	1 365.4
2015	石蟆镇	586	1 406.4	63.65	1 342.8	582	1 396.8	108.6	1 288.2
2016	石蟆镇	541	1 298.4	63.65	1 234.8	587	1 408.8	108.6	1 300.2
2017	蔡家镇	609	1 461.6	63.65	1 398.0	579	1 389.6	108.6	1 281.0
2017	石蟆镇	597	1 432.8	63.65	1 369.2	616	1 478.4	108.6	1 369.8
2018	永兴镇	571.1	1 370.6	63.65	1 307.0	596.1	1 430.64	108.6	1 322.0
2018	石门镇	583.8	1 401.1	63.65	1 337.5	629.7	1 511.28	108.6	1 402.7
2018	石蟆镇	551.6	1 323.8	63.65	1 260.2	613.8	1 473.12	108.6	1 364.5
	平均值	558.8	1 341.1	1 341.1	1 276.9	607.9	1 459.0	124.2	1 334.8

注：纯N价格4.5元/千克，P_2O_5价格4.6元/千克，K_2O价格5.8元/千克，水稻价格2.4元/千克。

（3）配方施肥改进前后的产量效益分析　从 2015 年开始实施化肥减量使用行动以来，江津区在多年秸秆还田（2012 年开始）的基础上对水稻配方施肥进行了改进，氮磷钾亩施用纯量由 11.5-7.5-10 调整为 10-5-7。改进后（2015—2018）的水稻平均产量为 600.5 千克/亩，比改进前（2012—2014）减产 14.8 千克/亩，产值减少 35.5 元/亩，但肥料总施用纯量减少 7 千克/亩，减少投入 31.2 元/亩，经济效益减低了 4.3 元/亩。总体来说，水稻配方施肥改进后，水稻产量、产值略有降低，效益则基本相当，但降低了化肥施用量，有利于江津区实现化肥减量，促进土壤可持续利用（表 9-7）。

表 9-7　配方施肥改进前后的产量效益比较

年份	镇街	施肥量（千克/亩）			产量（千克/亩）	产值（元/亩）	肥料总投入（元/亩）	经济效益（元/亩）
		N	P_2O_5	K_2O				
2012	永兴镇	11.5	7.5	10	638.3	1 531.9	144.3	1 387.7
2012	蔡家镇	11.5	7.5	10	588.3	1 411.9	133.9	1 278.0
2012	石蟆镇	11.5	7.5	10	618.1	1 483.4	144.3	1 339.2
2012	西湖镇	11.5	7.5	10	532.0	1 276.8	133.9	1 142.9
2012	石门镇	11.5	7.5	10	638.3	1 531.9	144.3	1 387.7
2013	西湖镇	11.5	7.5	10	663.0	1 591.2	133.9	1 457.3
2014	永兴镇	11.5	7.5	10	629.0	1 509.6	144.3	1 365.4
2012—2014 平均值		11.5	7.5	10	615.3	1 476.7	139.8	1 336.9
2015	石蟆镇	10	5	7	582.0	1 396.8	108.6	1 288.2
2016	石蟆镇	10	5	7	587.0	1 408.8	108.6	1 300.2
2017	蔡家镇	10	5	7	579.0	1 389.6	108.6	1 281.0
2017	石蟆镇	10	5	7	616.0	1 478.4	108.6	1 369.8
2018	永兴镇	10	5	7	596.1	1 430.6	108.6	1 322.0
2018	石门镇	10	5	7	629.7	1 511.3	108.6	1 402.7
2018	石蟆镇	10	5	7	613.8	1 473.1	108.6	1 364.5
2015—2018 平均值		10	5	7	600.5	1 441.2	108.6	1 332.6

（4）多年试验的肥料利用率比较　根据肥料利用率计算方法，配方施肥区氮、磷、钾的多年平均肥料利用率分别为 40.1%、27.7%、50.1%，习惯施肥区氮、磷、钾的多年平均肥料利用率分别为 37.2%、26.1%、48.7%。配方施肥较习惯施肥氮、磷、钾肥利用率分别提高 2.9、1.6、1.4 个百分点。从变化趋势上看，习惯施肥也好，配方施肥也好，江津区水稻种植中肥料利用效率都在不断提高。配方施肥配方改进后（2015—2018），氮、磷、钾肥料利用率分别为 41.7%、27.9%、51.5%，比配方改进前（2012—2014）分别提高 3.2、0.4、2.8 个百分点（表 9-8）。

表 9-8　江津区水稻多年试验的肥料利用率分析

试验时间	地点	习惯施肥肥料利用率（%）			配方施肥肥料利用率（%）		
		N	P_2O_5	K_2O	N	P_2O_5	K_2O
2012	永兴镇	35.5	27.1	44.8	36.3	25.8	48.8
2012	蔡家镇	35.1	22.9	46.8	37.1	24.9	47.6
2012	石蟆镇	37.1	25.5	47.2	36.7	28.1	50.1
2012	西湖镇	36.7	23.3	48.8	40.1	27.2	49.5
2012	石门镇	36.4	24.4	45.7	39.2	28.8	47.7
2013	西湖镇	37.1	27.6	47.5	39.6	28.4	49.1
2014	永兴镇	37.3	25.4	47.9	40.5	29.5	48.2
2012—2014 平均值		36.5	25.2	47.0	38.5	27.5	48.7
2015	石蟆镇	36.1	24.2	54.4	43.5	28.4	55.3
2016	石蟆镇	38.5	26.4	49.45	40.65	27.2	51.3
2017	蔡家镇	37.2	24	47.7	40.1	29	48.7
2017	石蟆镇	37.6	26.5	52.3	42.7	26.5	54.7
2018	永兴镇	39.9	30.2	51.4	41.7	26	53.5
2018	石门镇	34.1	28.2	49.7	39.7	29.1	46.7
2018	石蟆镇	42.3	29.4	48.7	43.8	29.2	50.6
2015—2018 平均值		38.0	27.0	50.5	41.7	27.9	51.5
总平均值		37.2	26.1	48.7	40.1	27.7	50.1

5. 结论

（1）增产增收　通过连续多年的水稻配方肥推广效果试验结果表明，水稻种植中，推广配方施肥较农民习惯施肥可以增加作物产量，提高经济效益。亩平均水稻增产 49.1 千克，增产 8% 以上；亩均增效 57.9 元。按此计算，江津区从 2006—2017 年，共计推广水稻配方施肥 715.1 万亩，共计增产粮食 35.11 万吨；增加收入 4.14 亿元，为江津区水稻的增产增收提供了有力支撑。

（2）肥料利用率提高　配方施肥较农民习惯施肥氮、磷、钾肥利用率分别提高 2.9、1.6、1.4 个百分点。2018 年配方施肥的肥料利用率比 2012 年配方施肥的氮、磷、钾肥料利用率分别提高 5.4、1.9、2.7 个百分点。

（3）水稻肥料配方不断优化，实现了化肥减量　2015—2018 年水稻肥料配方氮磷钾亩施用纯量由 11.5-7.5-10 调整为 10-5-7，肥料施用纯量减少 7 千克/亩，虽水稻的产量略有降低，但效益基本相当，有利于推进水稻绿色生产。

（二）玉米—甘薯—胡豆

1. 试验基本情况　在 2012—2016 年 5 年间共开展了 5 个玉米—甘薯—胡豆配方肥对比试验。试验在平坝丘陵区进行，面积 1 亩以上，地势平坦、不受荫蔽、形状规整、肥力均匀。每组试验在同一农户同一块地中进行，种植密度为当地常规种植密度，供试品种为当地主栽品种（表9-9）。

表9-9　江津区玉米—甘薯—胡豆配方肥推广效果试验地基本概况

试验时间	地点	经度	纬度	海拔（米）	成土母质	土壤类型
2012	永兴镇	106°12′2.2″	29°04′11.5″	298	沙溪庙	灰棕紫泥土
2013	永兴镇	106°11′55.5″	29°03′52.3″	305	沙溪庙	灰棕紫泥土
2014	石门镇	105°59′15.1″	29°06′22.2″	312	蓬莱镇	棕紫泥土
2015	石蟆镇	105°56′44.8″	28°59′13.5″	335	沙溪庙	灰棕紫泥土
2016	石蟆镇	105°56′55″	28°59′17.1″	340	沙溪庙	灰棕紫泥土

2. 试验设计　试验设9个处理，不设重复。分别为：无肥、习惯施肥、习惯施肥无氮、习惯施肥无磷、习惯施肥无钾；配方施肥、配方施肥无氮、配方施肥无磷、配方施肥无钾。小区面积30米^2，除施肥外，其他田间管理措施相同。各处理均用单质肥料进行配方，具体施肥设计如表9-10、表9-11、表9-12。

表9-10　玉米施肥量

项目	N（千克/亩）		P_2O_5（千克/亩）		K_2O（千克/亩）	
	范围	平均	范围	平均	范围	平均
习惯施肥	15～18	16.5	4.0～4.0	4.0	3.0～3.0	3.0
配方施肥	14～16	15.0	5.5～6.5	6.0	6.0～7.0	6.5

表9-11　甘薯施肥量

项目	N（千克/亩）		P_2O_5（千克/亩）		K_2O（千克/亩）	
	范围	平均	范围	平均	范围	平均
习惯施肥	4.0～6.0	5.0	0	0	0	0
配方施肥	2.0～3.0	2.5	1.5～3.0	2.0	6.0～8.0	7.0

表9-12　胡豆施肥量

项目	N（千克/亩）		P_2O_5（千克/亩）		K_2O（千克/亩）	
	范围	平均	范围	平均	范围	平均
习惯施肥	1.0～1.0	1.0	3.0～4.0	3.5	0～2.0	1.0
配方施肥	2.5～3.0	2.75	5.5～6.0	5.5	5.0	5.0

3. 试验结果与分析

（1）不同施肥处理的产量分析　从玉米不同处理的产量结果可以看出（表9-13、表9-14），配方施肥处理比空白处理和习惯处理每亩分别增加200千克和32千克，增产率分别为60.0％和6.4％。而配方肥的氮施用量比习惯施肥平均减少了1.5千克用量，磷、钾则增加了2～3千克用量，总体上平均氮磷钾用量比习惯施肥略高，但通过减少氮肥用量，增加磷钾肥的用量可以实现增产的目的。

表 9-13　玉米在不同施肥处理的产量（千克/亩）

处理	空白	习惯	缺氮	缺磷	缺钾	配方	缺氮	缺磷	缺钾
平均值	333	501	340	411	397	533	359	396	377
标准差	53.9	118.3	96.7	65.4	48.5	114.1	112.5	68.2	107.3
变异系数（%）	16.2	23.2	28.5	15.9	11.8	21.8	31.4	17.2	28.4

表 9-14　玉米不同施肥处理的增产效果

处理	习惯—空白		配方—空白		配方—习惯	
	增产量（千克/亩）	增产率（%）	增产量（千克/亩）	增产率（%）	增产量（千克/亩）	增产率（%）
平均值	168	50.5	200	60.0	32	6.4
标准差	116.0	33.3	101.4	28.4	32.2	6.9
变异系数（%）	100.4	28.8	53.4	49.0	27.9	6.0

　　无论是配方施肥还是习惯施肥，缺素区的产量都以缺氮区最低，其次是缺钾区，最后是缺磷区，这在一定程度上说明了虽然增施磷钾肥可以提高产量，但氮素仍是限制玉米产量的最重要因子。

表 9-15　甘薯在不同施肥处理的产量（千克/亩）

处理	空白	习惯	缺氮	缺磷	缺钾	配方	缺氮	缺磷	缺钾
平均值	1 020	1 260	1 243	1 356	1 265	1 467	1 304	1 442	1 312
标准差	141.8	281.1	286.7	283.2	311.8	473.4	266.8	315.5	373.5
变异系数（%）	13.9	22.2	23.1	20.9	24.6	32.3	20.5	21.9	28.5

表 9-16　甘薯不同施肥处理的增产效果

处理	习惯—空白		配方—空白		配方—习惯	
	增产量（千克/亩）	增产率（%）	增产量（千克/亩）	增产率（%）	增产量（千克/亩）	增产率（%）
平均值	240	23.5	447	43.8	207	16.4
标准差	203	20	486	49	361	20
变异系数	84.2	84.8	108.6	107.5	174.7	84.2

　　从甘薯不同处理的产量结果可以看出（表 9-15、表 9-16），配方施肥处理比空白处理和习惯处理每亩分别增加 447 千克和 207 千克，增产率分别为 43.8% 和 16.4%。配方肥处理比习惯施肥处理每亩平均减少氮肥用量 2.5 千克，增加了磷、钾肥用量，总体上配方施肥的平均氮磷钾用量都比习惯施肥要高，但通过减少氮肥用量，增加磷钾肥用量可以实现增产的目的。

　　无论是配方施肥还是习惯施肥，缺素区的产量都以缺氮区最低，其次是缺钾区，最后是缺磷区，这在一定程度上说明了虽然增施磷钾肥可以提高产量，但氮素仍是限制甘薯产量的最重要因子。

表 9-17 胡豆在不同施肥处理的产量（千克/亩）

处理	空白	配方	缺氮	缺磷	缺钾	习惯	缺氮	缺磷	缺钾
平均值	66	101	58	50	78	90	83	75	93
标准差	5.4	38.5	52.8	28.1	18.0	38.7	3.2	2.5	10.6
变异系数（%）	8.2	38.1	90.5	56.3	23.2	42.9	3.8	3.3	11.5

从胡豆不同处理的产量结果可以看出（表 9-17、表 9-18），配方施肥处理比空白处理和习惯处理每亩分别增加 35 千克和 11 千克，增产率分别为 53.0% 和 12.2%。同时配方肥处理的平均氮磷钾用量都比习惯施肥要高，因此，胡豆习惯施肥用量不足，通过增加磷钾肥的用量可以实现增产的目的。

无论是配方施肥还是习惯施肥，缺素区的产量都以缺磷区最低，其次是缺氮区，最后是缺钾区，说明磷肥是胡豆产量的最大限制因素，其次是氮肥，最后是钾肥，这可能与胡豆能自身固氮有关。

表 9-18 胡豆不同施肥处理的增产效果

处理	习惯—空白		配方—空白		配方—习惯	
	增产量（千克/亩）	增产率（%）	增产量（千克/亩）	增产率（%）	增产量（千克/亩）	增产率（%）
平均值	24	35.4	35	53.0	11	12.2
标准差	33.3	47.8	33.1	46.1	0.2	4.6
变异系数	135.6	134.9	93.5	88.7	1.9	39.8

（2）农民习惯施肥与配方施肥的经济效益分析

表 9-19 玉米—甘薯—胡豆配方肥推广效果试验经济效益分析

施肥处理	玉米—甘薯—胡豆产量（千克/亩）	产值（元/亩）	肥料总投入（元/亩）	经济效益（元/亩）
习惯施肥	1 851（501-1260-90）	1 731.3	146.8	1 584.5
配肥施肥	2 101（533-1467-101）	1 931.4	259.4	1 672.0
配方施肥比习惯施肥	250.0	200.1	112.6	87.5

注：纯 N 价格 4.5 元/千克，P_2O_5 价格 4.6 元/千克，K_2O 价格 5.8 元/千克，玉米价格 1.3 元/千克，甘薯价格 0.5 元/千克，胡豆价格 5 元/千克。

从施肥效益比较分析看（表 9-19），玉米—甘薯—胡豆种植模式配方施肥亩均投入 259.4 元，习惯施肥亩均投入 146.8 元，配方施肥成本比习惯施肥增加 112.6 元。但配方施肥玉米、甘薯、胡豆平均亩产分别为 533 千克、1 467 千克、101 千克，按玉米市场价 1.3 元/千克、甘薯 0.5 元/千克、胡豆 5 元/千克计算，亩产值 1 931.4 元，减去肥料成本，亩均纯收入 1 672.0 元。农民习惯施肥玉米、甘薯、胡豆平均亩产分别为 501 千克、1 260 千克、90 千克，亩产值 1 731.3 元，减去肥料成本，亩均纯收入 1 584.5 元。总体而言，配方施肥较农民习惯施肥亩均增效 87.6 元。

4. 结论

（1）增产增收　玉米—甘薯—胡豆轮作套种模式的配方肥推广效果对比试验表明，配方施肥对提高各作物产量和经济效益有明显效果。玉米—甘薯—胡豆轮作套种模式配方施肥比农民习惯施肥亩平均增产粮食 200.1 千克，亩平均增加效益 87.6 元。

（2）配方合适　对比试验表明，江津推出的玉米—甘薯—胡豆轮作套种模式的配方肥合适，在玉米、甘薯配方中，减少了氮肥用量，增加了磷、钾肥用量；在胡豆配方中，增加了氮磷钾用量，总体上，调整了氮、磷、钾用量和比例，比习惯施肥更加符合作物生长规律。同时对比试验还表明，在各养分中，氮肥是提高玉米、甘薯产量的主因，磷肥是提高胡豆产量的主因，在往后施肥中应予以重视。

第三节　推广模式和试验

江津区作为全国首批 100 个测土配方施肥整建制推进示范县和全国首批 100 个农企合作推广配方肥试点县，以"技术支撑有力"、"配肥供肥有保障"、"技术推广全普及"为总体目标，创新技术推广服务模式，探索建立了"十个一"模式的运行机制，扎实推进了测土配方施肥工作。

一、建立一支高素质的土肥技术推广队伍

建立一支高素质的土肥技术推广队伍是完成好测土配方施肥示范创建工作的前提和基础。土壤肥料工作涉及面广，专业性强，必须有一支高素质的土肥技术推广队伍，才能完成测土配方施肥技术支撑的各项工作。十年来，江津区始终保证区级有 10 名以上的土壤肥料技术骨干，每个镇街农业服务中心有 1~2 名土肥人员，专门从事土肥工作。人员的相对稳定，保证了各项工作的连续性。在项目开展过程中，在区级建立了土肥检测组、配方研发组、信息服务组、技术指导组、宣传培训组，各工作组之间通力协作，全面推进了测土配方施肥的总目标和工作任务的完成。

二、建立一个标准化的实验室

一个完善的测土配方施肥技术支撑体系是测土配方施肥工作的基础，而一个标准化的实验室则是技术支撑体系中至关重要的一环。江津区目前已建立了 400 余米^2 的测土配方施肥实验室，布局合理，功能齐全。高标准的实验台桌、抽风、电力、给排水工程，良好的防震、防潮、防雷、隔音措施，高精的仪器设备等都为化验工作的标准化、常态化提供了必要的硬件条件。现有 5 名专业技术人员，专项负责实验室的工作，提高了化验人员的综合素质和技术水平。实验室软硬件条件的改善，保证了实验室建设的标准化和化验工作的常态化，也更有利于个性化服务等工作的开展。2010 年 11 月，江津区土壤肥料检验中心被全国农业技术推广服务中心授予"测土配方施肥标准化验室"荣誉称号，同年获得了重庆市技术监督局 CMA 认证。

三、建立一批监测点和长期定位试验点

江津区耕地土壤地力监测从 1998 年 10 月开始选址建立,一度建成土壤地力监测点 8 个,其中:水田(中稻—冬水)5 个,旱地(麦—玉—薯)3 个。分别建在双福、龙华、先锋、支坪、永兴等镇(街),海拔均在 450 米以下的浅丘地区,土壤类型为水稻土 4 个和紫色土 3 个,代表了全区耕地 80% 以上的土壤类型。2001 年,在双福九龙、德感双龙建立水田和旱地土壤肥力长期定位试验监测点各 1 个。监测点建好后,严格按照《全国耕地土壤监测技术规程》实施监测工作,每年秋收后每个监测点分小区采集土样和植株、籽粒样,统一进行化验分析。另外,每年还对监测点每季作物的田间作业、生产管理及实收产量进行详细的观察记载。在此基础上,建立了江津区耕地土壤地力监测数据库,为研究和掌握土壤肥力变化规律以及制定科学配方和改良培肥土壤提供了可靠的第一手资料。

四、建立一个县域耕地资源管理信息系统及专家咨询系统

综合前几年项目实施成果,运用计算机技术、地理信息系统和全球卫星定位系统,采用规范化的测土配方施肥数据字典,以第二次土壤普查、历年土壤肥料田间试验和土壤监测数据资料为基础,收集整理测土配方施肥开展的野外调查、田间试验和分析化验数据,建立测土配方施肥数据库。在此基础上,建立了江津区县域耕地资源管理信息系统,构建了测土配方施肥宏观决策和动态管理基础平台。与重庆师范大学合作,建立触摸屏查询系统,完成了技术信息的微观咨询。截止 2015 年,在全区主要镇街及农资超市配备了测土配方施肥咨询系统的数字化触摸屏 50 台。

五、建立一套农作物科学施肥指标体系

江津与中国农业大学、西南大学等科研院校合作,汇总历年试验数据、化验数据、监测数据、农户调查数据,合理划分江津施肥类型区,在此基础上,统计分析江津区主要作物、不同土壤氮、磷、钾肥料效应,建立施肥模型,按三元二次效应函数和一元肥料效应函数计算最高产量施肥量与最佳经济效益施肥量,并对计算结果进行汇总分析。目前,已按平坝丘陵区、深丘区、南部山区,分别建立了水田(中稻)和旱地(胡—玉—薯)分区域、分作物的施肥指标体系。根据施肥指标体系等数据分析结果,并结合耕地地力评价成果,制订了主要粮食作物的施肥配方和配方肥配方。

六、建立一批配方肥生产合作企业

江津区作为农企合作推广配方肥试点县,选择重庆沃津肥料开发有限责任公司等为江津区的农企合作试点企业(该公司同时也是全国 100 家配方肥推广试点企业之一)。公司于 2007 年荣获重庆市高新技术企业和江津区农业产业化龙头企业称号,所生产的"沃津"牌

配方肥被重庆市科委认定为高新技术产品，同时被江津区科委授予"江津区农业技术研发与应用中心"荣誉称号。2010年公司被授予江津区"农业产业化龙头企业"称号。2011年公司被授予重庆市"农业产业化龙头企业"称号。

在试点的基础上，2012年，江津区农委制定了《江津区测土配方施肥配方肥合作企业认定与管理办法》，新认定了重庆石川泰安化工有限公司、重庆万植巨丰生态肥业有限公司、贵州西洋实业有限公司、中化重庆涪陵化工有限公司、云南云天化农业科技股份有限公司、四川顺民肥料有限公司6家复混肥生产企业为江津区的农企合作企业，按照江津区农业技术推广部门提供的配方，专门生产测土配方"傻瓜"肥料，供应市场。

七、建立一个市场化的营销网络

配方肥生产出来后，与企业联合，通过企业在镇、村建立的农化服务连锁店，采取统一形象、统一经营方针、统一配送、统一销售价格、统一服务规范的"五统一"连锁经营方式，把专用配方肥直接供应到村社和农户，实行"政府搭台，企业唱戏"，实现了配方肥的全面落地，推进了全区整建制推进测土配方施肥工作。目前，7家企业已在江津区建立农化连锁服务店350余家，从业人员达1 000余人，形成了一支规模化的配方施肥营销网络。

八、建立一批测土配方施肥的宣传阵地

按照"一村一专栏、一户一卡、一店一触摸屏"的要求，在全区211个行政村和350余家农化连锁服务店，建立了测土施肥建议方案上墙公示专栏，专栏中列明当地所属生态分区，主要作物的配方施肥指导方案等，方便、简捷、有效地推广科学施肥知识；农户在农资超市和连锁店购肥时，还可通过触摸屏查询，使广大农民能够在农化连锁服务店直接"按方"购肥。同时印刷测土配方施肥"建议卡"，通过已建立农化连锁服务店和各种宣传培训会进行发放，不断提高测土配方施肥的入户指导率。

十年来，江津区开展各种测土配方施肥技术培训344期次，培训农民、科技人员和营销人员等共计12.6万人次，累计发放测土配方施肥建议卡和技术资料340万份，开展报刊、广播、电视和网络宣传活动2 200余次，科技赶场1 000余次，现场会268期次，项目区农户测土配方施肥建议卡和施肥技术指导入户率达到97%。

九、建立一批测土配方施肥的科技示范户

自2010年以来，江津区将测土配方施肥普及行动、土壤有机质提升项目与基层农技体系改革与建设项目相结合，建立健全农技推广运行机制，构建"专家组＋技术指导员＋科技示范户＋辐射带动户"的项目推广快捷通道。技术指导员采取包村联户负责制，每名技术员联系一定数量的村，负责10个科技示范户的技术指导和服务。每年组织50名农业技术指导员对500个科技示范户开展对口技术指导服务。

十、建立一批测土配方施肥的展示片

　　江津区结合粮油高产创建、基层农技推广体系改革与示范、土壤有机质提升等项目，每年建立了 10 个万亩测土配方施肥展示区，并在其中重点建设千亩核心展示片。其余镇街以村级为单位，每个村建立一个百亩展示片。示范片全面推广应用测土配方施肥技术，施用配方肥数量占化肥施用总量的比例达到 100％。通过示范片展示，辐射带动了其余村、社和新型主体实施测土配方肥的热情和信心。

第十章
十年测土配方施肥农户调查评价与未来发展建议

过去十年以来，江津区测土配方施肥大面积应用围绕"政府测土、专家配方、企业供肥、联合服务"的思路推进，逐步形成了"十个一"的推广长效机制。农户施肥观念得以逐渐转变，肥料使用结构明显优化，肥料利用率得到提高，测土配方施肥取得了显著进步。但农户的真正应用情况如何？为此，江津区从 2008 年起，在全区主要生态区域、主要粮食作物上选取了 78 户农户进行施肥长期定点调查，通过这一定点调查结果总结，系统的反映出农户施肥水平的时间变化差异，形成了对过去十年测土配方施肥最有价值的评估，同时结合《全国农业可持续发展规划》（2015—2030 年）和农业部出台的《化肥零增长行动方案》的要求，对未来的发展思路提出了建议。

第一节　数据来源及数据统计与处理

一、数据样本来源

2008 年到 2017 年，江津区农业技术推广中心在江津区主要生态区域和主要粮食作物上建立了 78 户农户施肥长期定点调查点，调查包括作物种类、品种、生育期、产量，有机肥、化肥种类、用量、施肥时期的情况以及土壤养分变化情况等，所得数据按照统一表格装订成册，进行归档。本文以农户调查的水稻、玉米为对象，数据均来自归档数据，以此数据为基础，去除无效样本数据，剩余样本量（表 10-1）。

表 10-1　农户施肥调查样本量

年份	水稻	玉米
2008	48	39
2009	47	38
2010	62	51
2011	66	58
2012	58	45
2013	33	22
2014	47	47
2015	56	48
2016	52	44
2017	41	39

二、数据统计与处理

首先，对统计归档的数据进行逐一审核，对于漏填、误填信息的进行剔除，其次，进行汇总分析，剔除部分无效数据，比如实际统计产量不足当年平均产量的 1/2 样本，可能是由于水旱灾害等非养分供应的原因造成的；而极少数样本的实际产量超出常年平均产量的 2

倍，我们也将其剔除。化肥施用方面，由于有机肥的施用量难以精准把控，我们将有机肥施用量超过农户平均施用量 2 倍的剔除。最后，通过样本总数和施肥总量，计算出平均值。对于有机肥养分量，按照农技推广人员养分测算值进行计算；对于化肥养分量，单质化肥按照养分含量进行折算，复合肥氮磷钾含量按照实际调查中肥料包装袋上标明的养分比例进行折算。根据调查，农户种植水稻施用有机肥多用堆沤肥，且用量较少，本研究中未进行养分折算。相对于水稻而言，农户种植玉米施用有机肥多用粪水，且用量较大，养分比例很不确定，因此本研究在确定合理施肥量时只考虑化学投入，所有数据均用 Excel 统计软件处理分析。

本文所涉及的计算公式：

单位面积施肥量（千克/亩）＝施肥总量（千克）/地块面积（亩）

平均施肥量（千克/亩）＝每个农户单位面积化肥投入量（千克/亩）/样本个数

化肥偏生产力（千克/千克）＝作物产量（千克/亩）/施肥量（千克/亩）

第二节　调查农户水稻生产与施肥情况

一、结果与分析

（一）水稻养分总用量与产量

肥料用量总体上呈"抛物线"趋势（图 10-1），各年际间表现不同。2008—2017 年养分总投入量大体呈下降趋势，其中，2012 年养分投入量达到顶峰 23 千克/亩，2013 年以后，肥料投入量稳中有落，2017 年降至 17.6 千克/亩，肥料总量由最高峰 2012 年的 23 千克/亩降至 2017 年的 17.2 千克/亩，肥料总用量年平均递减约 5%。2015—2017 年养分投入总量稳定在 17~18.6 千克/亩之间，氮肥投入量均在 10 千克/亩以下，产量在 564~573 千克/亩之间，养分投入量和平均产量趋于稳定。

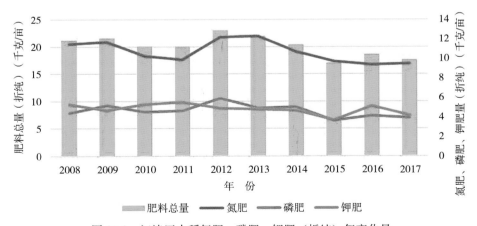

图 10-1　江津区水稻氮肥、磷肥、钾肥（折纯）年变化量

从氮、磷、钾 3 种元素肥料投入量上看，氮肥的投入量和肥料投入总量具有较大趋同性，2008 年以来近 10 年水稻施氮量介于 9.4~12.3 千克/亩，施磷量介于 3.6~5.9 千克/

亩，施钾量介于 3.7～5.5 千克/亩；与江津地区水稻施肥推荐氮磷钾相比，推荐施氮量介于 8.5～11.5 千克/亩，施磷量介于 4.3～7.5 千克/亩，施钾量介于 6～10 千克/亩。农户施肥氮偏高，磷、钾偏低，氮、磷、钾施肥比例仍然不平衡。

从水稻产量上看，十年间水稻产量在 528～573 千克/亩之间波动，相对于重庆其他区域，水稻产量处于较高水平，2008—2015 年平均亩产大致呈增长趋势，2015 年前后，平均亩产最高，达到 573 千克/亩，2015 年后平均亩产稍有下降，2017 年为 564 千克/亩。肥料偏生产力（PFP，是指施用某一特定肥料下的作物产量与施肥量的比值，是反映当地土壤基础养分水平和化肥施用量综合效应的重要指标），由表 10-2 可以看出，水稻肥料偏生产力大致呈现增长的趋势，由 2008 年的 26.7 千克/千克增长到 2017 年的 32.1 千克/千克，虽然 2008 年的平均亩产较高，比 2017 年多 1 千克，但是 2017 年每千克肥料平均生产水稻 32.1 千克，比 2008 年增加 4.5 千克。显然，肥料利用率有了较大的提高，2012 年肥料偏生产力最低，每千克肥料平均生产水稻 23.8 千克，此后，肥料偏生产力大致逐年增长，年均递增约 6%，肥料偏生产力逐步提高。

表 10-2　江津区水稻施肥与产量状况（千克/亩）

| 年份 | 肥料用量（千克/亩） | | | | $N:P_2O_5:K_2O$ | 产量 | 肥料偏生产力 |
	氮（N）	磷（P_2O_5）	钾（K_2O）	总量			
2008	11.5±3.5	4.4±1.3	5.3±1.7	21.2±4.2	1:0.38:0.46	565	26.7
2009	11.7±2.9	5.2±2.8	4.7±2.8	21.6±5	1:0.44:0.4	528	24.4
2010	10.3±3.4	4.5±1.4	5.3±2.5	20.1±5.3	1:0.43:0.51	557	27.7
2011	9.9±4.2	4.6±1.9	5.5±2.3	20±6	1:0.46:0.55	556	27.6
2012	12.2±5	5.9±2.6	4.9±2.3	23±8.8	1:0.48:0.41	546	23.8
2013	12.3±5.6	4.9±3.2	4.8±2.3	22±7.2	1:0.39:0.39	563	25.6
2014	10.7±4.4	5±2.2	4.7±2.3	20.4±7	1:0.47:0.43	573	28.1
2015	9.7±4.2	3.6±1.4	3.7±2.6	17±6.7	1:0.37:0.38	573	33.7
2016	9.4±3.8	4.1±1.9	5.1±3.6	18.6±6.8	1:0.44:0.54	570	30.2
2017	9.5±3.5	3.9±1.8	4.2±3	17.6±5.2	1:0.41:0.44	564	32.1

（二）农户施肥养分来源

氮（N）、磷（P_2O_5）和钾（K_2O）肥养分投入量统计结果表明（表 10-3），在当前养分投入中化学肥料占主导地位，2008—2017 年间，化肥中的氮肥投入量分别占养分投入总量的 88.1%～96.8%，磷肥投入量分别占养分投入总量的 73.1%～95.1%，钾肥投入量分别占养分投入总量的 66.1%～94.6%，其中，2015—2017 年化肥提供的氮、磷、钾量占养分总投入量的 90% 以上。对有机肥而言，总体上提供氮、磷和钾量的比例是氮肥＜磷肥＜钾肥，有机肥提供钾肥比例较高，最高达 33.9%（2008 年）。有机肥是耕地土壤有机质的重要来源，然而从 2008 年以来，有机肥提供农田总养分氮、磷、钾的比例分别从 11.3%、25%、33.9% 降至 2017 年的 5.3%、5.3%、9.5%。

表 10-3　江津区水稻养分投入来源（千克/亩）

年份	无机肥						有机肥					
	N		P$_2$O$_5$		K$_2$O		N		P$_2$O$_5$		K$_2$O	
	数量	比例	数量	比例	数量	比例	数量	比例	数量	比例	数量	比例
2008	10.2	88.7	3.3	75	3.5	66.1	1.3	11.3	1.1	25.0	1.8	33.9
2009	10.3	88.1	3.8	73.1	3.6	76.6	1.4	11.9	1.4	26.9	1.1	23.4
2010	9.5	92.2	3.5	77.8	3.9	73.6	0.8	7.8	0.9	22.2	1.4	26.4
2011	9.5	95.9	3.7	80.4	4.1	74.5	0.5	4.1	0.9	19.6	1.4	25.5
2012	11.3	92.6	5.1	86.4	4.3	87.8	0.9	7.4	0.7	13.6	0.6	12.2
2013	11.7	95.1	4.3	87.8	4.1	85.4	0.5	4.9	0.6	12.2	0.8	14.6
2014	9.6	89.7	4.2	84	4	85.1	1.1	10.3	0.8	16	0.7	14.9
2015	9.2	94.8	3.3	91.7	3.5	94.6	0.5	5.2	0.3	8.3	0.2	5.4
2016	9.1	96.8	3.9	95.1	4.8	94.1	0.3	3.2	0.2	4.9	0.3	5.9
2017	9	94.7	3.6	94.7	3.8	90.5	0.5	5.3	0.3	5.3	0.4	9.5

（三）农户不同施肥时期养分用量

调查表明（表 10-4），氮肥以基肥为主，2008—2017 年所占比例在 58.2%～71.5% 之间，基追比大体由 6：4 演变为 7：3。磷肥以基施为主，达到 66.3%～97.5%，氮、磷肥年际间变化幅度不大，钾肥基肥有显著变化，2008 年以来，大体呈递减趋势，由 2008 年的 81.7% 降至 2017 年的 47.7%。因此，肥料投入重在前期施用，在养分投入时间上，根据作物需肥规律合理分配基肥与追肥，可实现作物高产和养分高效。

表 10-4　水稻氮磷钾的基追肥分配比例（千克/亩）

年份	基肥						追肥					
	N		P$_2$O$_5$		K$_2$O		N		P$_2$O$_5$		K$_2$O	
	数量	比例	数量	比例	数量	比例	数量	比例	数量	比例	数量	比例
2008	7.2	62.5	3.9	89.3	4.3	81.7	4.3	37.5	0.5	10.7	1	18.3
2009	7.7	66.1	5.1	97.5	3.8	80.3	4	33.9	0.1	2.5	0.9	19.7
2010	6.4	61.8	4.2	94.2	3.5	65.6	3.9	38.2	0.25	5.8	1.8	34.4
2011	6.1	60.5	4.1	88.7	3.5	63.1	3.9	39.5	0.6	11.3	2	36.9
2012	7.7	63.3	4.7	80.5	4.1	84.3	4.5	36.7	1.1	19.5	0.8	15.7
2013	7.3	59.7	3.2	66.3	3.2	65.4	4.9	40.3	1.7	33.7	1.7	34.6
2014	6.2	58.2	3.6	72.1	3.2	66.3	4.5	41.8	1.4	27.9	1.6	33.7
2015	6.9	71.5	3.2	87.3	2.8	76.8	2.8	28.5	0.4	12.7	0.9	23.2
2016	6.1	64.9	2.9	77.6	2.9	58.5	3.3	35.1	0.9	22.4	2.2	41.5
2017	6.5	68.6	2.9	78.5	2.1	47.7	3	31.4	0.9	21.5	2.2	52.3

（四）农户施肥品种选用情况

在实际生产中，有些农户追肥 2 次甚至更多，因此在分析肥料品种使用时，使用了同一种肥料（同一种格式的配方肥）追肥 2 次或者 2 次以上的，则该品种肥料施用只记作 1 次。从基肥情况看（表 10-5），以复合肥、尿素为主，少量农民施用碳酸氢铵和过磷酸钙，不施氯化钾，复合肥施肥比例最高，占基肥施肥比例的大部，呈逐年递增趋势，由 2008 年的83.3％增长到 2017 年的 97.6％；其次是碳酸氢铵、过磷酸钙等单质肥料用量减少，其中2015 年以后碳酸氢铵、过磷酸钙等逐渐弃用。有机肥从 2008 年的 20.8％下降到 2017 年的7.3％。从追肥情况看，追肥主要是氮肥，尿素是农户最喜欢的肥料品种，且大体呈逐年递减趋势，从 2008 年的 79.2％降低到 2017 年的 58.5％；其次，复合肥在追肥施用的比例逐年递增，从 2008 年的 8.3％增加到 2017 年的 29.3％。由于越来越多的农户在追肥中施用复合肥，氯化钾施肥比例降低，测土配方施肥行动对农民的施肥习惯和理念有一定的影响，配方肥等复合肥料投入量增多，氮、磷、钾肥料的投入变得更加科学合理，农民施肥的科学性进一步提高。

表 10-5　使用不同肥料品种的农户数比例（％）

年份	基　肥					追　肥		
	尿素	碳酸氢铵	磷肥	有机肥	复合肥	尿素	氯化钾	复合肥
2008	12.5	6.3	6.3	20.8	83.3	79.2	16.7	8.3
2009	10.6	2.1	2.1	23.4	91.5	76.6	10.6	8.5
2010	8.1	3.2	3.2	19.4	87.1	69.3	13.5	16.1
2011	9.1	3.1	4.5	16.7	90.9	68.2	13.6	24.2
2012	10.3	5.2	8.6	15.5	93.1	68.9	6.9	25.8
2013	12.1	3.1	3.1	15.1	84.8	60.6	12.1	24.2
2014	14.9	6.4	6.4	14.9	87.2	61.7	12.8	27.7
2015	16.1	0	1.8	7.1	96.4	50.9	3.6	33.9
2016	13.5	0	0	7.6	96.2	48.1	3.8	40.4
2017	14.6	0	0	7.3	97.6	58.5	7.3	29.3

注：磷肥包括过磷酸钙、钙镁磷肥等。

复合肥成分最复杂（表 10-6），同一农户在施肥中，有的会施用两种或两种以上不同配方的复合肥，有二元复合肥和三元复合肥，有效养分含量从 25％（15-5-5、12-8-5、12-5-8）到 51％（17-17-17）之间。十年来，养分含量 40％（19-13-8、22-8-10、20-10-10、20-12-8、24-8-8）的复合肥占比最大，达到 25.8％～60.6％，其中，复合肥（24-8-8、19-13-8）使用量逐渐减少，复合肥（22-8-10、20-10-10）使用量逐渐增加，20-12-8 配比复合肥变化不大，使用较为普遍；高浓度复合肥（15-15-15、16-16-16、17-17-17）施用量大幅度下降，由2008 年的 35.2％降低到 2017 年的 19.5％；养分含量 25％（15-5-5、12-5-8、12-8-5）复合肥变化不大，但是复合肥（15-5-5）逐年减少，复合肥（12-5-8）逐步代替复合肥（12-8-5），成为占比最大的低浓度复合肥。2008—2014 年间，复合肥呈现格式多元化现象，其中，二元复合肥占 6.3%～24.2%；2015—2017 年近 3 年，统计中没有出现二元复合肥，且肥效 40% 含量的复合肥占全部复合肥的 50.1%～60.6%。

表 10-6　农民购买复合肥料配方变化情况（%）

复合肥配方	年份									
	2008	2009	2010	2011	2012	2013	2014	2015	2016	2017
26-12-12			4.8	12.1	15.5		8.5	12.5	11.5	
24-8-8	18.9	21.3		6.1	8.6					
22-8-10	6.3	8.5			8.6	15.2	10.6	19.6	15.4	14.6
20-12-8	10.5	14.9	11.3	9.1	8.6	12.1	10.6	14.3	13.5	17.1
20-10-10	8.3	6.4						17.8	11.6	14.6
20-15-15						12.1	8.5			9.8
19-13-8			14.5	12.1	12.7	9.1	25.5	8.9	9.6	7.3
15-5-5	10.4		9.7	7.6	10.3	12.1		8.9	7.7	4.8
15-15-15										
16-16-16	35.2	14.9	33.8	24.2	25.7	24.0	23.4	12.5	17.1	19.5
17-17-17										
12-8-5	8.3	10.6	6.5	4.5	6.9	6.1				
12-5-8		6.4						8.9	11.5	12.1
8-0-30	6.3	10.6								
12-0-38			11.3				10.6			
15-0-35			12.9	10.6						
29-21-0						12.1	10.6			

（五）农户水稻施肥评价

前人研究和实验表明，重庆市渝西地区水稻经济施肥氮、磷、钾的用量为 9.4、4.8、5.2 千克/亩，参照王小英（2013）的研究方法，即按照标准值上下浮动 20% 范围为"合理"，小于标准 50% 为"很低"，大于标准 50% 为"很高"，"合理"与"很低"之间为"偏低"，"合理"与"很高"之间为"偏高"，共分为五级，对江津区 2008—2017 年十年农户调查施肥量总体进行分级评价。

从氮、磷肥上看（表 10-7、表 10-8），2008—2017 合理施氮、磷比例大体增长，由 2008 年的 35.4%、27.1%，增长到 2017 年的 44%、41.5%，其中 2015 年以来，氮、磷合理施肥的农户达到 40% 以上；从氮肥来看，所有样本农户均施氮肥，过量比例由最高 48.5%（2013 年）降至 21.9%（2017 年），不足比例由最低 6.1%（2013 年）增至 34%（2017 年），水稻氮肥投入过量与不足并存，且不足量的比例 2015 年以来超过了过量的比例，合理引导农户施用氮肥，是减肥增效的重要内容之一；从磷肥来看，有少量农户不施磷肥，且磷肥不足比例相对于氮肥更高。钾肥投入则表现为严重不足（表 10-9），

2008—2017 年不施钾肥的农户所占比例在 0～16.1% 之间，合理施钾农户的比例仅在 17.1%～27.1% 之间，2015—2017 年合理施钾农户的比例仅为 16.1%～23.1% 之间，可以看出钾肥不足的现象很普遍。

表 10-7 江津区水稻施氮量评价

年份	不同施氮量下农户比例（%）					
	0 千克/亩 （不施）	<4.7 千克/亩 （很低）	4.7～7.5 千克/亩 （偏低）	7.5～11.3 千克/亩 （合理）	11.3～14.1 千克/亩 （偏高）	>14.1 千克/亩 （很高）
2008	0	6.3	20.8	35.4	20.8	16.7
2009	0	0	12.8	40.4	21.3	25.5
2010	0	4.8	22.5	40.3	14.5	17.9
2011	0	3.1	24.2	43.9	12.1	16.7
2012	0	5.1	20.7	32.7	18.9	22.5
2013	0	0	6.1	45.4	36.4	12.1
2014	0	10.6	14.8	36.2	19.1	19.1
2015	0	17.8	19.6	37.5	10.7	14.2
2016	0	11.5	19.2	42.3	13.5	13.5
2017	0	4.8	29.2	44	14.6	7.3

表 10-8 江津区水稻施磷量评价

年份	不同施磷量下农户比例（%）					
	0 千克/亩 （不施）	<2.4 千克/亩 （很低）	2.4～3.8 千克/亩 （偏低）	3.8～5.8 千克/亩 （合理）	5.8～7.2 千克/亩 （偏高）	>7.2 千克/亩 （很高）
2008	2.1	4.2	43.7	27.1	8.3	14.6
2009	0	14.8	36.2	25.5	8.5	14.9
2010	1.6	9.6	40.3	24.2	11.3	12.9
2011	1.5	15.2	39.4	19.7	9.1	15.2
2012	1.7	12.1	24.1	29.3	12.1	20.7
2013	0	21.2	30.3	18.2	3.1	27.3
2014	2.1	10.6	34.1	25.5	8.5	19.1
2015	12.5	16.1	28.6	35.7	3.6	3.6
2016	1.9	23.1	11.5	44.2	5.8	13.5
2017	7.3	19.5	17.1	41.5	2.4	12.2

表 10-9 江津区水稻施钾量评价

年份	不同施钾量下农户比例（%）					
	0 千克/亩 （不施）	<2.6 千克/亩 （很低）	2.6～4.2 千克/亩 （偏低）	4.2～6.3 千克/亩 （合理）	6.3～7.8 千克/亩 （偏高）	>7.8 千克/亩 （很高）
2008	2.1	31.3	16.7	27.1	8.3	14.6

（续）

年份	不同施钾量下农户比例（%）					
	0千克/亩（不施）	<2.6千克/亩（很低）	2.6~4.2千克/亩（偏低）	4.2~6.3千克/亩（合理）	6.3~7.8千克/亩（偏高）	>7.8千克/亩（很高）
2009	0	44.6	14.9	17.1	6.4	17.1
2010	4.8	20.9	29.1	20.9	6.5	17.7
2011	7.7	30.3	9.1	24.2	12.1	16.7
2012	6.9	29.3	27.6	20.7	1.7	13.8
2013	3.1	27.3	18.2	18.2	12.1	21.1
2014	8.5	14.9	27.6	25.5	4.3	19.1
2015	16.1	33.9	17.8	16.1	5.4	10.7
2016	7.6	30.7	15.4	23.1	9.6	13.5
2017	14.6	29.3	17.1	17.1	7.3	14.6

二、讨论

（一）施肥与产量趋于稳定，有机肥投入下降

2017年，江津区水稻种植肥料氮、磷、钾肥平均投入量分别为9.5、3.9和4.2千克/亩，与2008年水稻肥料氮、磷、钾肥投入量分别为11.5、4.4和5.3千克/亩相比，说明目前水稻肥料投入量有所降低，总量由21.1千克/亩降至17.6千克/亩，在保证产量不降低的情况下，肥料施用量大幅度减少。2015年国家农业部制定了《到2020年化肥使用量零增长行动方案》，紧紧围绕"稳粮增收调结构，提质增效转方式"的工作主线，大力推进化肥减量增效。随着化肥减量行动的开展，2015年肥料施用量大幅减少，由2014年的20.4千克/亩降至2015年的17千克/亩，当年降幅达到16.67%，2015—2017年，肥料投入总量维持在17~18.6千克/亩之间，平均产量在564~573千克/亩之间，化肥施用和产量处于一个稳定状态。

随着社会发展，农村劳动力向外转移，农村中从事小农形式农业生产的大部为老弱妇幼等留守人口，加之江津区多为丘陵地形，有机肥无力运送到离家较远的田间地头，且目前农村饲养家禽、畜数量持续下降，有机肥的来源减少，造成农户农业生产中有机肥施用量大幅度减少。从2008年以来，施用有机肥的农户比例由2008年的20.8%降到2017年的7.3%，有机肥提供农田总养分氮、磷、钾的比例分别从11.3%、25%、33.9%降至5.3%、5.3%、9.5%，降幅较大。配施有机肥可以提高作物产量，施20%猪粪代替20%的化学氮肥处理，较不施用有机肥处理产量提高了38.67%，有机肥能提高水稻的产量和氮肥利用率，且提高稻米的胶稠度。因此要结合化肥减量增效行动，大力推进有机无机相结合的施肥技术，加强秸秆还田，统筹堆沤、粪池发酵有机肥等，提高有机肥施用量。

（二）氮肥施用对水稻产量的影响

氮肥仍然是保障作物增产的最关键因素，但是在一定施氮范围内，水稻产量随着施氮水

平的提高而增加，如果超过一定施氮量后，水稻产量反而受到抑制，对水稻的经济效益造成严重影响。过高的施氮量也不利于稻米产量和品质的提高，根据董作珍等研究，水稻氮肥施入量大于 12 千克/亩时，对水稻产量增产意义不大，而且据姚雄等研究，2009—2014 年水稻高产示范的结果，重庆地区 100 千克稻谷需氮量介于 1.67～1.78 千克之间，平均为 1.72 千克。本调查结果表明，2008—2017 年江津水稻生产中单位面积氮肥投入量在 9.5～12.3 千克/亩之间，在单位面积平均投入量上，氮肥投入量基本符合水稻生长的养分需求，但根据施肥分级评价分析，2008—2017 年施氮量高于 11.3 千克/亩农户年际比例在 21.9%～46.8%，其中，高于 14.1 千克/亩的农户比例高达 7.3%～25.5%。可以看出，氮肥盲目施肥仍然较为严重，如果将氮肥投入过量的农户降低到合理水平，将会对化肥减量增效起到关键作用。

（三）养分投入结构失衡，平衡施肥是确保水稻高产的重要措施

平衡施用氮、磷、钾肥是确保水稻高产的有效措施之一，由氮磷钾施肥比例来看，2008—2017 年江津水稻氮磷钾年际比例在 1∶（0.37～0.47）∶（0.38～0.55），与重庆水稻生产中氮、磷、钾肥推荐施用比例 1∶0.5∶0.6 相比，水稻肥料投入中磷肥和钾肥所占比例偏低，磷、钾肥施肥不足的农户所占比例在 36.5%～57.2%、48.6%～67.8%，甚至有 16.1% 的农户不施钾肥。钾肥施用水平对水稻产量影响较大，在氮磷钾三要素中，氮为限制产量的首要因素，施肥效果为氮＞钾肥＞磷肥。王伟妮等研究指出，水稻合理增施磷肥可增产 9.4%～13.3%，增施钾肥可增产 9.6%～12.6%，所以不能忽视磷、钾肥对水稻产量的作用。因此在施肥上要限施氮，增施磷、钾肥，调整氮磷钾比例，达到平衡施肥，在控制养分投入的情况下增加作物产量。

（四）单质肥料减少，复合肥料施用提高，农户施肥习惯改变

单质氮肥目前主要以尿素为主，尤其追肥更多施用的是单质氮肥，而复合态的氮很少；过磷酸钙、氯化钾等单质肥料施用比例大幅减少，尤其对于重庆土壤酸化严重的现状，要增加钙镁磷肥的施用；单质钾肥由 2008 年的 16.7% 下降到 2017 年的 7.3%，磷、钾肥大部是以复合肥的形式施用。复合肥施用比例扩大，高浓度复合肥（15-15-15、16-16-16、17-17-17）施用量有一定下降，但是仍然是农户最喜欢的复合肥品种。在认识上，农户普遍认为养分含量越高越好，氮磷钾比例平衡，趋同性的选购（15-15-15、16-16-16、17-17-17）或 40% 以上高浓度复合肥料，盲目排斥中低浓度复合肥、过磷酸钙、钙镁磷肥。调查显示，2015—2017 年中低浓度复合肥施用比例仅在 20% 左右，过磷酸钙及钙镁磷肥逐渐弃用，下一步应进一步优化复合肥氮磷钾元素比例，推广水稻所需的配方肥，达到肥料养分合理、平衡施用，且施肥时间与作物生长需肥时间保持一致，提高肥料的利用效率，达到肥料减量增效的目的。

当前农村农业生产技术需求是轻简化栽培，由于农村劳动力短缺等问题，实现减少施肥总量、减少施肥次数，甚至施肥"一道清"是以后施肥发展的方向。从 2008 年至 2017 年肥料品种变化来看，也反映了这一问题，单质肥料减少，复合肥料施用大幅度提高，因此要推广适合不同生态区的高产作物新型配方肥，是改变施肥品种结构，优化施

肥技术的可行途径。

（五）肥料基追比例渐趋合理，但依然有待优化

施肥盲目性主要体现在施肥用量、方式和时期，随着测土配方施肥项目的开展，氮、磷、钾肥料的投入时期也将变得更加科学。本文调查数据显示：2008 年以来，农户更加注重氮肥的前期投入，氮肥的基追比大体由 6：4 演变为 7：3，钾肥追肥比例增加，由 2008 年的 18.3％上升到 2017 年的 52.3％。戴平安等研究表明，70％作基肥、30％作穗肥稻谷产量最高，且在此氮素配比下稻米品质较高，说明江津区水稻种植，氮肥的施入时期与作物的生长所需较为符合。张福锁等建议水稻种植，磷肥作基肥一次性施入，钾肥 60％作基肥，40％作追肥，由于复合肥施用比例增加，磷肥施入难以把控，造成磷肥不合理投用，钾肥追肥施用量尽管提高幅度很大，但依然普遍不足，总量依然偏少，因此，要增施钾肥，优化基肥追肥比例。

第三节　调查农户玉米生产与施肥情况

一、结果与分析

（一）玉米施肥总量与产量变化情况

由江津区玉米肥料施用情况（表 10-10）可以看出，从 2008 年到 2017 年，化肥消费量虽有较大的波动，但总体上呈下降趋势，其中 2009 年至 2012 年化肥施肥总量最高（图 10-2），在 24.2～26.9 千克/亩波动，2017 年降至 22.6 千克/亩。2008 年以来近 10 年，氮肥施用维持在 13.8～18.7 千克/亩之间，2011 年后施用量有所下降，下降到 13.8 千克/亩。磷肥投入介于 3.5～5.4 千克/亩，钾肥投入介于 2.6～3.6 千克/亩，磷、钾肥变化幅度较小。与江津区推荐的玉米施氮介于 10.0～15.0 千克/亩，施磷介于 3.5～5.5 千克/亩，施钾介于 4.0～6.0 千克/亩相比，农户玉米氮肥施用量明显偏高，磷肥施用总量上相对合理，钾肥施用量明显偏低。氮、磷、钾比例仍然不协调。从有机肥用量上看，由 2008 年的 1 755.6 千克/亩下降到 2017 年的 1 072.2 千克/亩，十年间降幅达 39％。

表 10-10　江津区玉米施肥与产量状况（千克/亩）

年份	肥料用量（千克/亩）				N：P_2O_5：K_2O	有机肥量	产量	化肥偏生产力
	氮（N）	磷（P_2O_5）	钾（K_2O）	总量				
2008	15.5±6.4	4.7±3.9	3.1±1.7	23.3±7.5	1：0.30：0.19	1 755.6	489	20.8
2009	18.7±9.1	4.8±3.1	3.4±1.6	26.9±11.6	1：0.26：0.18	1 571.3	480	18
2010	15.8±6.6	5.8±3.3	3.9±2.7	26.1±9.1	1：0.34：0.23	1 619.7	474	19.1
2011	16.4±5.8	4.8±2.3	3.1±1.9	24.3±7.7	1：0.29：0.23	1 565.1	479	19.7
2012	14.8±7.6	5.4±2.6	3.9±2.5	24.2±9.2	1：0.36：0.26	1 630.4	471	19.4
2013	13.8±9.2	3.6±3.3	2.8±2.6	20.3±12.7	1：0.26：0.20	1 468.2	498	24.7

（续）

年份	肥料用量（千克/亩）				N : P₂O₅ : K₂O	有机肥量	产量	化肥偏生产力
	氮（N）	磷（P₂O₅）	钾（K₂O）	总量				
2014	14.7±6.3	4.7±3.2	2.9±2.5	22.3±8.7	1 : 0.32 : 0.19	1 451.1	491	22.2
2015	15.9±7.1	4.9±2.9	3.3±2.1	23.2±8.4	1 : 0.24 : 0.18	1 170.3	508	24.3
2016	14.1±6.3	4.9±3.4	3.2±2.1	22.2±8.3	1 : 0.35 : 0.22	1 113.5	511	22.6
2017	14.3±5.8	4.9±3.6	3.4±2.5	22.6±6.9	1 : 0.34 : 0.23	1 072.2	517	23.2

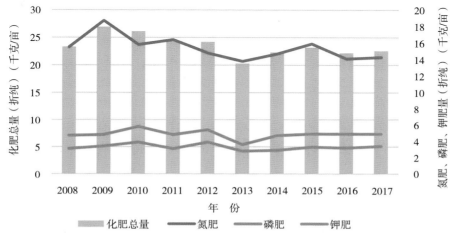

图 10-2 江津区玉米化肥施用量折纯量

玉米产量大致呈增长趋势，由 2008 年的 489 千克/亩增至 2017 年的 517 千克/亩，2008 年化肥偏生产力均高于 2009—2012 年，可能是因为 2008 年有机肥施用量较多。2009—2017 年化肥偏生产力呈现增长趋势，由 18 千克/千克增至 23.2 千克/千克。2015—2017 年玉米产量为 508~517 千克/亩，化肥偏生产力在 24.3~23.2 千克/千克，化肥投入和平均产量趋于稳定。

（二）农户不同施肥时期养分用量

调查结果（表 10-11）表明，氮肥以追肥为主，所占比例在 57.3%~74.1% 之间，2017 年最低，基追比例大致为 1 : 1.34，磷、钾肥大部以基肥形式投入，磷肥基肥占总磷的 59.6%~97%，钾肥基肥占总钾的 55.2%~96.4%；从年际变化看，2008 年以来，氮肥基肥投入量增加，由 2008 年的 30.3% 增加至 2017 年的 42.7%，磷肥基肥投入量增加，由 2008 年的 59.6% 增加至 2017 年的 75.5%，钾肥基肥投入量增加，由 2008 年的 61.3% 增加至 2017 年的 79.4%。施肥投入逐步集中到偏基肥上来，追肥所占养分比重逐年减少。

表 10-11　玉米氮磷钾的基追肥分配比例（千克/亩、%）

年份	基　肥						追　肥					
	N		P_2O_5		K_2O		N		P_2O_5		K_2O	
	数量	比例	数量	比例	数量	比例	数量	比例	数量	比例	数量	比例
2008	4.7	30.3	2.8	59.6	1.9	61.3	10.8	69.7	1.9	40.4	1.2	38.7
2009	5.9	31.6	2.9	60.4	2.2	64.7	12.8	68.4	1.9	39.6	1.2	35.3
2010	4.7	29.7	3.7	63.8	2.5	64.1	11.1	70.3	2.1	36.2	1.4	35.9
2011	4.6	28.1	3.1	64.6	1.9	61.3	11.8	71.9	1.7	35.4	1.2	38.7
2012	4.9	33.1	3.7	68.5	2.4	61.5	9.9	66.9	1.7	31.5	1.5	38.5
2013	4.7	34.1	2.7	75	2.7	96.4	9.1	65.9	0.9	25.0	0.1	3.6
2014	3.8	25.9	3.4	72.3	1.6	55.2	10.9	74.1	1.3	27.7	1.3	44.8
2015	4.9	30.8	3.9	79.6	2.3	69.7	11	69.2	1	20.4	1	30.3
2016	5.2	37.6	3.9	79.6	2.3	71.9	8.8	62.4	1	20.4	0.9	28.1
2017	6.1	42.7	3.7	75.5	2.7	79.4	8.2	57.3	1.2	24.5	0.7	20.6

（三）农户施料品种选用情况

在实际生产中，有些农户追肥 2 次甚至更多，因此在分析肥料品种使用时，使用了同一种肥料（同一种格式的配方肥）追肥 2 次或者 2 次以上的，则该品种肥料施用只记作 1 次。根据表 10-12，从基肥来看，以复合肥和有机肥比例最大，从 2008 年至 2017 年，两种肥料呈现此增彼减的状态，复合肥由 2008 年的 56.4% 增加到 2017 年的 69.2%，有机肥由 2008 年的 71.8% 降低到 2017 年的 41.1%，尿素、碳酸氢铵、磷肥等单质氮肥总体呈现减少趋势。从追肥来看，追肥以尿素比例最大，且呈增加趋势，由 2008 年的 56.4% 增加到 2017 年的 76.9%，其次是有机肥和复合肥，其中有机肥的占比由 2008 年的 59% 降低到 2017 年 35.9%，复合肥由 2008 年的 30.8% 大体增加到 2017 年的 35.9%，碳酸氢铵降幅较大，由 2008 年的 46.2% 降低到 2017 年 5.1%，单质磷肥占比总体上均下降，单质磷肥在追肥中逐渐弃用。十年来，农户施肥选择的肥料品种逐渐单一，以尿素和复合肥占大部，有机肥下降。可以看出，在玉米种植上逐渐形成以施用尿素、复合肥和有机肥的肥料施用结构。

表 10-12　使用不同肥料品种的农户数比例（%）

年份	基　肥					追　肥				
	尿素	碳酸氢铵	磷肥	复合肥	有机肥	尿素	碳酸氢铵	磷肥	复合肥	有机肥
2008	23.1	12.8	20.5	56.4	71.8	56.4	46.2	15.4	30.8	59
2009	10.5	5.3	18.4	57.9	68.4	60.5	34.2	23.7	28.9	52.6
2010	17.6	9.8	21.6	54.9	64.7	52.9	37.3	19.6	29.4	54.9
2011	13.8	8.6	17.2	51.7	65.5	58.6	29.3	3.4	25.9	56.9
2012	11.1	6.7	15.6	53.3	71.1	48.9	28.9	6.7	31.1	44.4
2013	4.5	9.1	13.6	54.5	63.6	36.4	40.9	18.2	13.6	40.9

（续）

年份	基 肥					追 肥				
	尿素	碳酸氢铵	磷肥	复合肥	有机肥	尿素	碳酸氢铵	磷肥	复合肥	有机肥
2014	17.1	2.1	21.3	46.8	46.8	61.7	21.3	4.3	27.7	46.8
2015	12.5	6.2	16.7	54.2	39.6	79.2	6.3	4.2	41.7	33.3
2016	4.5	4.5	13.6	63.6	38.6	81.8	4.5	2.3	34.1	36.4
2017	12.8	5.1	10.3	69.2	41.1	76.9	5.1	0	35.9	35.9

注：磷肥包括过磷酸钙、钙镁磷肥等。

复合肥成分最复杂（表 10-13），养分含量从 25％（15-5-5、12-5-6、12-5-7）到 50％（26-12-12）之间。养分含量 40％（22-8-10、20-10-10、20-12-8、24-8-8）的复合肥占总复合肥使用量最大，从 2008 年的 42.7％上升到 2017 年的 58％，其中 24-8-8 复合肥在 2013 年以后逐渐弃用；养分含量 25％（15-5-5、12-5-6、12-5-7）的复合肥施用量逐年减少；养分含量 45％（15-15-15）的高浓度复合肥施用量大幅度下降，由 2008 年的 38.7％降低到 2017年的 13.1％。

表 10-13　农民购买前 9 位复合肥料配方情况（％）

年份	26-12-12	15-15-15	22-8-10	20-12-8	19-13-8	15-5-5	24-8-8	20-10-10	20-15-5
2008	0	38.7	7.1	11.9	0	12.1	16.6	7.1	0
2009	0	26.3	7.8	10.5	7.9	15.8	15.7	10.1	0
2010	6.9	27.9	9.3	13.9	6.9	11.6	11.6	4.6	0
2011	10.2	24.5	12.2	10.2	8.1	10.2	10.2	6.1	0
2012	8.5	21.3	12.8	12.7	8.5	8.5	14.8	8.5	0
2013	0	35.3	11.7	23.5	5.6	5.8	0	11.8	0
2014	10	22.5	5	12.5	7.5	7.5	0	7.5	0
2015	11.4	13.6	18.1	18.1	6.8	11.3	4.5	11.3	0
2016	15.9	13.6	18.1	11.4	0	6.8	0	11.3	9.1
2017	0	13.1	21.1	21.1	0	7.9	0	15.8	10.1

（四）农户玉米施肥评价

相对于水稻而言，农户种植玉米施用有机肥多用粪水，且用量较多，养分比例很不确定，因此本研究在确定合理施肥量时只考虑化学投入。养分投入分级的方法和原则是在已有试验研究和调查结果的基础上制定标准值（王小英，2013），标准值上下浮动 20％ 范围为"合理"，小于标准 50％ 为"很低"，大于标准 50％ 为"很高"，"合理"与"很低"之间为"偏低"，"合理"与"很高"之间为"偏高"。梁涛研究表明，在渝西地区玉米最佳施用氮（N）、磷（P_2O_5）、钾（K_2O）肥的推荐施用量分别为 13.2、5.6 和 5.3 千克/亩。吴良泉等研究表明，西南四川盆地地区玉米最佳施用氮（N）、磷（P_2O_5）、钾（K_2O）肥的推荐施用量分别为 12、5.3 和 4 千克/亩。对江津区 2008—2017 年十年间调查农户化肥施肥量总体进行分级评价如下：

1. 施氮量 在合理范围所占的比例在 18.4%～38.5%之间波动（表 10-14），偏少的占比较少，氮施肥量明显偏高，集中在 15.1～18.9 千克/亩的农户比例在 9.1%～31.1%，高于 18.9 千克/亩的农户比例高达 13.6%～39.5%。从年际变化上看，施氮量在合理范围所占的比例十年来大体呈增长趋势，2017 年氮肥施用量合理的比例最高，达到 38.5%，同时很高量大体上呈下降趋势，由 2009 年最高的 39.5%下降到 2017 年的 15.4%。

表 10-14　江津区玉米化学氮肥（N）施用评价

年份	不同施氮量下农户比例（%）					
	0千克/亩 不施	<6.3千克/亩 （很低）	6.3～10.1 千克/亩 （偏低）	10.1～15.1 千克/亩 （合理）	15.1～18.9 千克/亩 （偏高）	>18.9千克/亩 （很高）
2008	0	2.6	17.9	28.3	25.6	25.6
2009	0	5.3	10.5	18.4	26.3	39.5
2010	0	1.9	17.6	27.6	23.5	29.4
2011	0	3.4	20.7	24.2	18.9	32.8
2012	0	6.7	22.2	31.1	17.8	22.2
2013	0	23	22.7	22.5	9.1	22.7
2014	0	4.3	23.4	36.1	14.9	21.3
2015	0	2.1	18.8	23.8	31.3	24
2016	0	11.4	18.2	31.8	25	13.6
2017	0	5.1	17.9	38.5	23.1	15.4

2. 施磷量 在合理范围所占比例在 13.2%～33.4%之间波动（表 10-15），不施磷肥的农户所占比例在 1.9%～31.8%之间，但是高量所占比例达 9.2%～25.2%，磷肥施肥随意性较大。从年际变化上看，合理范围大体增高，偏低范围大体减少。

表 10-15　江津区玉米化学磷肥（P_2O_5）施用评价

年份	不同施磷量下农户比例（%）					
	0千克/亩 不施	<2.8千克/亩 （很低）	2.8～4.4 千克/亩 （偏低）	4.4～6.6 千克/亩 （合理）	6.6～8.3 千克/亩 （偏高）	>8.3千克/亩 （很高）
2008	5.1	23.1	33.3	17.9	2.6	18
2009	5.3	28.9	23.6	13.2	5.3	23.7
2010	1.9	13.8	25.5	29.4	3.9	25.5
2011	5.2	25.9	20.1	25.9	6.9	15.5
2012	2.2	13.4	22.2	33.3	8.9	20
2013	31.8	9.1	13.6	36.3	—	9.2
2014	12.8	12.7	23.4	25.5	12.8	12.8

（续）

年份	不同施磷量下农户比例（%）					
	0千克/亩 不施	<2.8千克/亩 （很低）	2.8～4.4 千克/亩 （偏低）	4.4～6.6 千克/亩 （合理）	6.6～8.3 千克/亩 （偏高）	>8.3千克/亩 （很高）
2015	12.5	20.8	18.8	35.4	4.2	8.3
2016	4.5	22.8	15.9	34.1	6.8	15.9
2017	10.3	17.9	12.8	33.4	12.8	12.8

3. 施钾量　在合理范围所占比例在 15.6%～36.4% 之间波动（表 10-16），不施钾肥的农户所占比例在 5.2%～36.4% 之间，偏高量较少；合理范围所占的比例从 2008 年的 23.1% 提升到 2017 年的 31.6%，偏低量从 2008 年的 41.1% 降至 2017 年的 15.4%，钾肥施用逐渐趋于合理，但是钾肥仍然不足，可以看出钾肥不足的现象很普遍。

表 10-16　江津区玉米化学钾肥（K_2O）施用评价

年份	不同施钾量下农户比例（%）					
	0千克/亩 不施	<2.3千克/亩 （很低）	2.3～3.7 千克/亩 （偏低）	3.7～5.5 千克/亩 （合理）	5.5～6.9 千克/亩 （偏高）	>6.9千克/亩 （很高）
2008	10.2	15.3	41.1	23.1	7.7	2.6
2009	5.2	13.2	50	21.1	5.2	5.3
2010	11.8	7.8	37.3	17.6	13.7	11.8
2011	17.2	15.5	32.8	22.4	6.9	5.2
2012	13.3	11.1	28.9	15.6	17.8	13.3
2013	36.4	9.1	9.1	31.8	4.5	9.1
2014	25.5	10.6	27.7	23.4	8.5	4.3
2015	20.8	10.4	27.1	33.3	4.2	4.2
2016	13.6	22.7	20.5	36.4	2.3	4.5
2017	17.2	20.5	15.4	31.6	5.1	10.2

二、讨论

（一）施肥与产量渐趋稳定，但需优化施肥技术

配方肥是以测土和科学配方为基础，具有针对性强和肥料利用率高的特点，是测土配方施肥技术成果的集中体现和物化载体。从 2006 开始实施测土配方施肥项目后，玉米施肥总量总体上呈现递减趋势，说明肥料施用结构随着测土配方施肥项目的推广，氮、磷、钾肥料的投入变得更加科学合理，肥料偏生产力逐步提高，单位肥料施用量的产出不断提高。随着 2015 年化肥零增长项目的实施，2015—2017 年化肥施肥总量在 22.2～23.2 千克/亩波动，平均产量在 508～517 千克/亩之间，化肥施用和产量处于一个稳定状态，肥料以尿素和复合肥为主。当前农村劳动力缺乏，应向轻简化种植方向发展，依托测土配方施肥项目，开发适合不同地区的专用配方复合肥，减少施肥次数和种类，优化施肥技术。

（二）氮肥对玉米生长的影响

玉米是一种高产作物，需要养分较高，需氮量较大。本调查结果表明，2008—2017 年江津玉米生产中单位面积总养分投入量在 20.3～26.9 千克/亩 之间。刘明强等研究，每 100 千克玉米籽粒氮素需要为 2.3 千克，在江津区目前的产量水平下，农业生产中可减氮10%～33.2%。减少氮肥用量后，由目前玉米总养分投入的氮磷比 1：0.24～0.35 变为 1：0.39～0.43，氮钾比由 1：0.18～0.26 变为 1：0.27～0.31，与吴良泉等研究的西南地区玉米生产需要的氮磷钾最佳配比 1：0.41：0.29 相接近。因此在以后的施肥中，最应该降低氮肥用量，以达到氮磷钾均衡。平衡施用化肥对提高玉米产量和效益有重要作用，从表 10-10 可以看出，氮肥施用与化肥总量施用变化大致呈同一性，减少氮肥用量，对化肥减量可以起到关键性作用。

（三）玉米生长期间养分运筹

合理调整氮磷钾施用量和施用比例，是获得粮食作物高产、优质的重要因素。已有研究表明，西南区域玉米全部磷钾肥和适当比例的一部分氮肥作为基肥，对于玉米高产具有促进作用，氮肥适宜的基追比为 5（6）：5（4）。调查数据显示，2008 年以来，农户更加注重氮肥的后期投入，氮肥的基追比大体由 3：7 演变为 4：6，磷肥的基追比大体由 6：4 演变为 7：3，钾肥的基追比大体由 6：4 演变为 8：2，磷钾养分前移。玉米对养分吸收的总趋势是：苗期吸收量少，拔节后逐渐增加，灌浆前出现高峰，以后又逐渐减少。因此，在玉米施肥上应根据玉米吸肥"小头大尾"的特点，特别是后期需肥大的特点，有针对性的进行追肥，才能防止玉米脱肥影响产量。

（四）农户盲目施肥、过量施肥和施肥不足现象同时存在

农户盲目施肥、过量施肥和施肥不足现象同时存在。调查结果表明，同一年度养分资源投入差别较大，以户为单位对化肥用量进行分析发现，不同农户间养分投入差别很大，化肥用量最高与最低之间甚至相差几十倍。合理施用氮、磷、钾肥的农户比例较低，从 2008 年至 2017 年十年中，氮、磷、钾合理施用比例最大的仅为 36.1%、36.3% 和 36.4%；施氮量超过的农户比例从 2008 年的 51.2% 降低到 2017 年的 38.6%。谭德文等研究提出，玉米生产中，施用钾肥比不施用钾肥产量高 15% 左右，而本文的调查数据显示江津区玉米钾肥施用量很低，2008—2017 年农户未达到钾肥施用适量水平的比例在 53.1%～66.6%。氮肥施用过多依然存在，磷、钾肥少施则较普遍。彭利欣等在高产田中对玉米施肥的研究表明，在不减少产量的前提下，增加磷、钾肥基施量，减少氮肥追施量的优化施肥，要比习惯施肥节肥约 40%，氮肥利用率提高程度最高达 44.3%，所以要重视磷、钾肥基肥的投入。

第四节　结论与未来发展建议

一、结论

①测土配方项目实施以来，总体来看，江津区主要粮食作物施肥朝着良性方向发展，肥

料偏生产力逐步提高，水稻、玉米两种主要作物在施肥总量上趋于合理。

水稻肥料投入量呈先增加后递减趋势，2012 年养分投入量达到顶峰 23.0 千克/亩，2013 年以后，肥料投入总量稳中有落，2017 年降至 17.6 千克/亩，其中，2017 年纯氮（N）、纯磷（P_2O_5）、纯钾（K_2O）的投入量分别为 9.0、3.6、3.8 千克/亩，比肥料用量最高的 2012 年减少了 20.1%、29.4% 和 13.9%，肥料总用量年平均递减约 5%，2017 年每千克肥料平均生产水稻 32.1 千克，比 2008 年增加 4.5 千克，肥料偏生产力提高。玉米化肥投入量在 2009 年至 2012 年之间总量最高，在 24.2～26.9 千克/亩波动，2017 年降至 22.6 千克/亩，肥料偏生产力由 2008 年的 20.8 千克/千克提升到 2017 年的 23.2 千克/千克，江津地区主要粮食作物肥料施用量 2015 年以来趋于稳定。

②农户习惯施肥种类发生显著变化，单质肥料逐渐减少，有机肥施用比例大幅减少，碳酸氢铵、过磷酸钙、氯化钾等单质肥料逐渐弃用，形成以尿素和复合肥为主的肥料结构。

从 2008 年到 2017 年以来，有机肥施用量大幅减少，是肥料变化的一个显著特征，同时也有秸秆还田逐年推广的原因，仅就有机肥而言，水稻有机肥施用量占肥料总养分量由 2008 年的 19.8% 降至 2017 年的 7.3%，玉米有机肥施用量由 2008 年的 1 755.6 千克/亩减少到 2017 年的 1 072.2 千克/亩，降幅达 39%。对于化肥而言，水稻基肥以复合肥、尿素、有机肥为主，其中，复合肥比例最大，由 2008 年的 83.3% 增长到 2017 年的 97.6%，而施用碳酸氢铵、过磷酸钙、氯化钾的比例历年来共计在 15% 以下，且 2015 年以来，三者肥料在基肥中被弃用；追肥时，同样以尿素和复合肥为主。玉米施肥从基肥来看，从 2008 年至 2017 年，复合肥由 2008 年的 56.4% 增加到 2017 年的 69.2%，有机肥由 2008 年的 71.8% 降低到 2017 年的 41.1%，尿素、碳酸氢铵、过磷酸钙等单质肥料总体呈现减少趋势。从追肥来看，追肥以尿素比例最大，且呈增加趋势，由 2008 年的 56.4% 增加到 2017 年的 76.9%，其次是复合肥，由 2008 年的 30.8% 增加到 2017 年的 35.9%，选用碳酸氢铵、过磷酸钙等单质肥料的农户逐渐减少，由 2008 年占追肥的 61.6% 减少到 2017 年的 5.1%，其中过磷酸钙等单质磷肥在 2015 年后逐渐弃用，尿素逐渐代替碳酸氢铵，也是显著的变化。对于复合肥而言，两种作物中，高浓度复合肥（15-15-15、16-16-16、17-17-17）施用量大幅度下降，复合肥（22-8-10、20-10-10）使用量逐渐增加。今后在农作物施肥中要增加有机肥的投入，同时适度配施碳酸氢铵和过磷酸钙，引导农民施用与作物生长匹配的复合肥，降低复合肥的施用量，节省种植成本。

③农户肥料运筹总体趋于合理。氮磷钾比例更加优化，氮肥偏多，磷、钾肥不足的状况得到改善，但基追比例还有待进一步调整。

2017 年水稻施肥氮磷钾平均比例为 1∶0.41∶0.44，更接近于江津地区水稻施肥推荐氮钾合适比例 1∶0.5∶0.6，玉米也由 2008 年的 1∶0.30∶0.19，演变为 2017 年的 1∶0.34∶0.23，磷、钾肥比例提高。但氮、磷、钾肥料的投入时期还有待进一步调整。2008—2017年农户水稻施肥更加注重氮肥的前期投入，氮肥的基追比大体由 6∶4 演变为 7∶3，磷、钾肥投入后移，特别是钾肥，农户更注重追施钾肥，水稻基追比例相对合理一些；玉米施肥，氮肥施肥量逐渐前移，氮肥的基追比大体由 3∶7 演变为 4∶6，磷、钾肥投入也逐渐前移，但玉米是需肥量较大的作物，钾肥的前移，不符合玉米生长需肥规律，需要调整。

④农户习惯施肥的合理比例大体逐步提高，水稻、玉米两种作物合理施氮、磷比例大体

增长，但是钾肥偏少的现象仍未得到改观，盲目施肥现象仍然存在。

2008—2017 年水稻施用钾肥偏少的农户在 47.1%～67.8%之间，玉米施用钾肥偏少的农户在 53.1%～68.4%之间；氮肥过量是长期以来存在的较大问题，尤其是玉米施肥，达到 38.6%～51.2%，水稻施氮过量的比例相对玉米较少，但是仍有 21.9%～48.5%。如果氮肥投入过高的农户将氮肥投入量降低到合理水平，将会对化肥减量增效起到关键作用。综合分析，十年来农户施肥结构和科学施肥水平有了较大提高，但是农户盲目施肥、过量施肥和施肥不足现象同时存在，具体表现为氮肥投入较多、磷肥轻微不足、钾肥严重亏缺，且各作物内部养分结构也不合理。根据前人研究，同时根据调查，无论水稻还是玉米，同一年度养分资源投入差别较大，不同农户间养分投入差别很大，化肥用量最高与最低之间甚至相差几十倍，施肥盲目现象仍然存在。

⑤水稻、玉米均存在磷、钾肥施用不足的问题；水稻不存在化肥减量，玉米可以减施氮肥。

2015 年以后，水稻肥料投入总量维持在 17～18.6 千克/亩之间，平均产量在 564～573 千克/亩之间，玉米的化肥施用总量在 22.2～23.2 千克/亩波动，平均产量在 508～517 千克/亩之间。鉴于近 3 年来水稻玉米两种作物施肥量和产量趋于稳定，江津区水稻氮、磷、钾肥施用量为 9.5、3.9、4.3 千克/亩，相比推荐氮、磷、钾肥施用量 9.4、4.8、5.2 千克/亩，目前江津区水稻施磷、钾肥欠缺，磷、钾肥施用量不足达 18.7%、17.3%，因此在水稻上不具备化肥减量。玉米氮、磷、钾肥施用量为 14.7、4.9、3.3 千克/亩，相比推荐氮、磷、钾肥施用量 13.2、5.6 和 5.3 千克/亩，目前江津区玉米施氮肥过量，磷肥相对合理，略偏低，钾肥明显不足，氮肥可以减量 10.2%，磷、钾肥施用量不足达 12.5%、37.7%，因此，水稻、玉米均存在磷、钾肥不足的问题，玉米可以减少氮肥 10.2%。

总之，测土配方实施十余年，江津区粮食作物测土配方施肥技术取得了显著成效，但盲目施肥现象仍然存在，测土配方施肥依然面临严峻挑战。目前测土配方施肥技术的发展仍处于初级阶段，未来还有很艰巨的路要走，要实现粮食稳产、增产，同时还需要减少肥料投入，这是当前的重大难题，既需要农业科技工作者的攻坚克难和相互配合，也需要农技推广和相关企业的通力合作，更需要政府强有力的举措才有可能。

二、未来发展建议

2015 年，农业部出台了《化肥零增长行动方案》，提出到 2020 年实现化肥用量增长为零，正式拉开了我国化肥施用转型的大幕。江津区 2014 年化肥总用量为 51 221 吨，达到最高峰，从 2015 年开始，全区化肥使用量开始下降，2015 年下降到 50 557 吨，到 2017 年，已下降至不足 5 万吨，为 49 731 吨，提前实现了化肥零增长目标。但化肥使用量仍然较大。以耕地面积计算，2017 年使用量为 29.39 千克/亩；以农作物种植面积计算，使用量为 21.10 千克/亩。与国际上公认的化肥使用量安全上限 15 千克/亩的标准相比，几乎接近 2 倍（按耕地面积计算），从长远来看仍有较大的减量空间。若以江津两大主要粮食作物水稻和玉米施肥量与日本和美国相比，水稻，日本为 13.27 千克/亩（2015 年数据），玉米，美国为 18.2 千克/亩（2015 年数据）；江津目前水稻为 17～18.6 千克/亩，玉米为 22.2～23.2

千克/亩，也有一定的降幅空间。这项工作可分 3 步走，第一步做到化肥减量不减产，第二步做到减量增效，第三步实现化肥施用和农业的可持续发展。为此提出如下的技术路径、工作措施和政策建议：

（一）技术路径建议

2015 年农业部等多个部门联合发布的《全国农业可持续发展规划》（2015—2030 年），对我国农业转型提出的具体目标和指标：到 2020 年和 2030 年全国耕地基础地力提升 0.5 个等级和一个等级以上。基础地力的提升需要肥料施用技术优化配合，尤其需要有机肥和无机肥的配合，其中秸秆还田和有机肥的施用是关键点和难点，而化肥的均衡施用是基本的保障。在过去十年的测土配方施肥中，我们过多地重视了化肥的配方化，而忽视了在测土配方施肥中有机肥与化肥统筹运用；在施肥方式上，又以人工施肥为主，化肥撒施、表施普遍，化肥损失严重。为此，从近期和长远的角度，提出"两调一降"的技术路径：

1. 两调 所谓"两调"，即调整肥料的施用结构比例和调整化肥与有机肥的施用结构比例。一是调整肥料的施用结构比例。在江津，水稻和玉米是江津的两大主要粮食作物，播种面积占粮食作物的 66%，把这两大作物的配肥抓好了，测土配方施肥就实现了一大半。从江津区水稻、玉米农户施肥长期定点调查来看，目前水稻、玉米均存在施用磷、钾肥不足的问题，玉米可以减氮肥 10.2%。因此，在施肥上应补充磷、钾肥，调减玉米氮肥，调整氮、磷、钾施用比例，以实现水稻、玉米的优化施肥，提高肥料利用率，这是近期需要加大力度做到的工作。二是调整化肥与有机肥的结构比例。从江津区水稻、玉米农户施肥长期定点调查来看，水稻有机肥施用量占肥料总养分量由 2008 年的 19.8% 降至 2017 年的 7.3%；玉米有机肥施用量由 2008 年的 1 755.6 千克/亩减少到 2017 年的 1 072.2 千克/亩，降幅达 39%。因此需要调整化肥与有机肥的施用结构，实施有机肥替代部分化肥技术，这是一项长远的事业。其技术路径上总体一个字"替"，具体办法上的三条：即"还、替、种"。

（1）还 即实施秸秆还田替换一部分化肥。目前西方国家普遍实现了化肥投入与作物地上部养分带走量一致，实现这一目标的首要路径是秸秆还田。按照这一标准，到 2020 年，我们的秸秆还田达到 60%，目前西方国家已达到 75% 以上。江津区水稻秸秆一部分实现了还田，但玉米秸秆还田率还较低。因此，要继续加大力度，实现这一目标。

（2）替 即用有机肥替换一部分化肥。重点是开展畜禽粪便的综合利用来替，更好的方式是通过种养结合来替，实现种养循环发展，以降低成本。到 2030 年，要使畜禽粪便的还田率达到 80% 以上。当然也可用商品有机肥来替代，虽然成本相对高，但有利于农业的可持续发展。

（3）种 即种植绿肥还田替换一部分化肥。充分利用全区的冬闲田（土）种植紫云英、油菜青、胡豆青等，通过压青和堆沤还田。这项工作难度较大，但从农业可持续发展上看，是必须抓好，且应长期坚持的工作。

2. 一降 即降低化肥损失率。一是通过肥料的深施技术，比如推广水稻机械化侧深施肥技术等，减少化肥的挥发；二是研发和推广新型肥料，比如缓（控）释肥料等，进一步提高肥料的利用率等。

（二）工作措施建议

测土配方施肥是一项系统工程，有很长的路要走，不要急于求成，要按照近、中、远的思路，用系统思维考虑，一步一步地扎实推进。为此提出如下建议：

1. 基础服务系统化 "测土配方"是测土配方施肥的核心，也是基础。在过去工作的基础上，应进一步完善以下工作，为测土配方施肥的开展提供依据。

（1）完善农户施肥长期定点调查 开展此项工作的目的是分析全区粮食作物肥料用量动态变化和发展趋势，促进肥料科学施用，并为政府提供决策支持。主要工作：一是要根据主要的粮食作物和耕作制度，增加调查点数；二是要根据耕地质量等级水平增加调查点数；三是每隔3年要对土壤、作物进行一次检测；四是要完善调查数据。

（2）开展有机肥资源调查 20世纪90年代开展过有机肥资源及品质调查，随着城镇化的快速推进，农村有机肥资源已发生了较大变化，农民对有机肥的施用热情已不如当年，要实现化肥减量，提高耕地地力，实行针对性的开发利用是当前工作的重中之重。但必须把有机肥的资源状况等情况弄清楚，才有可能为有机肥的开发利用提供决策支撑。

（3）完善耕地质量监测点 耕地质量监测是一项基础性、长期性的工作，目的是通过长期定点监测，了解耕地地力变化情况，为耕地培肥和测土配方施肥开展提供支撑。目前江津区已在平坝丘陵区建立了主要粮食作物和耕作制度的监测点，但深丘区和南部山区还没有，应予以补齐。

（4）建立主要粮食作物施肥长期定位试验点 粮食作物施肥长期定位试验是弄清肥料效应、肥料利用率和配方校正的基础。这是一项长期的基础性工作，要根据江津的主要粮食作物和耕作制度，建立长期定位试验点。做好这项工作，才能使测土配方施肥和化肥减量增效行动走得更实、更深、更远。

（5）开展耕地质量评价 开展耕地质量等级评价是实施土壤改良、地力培肥和治理修复的基础，更是开展测土配方施肥、"精准"调控肥料的依据。要按照农业部的要求，根据《国家耕地质量等级标准》，每年定点采取土样进行检测，并结合高标准农田建设、水利设施建设、土壤培肥状况等，进行耕地质量评价，并发布耕地质量等级信息，为测土配方施肥提供指导服务。

（6）继续开展有关试验 一是继续开展主要粮食作物的配方完善和肥料运筹试验；二是开展主要粮食作物中微量元素校正试验；三是开展耕地地力等级评价后的肥效试验；四是开展肥料利用率试验；五是开展主要粮食作物化肥减量施肥试验；六是开展秸秆还田、商品有机肥施用和绿肥种植后化肥减量试验；七是开展肥料的机械深施试验；八是开展新品种肥料的试验等。通过这些试验，为测土施肥配方和配方肥的优化及有机肥替代化肥等提供技术依据。

2. 推广服务社会化 配方肥的"生产、供应、施肥指导"是实施测土配方施肥的最后"一公里"，这项工作更多的要通过企业与社会化服务机构来完成。但农业技术部门必须起好牵头作用，形成"农企合作，联合服务"的机制。主要要开展的工作：

（1）确定一批测土配方施肥合作企业和有机肥生产合作企业 农业部门往往偏重于"测、配、施"环节，而对"产、供"环节比较薄弱，造成技术服务与肥料的生产供应严重脱节，大大降低了测土配方施肥的到位率。因此应进一步完善农企合作机制，完善《江津区测土配方施肥配方肥合作企业认定与管理办法》，进一步增选合作企业，达到联合服务的目的。

（2）发布配方肥配方和施肥技术指导意见　区域配肥是以复混肥（或 BB 肥）为载体，配方肥的生产应综合考虑原料的种类和工艺参数的优化控制。因此农业部门应与各个合作企业联合，共同商讨，结合各个合作企业原料的种类和生产工艺，进一步优化配方，并由农业部门定期向社会发布。同时农业技术推广部门要根据各个合作企业配方肥配方，按照作物需肥特点，制定施肥技术指导意见，以便指导农户和各个新型经营主体实施测土配方施肥。

（3）共建连锁服务站　基层（包括镇、村）肥料经销点是联系广大农民的纽带，也是测土配方施肥技术传播的主要途径。目前一些门店店面破败、脏乱差、满是广告宣传，不仅不能传播技术和知识，还大大降低了经营者在农民心中的公信力。为此农业部门与合作企业应联合，统一打造 VI（视觉设计）店面（或农资超市），从而形成形象鲜明的店面品牌效应。同时将宣传材料更换为技术资料，更能提高农民的亲和力。

（4）共同开展培训指导　区域配方肥有很强的针对性和技术操作性，针对特定作物、特定区域，若施用不当，不仅不能发挥配方肥的肥效，还会适得其反。因此区域配方肥要求有健全的施肥技术指导和售后服务。农业技术部门应与企业联合，通过广播、电视、报刊、明白纸、现场会等形式，对测土配方施肥进行广泛宣传，提高广大农民的测土配方施肥意识，普及科学施肥知识。同时深入村、社，通过院坝会面对面开展培训，让农民在家门口接受测土配方施肥技术培训，从而转变农户传统施肥观念，提高农户科学施肥认知。

（5）共同开展示范和展示　当前由于城镇化，大多数农村年轻农民外出打工，农业呈现"老人化"。这些人对科学施肥的认知度比较低，农业技术部门和企业应更多地通过建立示范户、示范片，通过召开现场会，现场交给农民测土配方施肥技术。比如针对化肥减量工作，要积极宣传，让农户清醒认识减量增效背景下化肥的作用。化肥减量增效并非是不科学的大量减施化肥甚至不施化肥，而是减少不合理的化肥用量，确保产量不减、品质提升、效益增加，对于某些区域、某些作物还要增施肥料才能稳产增效，必须科学理性，实事求是看待化肥的作用。通过展示有机肥替代化肥施肥示范片，让农户认识到在替代的情况下仍然能够稳产、高产，农产品品质得到提高。

3. 技术服务配套化、信息化　测土配方施肥技术、化肥减量增效技术是一项要与土壤、种植制度、气候条件、生产条件等实际情况紧密结合的技术体系，要做到这一点必须结合作物的种植技术，向农民提供包括施肥技术在内的综合生产技术体系。因此向农民提供的不仅是施肥配方方案，还应包括田间管理和病虫害防控等方案，以发挥节肥增产的综合效应。这些工作应由农业技术部门牵头来做。

随着信息技术的发展和普及，科学施肥技术信息化是未来发展的必然选择。比如测土施肥配方通过建立基于移动端的信息查询和交互系统，就可大大降低技术扩散的成本，提高服务的针对性等。所以农业技术部门应牵头做好测土配方施肥信息管理系统和专家咨询系统的建设，推进技术的信息化，并为下一步智慧农业的发展奠定基础。

（三）政策建议

当前农村农业生产，化肥使用越来越多，有机肥施用量越来越少，这是一个不争的事实。按照日本农业经济学家速水佑次郎和美国农业经济学家弗农·拉坦提出的诱致性创新理论，该理论认为：在市场经济条件下，由于价格机制的作用，农民总是会选择那些充裕的资源来替代相对稀缺的资源，因此农业技术的进步总是朝着资源丰裕的方向进行，总是用丰裕的资源替代稀缺资源，化肥的使用就是遵循这一理论。由于有机肥养分含量低，施用量大，施用成本高，效益低；化肥养分含量高，施用量少，施用成本相对较低，效益高，农民当然会选择化肥。但从长远来看，如果化肥使用量过多，不利于农业的绿色发展和可持续发展。那么有没有办法让农民适当减少化肥的使用，来增加有机肥的使用。最好的办法是通过政府补贴，降低有机肥的使用成本，激励农民减化肥，增施有机肥。因此建议政府出台秸秆还田、增施有机肥和种植绿肥的补贴政策。通过政策激励机制，对农户施用有机肥起到促进作用。

参考文献

白由路，金继运，杨莉苹，等. 2001. 基于 GIS 的土壤养分分区管理模型研究 [J]. 中国农业科学，34 (1)：1-4.

白由路，金继运，杨莉苹. 2001b. 不同尺度的土壤养分变异特征与管理 [M] //金继远，白由路. 精准农业与土壤养分管理. 北京：中国大地出版社，51-57.

白由路，杨俐苹. 2006. 我国农业中的测土配方施肥 [J]. 土壤肥料 (2)：3-7.

崔振岭. 2005. 华北平原冬小麦—夏玉米轮作体系优化氮肥管理——从田块到区域尺度 [D]. 北京：中国农业大学.

丁声俊. 2008. 关于国际粮食飙涨的综合分析 [J]. 世界农业，355 (11)：1-5.

杜森. 2008. 美国土壤肥料技术研究与推广 [J]. 世界农业，346 (2)：58-60.

高祥照，胡克林，郭焱. 2002. 土壤养分与作物产量的空间变异特征与精确施肥 [J]. 中国农业科学，35 (6)：660-666.

金耀青，张中原. 1993. 配方施肥方法及其应用 [M]. 沈阳：辽宁科学技术出版社.

黄国弟. 2005. 现在农业提高肥料利用率的途径 [J]. 广西热带农业 (1)：21-22.

黄晓凤. 2008. 国际粮食价格的走势及中国政策选择 [J]. 世界农业，355 (11)：27-29.

黄绍文，金继运，杨俐苹，等. 2003. 县域区域粮田土壤养分空间变异与分区管理技术研究 [J]. 土壤学报，40 (1)：79-88.

邝继双. 2000. 变量施肥智能空间决策支持系统 VRF-ISDSS-地理信息系统 ArcView GIS 在精准农业中的应用 [J]. 河北农业大学学报，23 (3)：91-97.

林葆. 2008. 对肥料含义、分类和应用中几个问题的认识 [J]. 土壤肥料 (3)：1-4.

刘冬梅，李雨. 2008. 农业污染防治的立法思考 [J]. 世界农业，2346 (2)：21-24.

陆景陵，陈伦寿，曹一平. 2007. 科学施肥必读 [M]. 北京：中国林业出版社.

孙义祥. 2007. 县域肥料配方设计中的关键技术研究 [D]. 北京：中国农业大学.

张福锁，马文齐. 2009. 测土配方施肥助粮食增产 [N]. 农民日报，06-04 (1).

张乃凤. 2002. 我国五千年农业生产中营养元素循环总结以及今后指导施肥的途径 [J]. 土壤肥料 (4)：3-5.

张卫峰，马文齐，张福锁，等. 2005. 中国、美国、摩洛哥磷矿资源优势及开发战略比较分析 [J]. 自然资源学报，20 (3)：378-380.

赵立军. 2008. 世界粮食形势最新动态 [J]. 世界农业，352 (8)：1-2.

朱兆良，孙波，杨林章，等. 2005. 我国农业面源污染的控制政策和措施 [J]. 科技导报，23 (4)：47-51.

尤向阳. 2005. 论我国今年部分大型合成氨装置制气改造工程的积极意义 [J]. 大氮肥，28 (1)：1-3.

吴良全，陈新平，石孝均，等. 2013. "大配方、小调整" 区域配肥技术的应用 [J]. 磷肥与复肥，28 (3).

王祖力，肖海峰. 2008. 化肥施用对粮食产量增长的作用分析 [J]. 农业经济问题 (8)：65-68.

张福锁，王激清，张卫峰，等 . 2008. 中国主要粮食作物肥料利用率现状与提高途径 ［J］. 土壤学报（5）：915-924.

张锋，胡浩 . 2011. 中国化肥投入的污染效应及其区域差异分析 ［J］. 湖南农业大学学报（社会科学版），12（06）：33-38.

栾江，仇焕广，井月，等 . 2013. 我国化肥施用量持续增长的原因分解及趋势预测 ［J］. 自然资源学报，28（11）：1869-1878.

农业部种植业管理司，全国农业技术推广服务中心 . 2005. 测土配方施肥技术问答 ［M］. 北京：中国农业出版社 .

沈晓艳，黄贤金，钟太洋 . 2017. 中国测土配方施肥技术应用的环境与经济效应评估 ［J］. 农林经济管理学报，16（02）：177-183.

韩宝吉，石磊，徐芳森，等 . 2012. 湖北省水稻施肥现状分析及评价 ［J］. 湖北农业科学，51（12）：2430-2435.

常艳丽，刘俊梅，李玉会，等 . 2014. 陕西关中平原小麦/玉米轮作体系施肥现状调查与评价 ［J］. 西北农林科技大学学报（自然科学版），42（08）：51-61.

夏海雪，陈雪娇，张旭东，等 . 2018. 六盘山区旱作春玉米养分投入与肥料生产效率 ［J］. 干旱地区农业研究，36（04）：40-45，52.

杨东群，王克军，蒋和平 . 2018. 粮食减产影响我国粮食安全的分析与政策建议 ［J］. 经济学家（12）：71-80.

朱兆良，金继运 . 2013. 保障我国粮食安全的肥料问题 ［J］. 植物营养与肥料学报，19（02）：259-273.

张福锁 . 2017. 科学认识化肥的作用及合理利用 ［J］. 农机科技推广（01）：38-40，43.

钟本和，方为茂，陈彦逍，等 . 2016. 我国化肥工业制造技术现状与未来技术需求 ［J］. 磷肥与复肥，31（08）：7-10.

王晓航，钟帆，孟凡珂 . 2018. 保障我国粮食安全的肥料问题探究 ［J］. 农村经济与科技，29（04）：148-149.

王兴仁，曹一平，赵绍华 . 2009. 中化化肥免费电话咨询答选：有机肥和化肥的施前准备 ［J］. 磷肥与复肥，24（01）：82-84.

林葆，李家康 . 1995. 必须把化肥的开源和节流放在同等重要的位置来对待 ［J］. 北京农业（09）：4-5.

白由路 . 2017. 粮食安全与环境安全的肥料发展双目标 ［J］. 中国农业信息（04）：32-35.

谢杰 . 2007. 中国粮食生产影响因素研究 ［J］. 经济问题探索（09）：36-40.

房丽萍，孟军 . 2013. 化肥施用对中国粮食产量的贡献率分析——基于主成分回归 C-D 生产函数模型的实证研究 ［J］. 中国农学通报，29（17）：156-160.

麻坤，刁钢 . 2018. 化肥对中国粮食产量变化贡献率的研究 ［J］. 植物营养与肥料学报，24（04）：1113-1120.

李家康，林葆，梁国庆，等 . 2001. 对我国化肥使用前景的剖析 ［J］. 磷肥与复肥（02）：1-5.

曾靖，常春华，王雅鹏 . 2010. 基于粮食安全的我国化肥投入研究 ［J］. 农业经济问题，31（05）：66-70，111.

史常亮，朱俊峰 . 2016. 我国粮食生产中化肥投入的经济评价和分析 ［J］. 干旱区资源与环境，30（09）：57-63.

栾江 . 2017. 农业劳动力转移与化肥施用存在要素替代关系吗？——来自我国粮食主要种植省份的经验证据 ［J］. 西部论坛，27（04）：12-21.

张林秀，黄季焜，方乔彬 . 2006. 农民化肥使用水平的经济评价和分析 ［C］//朱兆良，David Norse，孙波 . 中国农业面源污染控制对策 . 北京：中国环境科学出版社 .

史常亮，郭焱，朱俊峰．2016．中国粮食生产中化肥过量施用评价及影响因素研究［J］．农业现代化研究，37（04）：671-679．

潘丹，郭巧苓，孔凡斌．2019．2002—2015年中国主要粮食作物过量施肥程度的空间关联格局分析［J］．中国农业大学学报，24（04）：187-201．

闫湘，金继运，梁鸣早．2017．我国主要粮食作物化肥增产效应与肥料利用效率［J］．土壤，49（06）：1067-1077．

于飞，施卫明．2015．近10年中国大陆主要粮食作物氮肥利用率分析［J］．土壤学报，52（06）：1311-1324．

董作珍，吴良欢，柴婕，等．2015．不同氮磷钾处理对中浙优1号水稻产量、品质、养分吸收利用及经济效益的影响［J］．中国水稻科学，29（04）：399-407．

张德军．2009．利用"3414"试验设计进行水稻测土配方施肥研究［J］．中国土壤与肥料（06）：52-56．

张成玉，肖海峰．2009．我国测土配方施肥技术增收节支效果研究——基于江苏、吉林两省的实证分析［J］．农业技术经济（03）：44-51．

陆文聪，刘聪．2017．化肥污染对粮食作物生产的环境惩罚效应［J］．中国环境科学，37（05）：1988-1994．

司友斌，王慎强，陈怀满．2000．农田氮、磷的流失与水体富营养化［J］．土壤（04）：188-193．

刘钦普．2014．中国化肥投入区域差异及环境风险分析［J］．中国农业科学，47（18）：3596-3605．

张北赢，陈天林，王兵．2010．长期施用化肥对土壤质量的影响［J］．中国农学通报，26（11）：182-187．

张恩平，谭福雷，王月，等．2015．氮磷钾与有机肥配施对番茄产量品质及土壤酶活性的影响［J］．园艺学报，42（10）：2059-2067．

罗佳，刘丽珠，王同，等．2016．有机肥与化肥配施对黄瓜产量及土壤微生物多样性的影响［J］．生态与农村环境学报，32（05）：774-779．

吕美蓉，李忠佩，刘明，等．2011．长期有机无机肥配合施用土壤中添加不同肥料养分后土壤微生物短期变化［J］．生态与农村环境学报，27（04）：69-73．

陆海飞，郑金伟，余喜初，等．2015．长期无机有机肥配施对红壤性水稻土微生物群落多样性及酶活性的影响［J］．植物营养与肥料学报，21（03）：632-643．

罗龙皂，李渝，张文安，等．2013．长期施肥下黄壤旱地玉米产量及肥料利用率的变化特征［J］．应用生态学报，24（10）：2793-2798．

井永苹，李彦，张英鹏，等．2016．不同有机肥用量对土壤硝态氮含量及氮素利用率的影响［J］．山东农业科学，48（12）：95-100．

张小莉，孟琳，王秋君，等．2009．不同有机无机复混肥对水稻产量和氮素利用率的影响［J］．应用生态学报，20（03）：624-630．

王振华，曹国军，耿玉辉，等．2015．不同农业废弃物还田对玉米氮素吸收利用及氮平衡的影响［J］．中国农学通报，31（23）：127-133．

吕杰，王志刚，郜风明，等．2015．循环农业中畜禽粪便资源化利用现状、潜力及对策——以辽中县为例［J］．生态经济，31（04）：107-113．

侯红乾，刘秀梅，刘光荣，等．2011．有机无机肥配施比例对红壤稻田水稻产量和土壤肥力的影响［J］．中国农业科学，44（03）：516-523．

王恒祥，高树文．2018．不同有机肥氮替代化肥氮比例对水稻生产的影响［J］．农业与技术，38（02）：3-4，16．

黄志浩，曹国军，耿玉辉，等．2019．有机肥部分替代氮肥土壤硝态氮动态变化特征及玉米产量效应研究［J］．玉米科学，27（01）：151-158．

李孝良，胡立涛，王泓，等 . 2019. 化肥减量配施有机肥对皖北夏玉米养分吸收及氮素利用效率的影响 [J] . 南京农业大学学报，42（01）：118-123.

孔凡斌，郭巧苓，潘丹 . 2018. 中国粮食作物的过量施肥程度评价及时空分异 [J] . 经济地理，38（10）：201-210，240.

王小英，同延安，刘芬，等 . 2013. 陕西省马铃薯施肥现状评价 [J] . 植物营养与肥料学报，19（02）：471-479.

王小英，刘芬，同延安，等 . 2013. 陕南秦巴山区水稻施肥现状评价 [J] . 应用生态学报，24（11）：3106-3112.

赖波，汤明尧，柴仲平，等 . 2014. 新疆农田化肥施用现状调查与评价 [J] . 干旱区研究，31（06）：1024-1030.

孙浩燕，李小坤，任涛，等 . 2015. 长江中下游水稻生产现状调查分析与展望——以湖北省为例 [J] . 中国稻米，21（03）：24-27.

赵护兵，王朝辉，高亚军，等 . 2016. 陕西省农户小麦施肥调研评价 [J] . 植物营养与肥料学报，22（01）：245-253.

谢贤敏，李志琦，彭清 . 2017. 重庆市江津区农户施肥情况调查与评价 [J] . 南方农业，11（28）：46-49.

李青松，韩燕来，邓素君，等 . 2018. 豫北平原典型小麦—玉米轮作高产区节肥潜力分析 [J] . 麦类作物学报，38（10）：1216-1221.

梁涛 . 2016. 基于土壤地力的施肥推荐研究——以重庆水稻和玉米为例 [D] . 重庆：西南大学 .

姚雄，李经勇，唐永群，等 . 2012. 重庆冬水田地区单季籼稻磷钾高效配施方案研究 [J] . 中国农学通报，28（18）：93-97.

李先，刘强，荣湘民，等 . 2010. 有机肥对水稻产量和品质及氮肥利用率的影响 [J] . 湖南农业大学学报（自然科学版），36（03）：258-262.

梁涛，廖敦秀，陈新平，等 . 2018. 重庆稻田基础地力水平对水稻养分利用效率的影响 [J] . 中国农业科学，51（16）：3106-3116.

李勇，曹红娣，储亚云，等 . 2010. 麦秆还田氮肥运筹对水稻产量及土壤氮素供应的影响 [J] . 土壤，42（04）：569-573.

郑克武，邹江石，吕川根 . 2006. 氮肥和栽插密度对杂交稻"两优培九"产量及氮素吸收利用的影响 [J] . 作物学报（06）：885-893.

王义芳，梅桂芳，丁波，等 . 2017. 氮磷钾不同配比对水稻产量及其性状的影响 [J] . 大麦与谷类科学（04）：46-48.

王伟妮，鲁剑巍，鲁明星，等 . 2011. 湖北省早、中、晚稻施钾增产效应及钾肥利用率研究 [J] . 植物营养与肥料学报，17（05）：1058-1065.

戴平安，郑圣先，李学斌，等 . 2006. 穗肥氮施用比例对两系杂交水稻氮素吸收、籽粒氨基酸含量和产量的影响 [J] . 中国水稻科学（01）：79-83.

吴良泉，武良，崔振岭，等 . 2015. 中国玉米区域氮磷钾肥推荐用量及肥料配方研究 [J] . 土壤学报，52（04）：802-817.

刘明强，宇振荣，刘云慧 . 2005. 基于土壤肥力指标的夏玉米养分吸收和产量关系模型的修正和验证 [J] . 中国农业科学（09）：1834-1840.

邢月华，韩晓日，汪仁，等 . 2009. 平衡施肥对玉米养分吸收、产量及效益的影响 [J] . 中国土壤与肥料（02）：27-29.

鱼欢，杨改河，王之杰 . 2010. 不同施氮量及基追比例对玉米冠层生理性状和产量的影响 [J] . 植物营养与肥料学报，16（02）：266-273.

江荣风，杜森，等.2007.首届全国测土配方施肥技术研讨会论文集［M］.北京：中国农业大学出版社.

江荣风、杜森，等.2007.第二届全国测土配方施肥技术研讨会论文集［M］.北京：中国农业大学出版社.

申建波，张福锁.2006.水稻养分资源综合管理理论［M］.北京：中国农业出版社.

周鑫斌，石孝均，赵秉强.2014.重庆作物专用复混肥料农艺配方［M］.北京：中国农业出版社.

马国瑞，侯勇.2012.肥料使用技术手册［M］.北京：中国农业出版社.

谭金芳，等.2011.作物施肥原理与技术［M］.北京：中国农业大学出版社.

宋志伟，等.2016.粮食作物测土配方与营养套餐施肥技术［M］.北京：中国农业出版社.

张福锁，陈新平，崔振岭，等.2010.主要作物高产高效技术规程［M］.北京：中国农业大学出版社.

张福锁，陈新平，陈清，等.2009.中国主要作物施肥指南［M］.北京：中国农业大学出版社.

张云华.2015.读懂中国农业［M］.上海：上海远东出版社.

江津县志编辑委员会.1995.江津县志［M］.四川：四川科学技术出版社.

蔡国学，等.2015.江津农业土壤［M］.北京：中国农业出版社.

调查农民施肥情况   采取土壤样品

检测化验土样   样品保存

水稻田间肥效试验   玉米田间肥效试验

胡豆田间肥效试验　　　　　　　　　　　甘薯田间肥效试验测产

专家研讨制订配方（一）　　　　　　　　专家研讨制订配方（二）

物化生产配方肥　　　　　　　　　　　　营养套餐配方肥

农资店供应配方肥

给农民运送配方肥

农民领取配方肥

农民施用配方肥

测土配方施肥建议卡上墙　　　　　　　测土配方施肥触摸屏进店

宣传培训到村　　　　　　　　　　　技术培训到田

测土配方施肥秋收活动　　　　　　　测土配方肥施用效果示范

测土配方施肥百亩核心示范片　　　　测土配方施肥大面积示范片

图书在版编目（CIP）数据

江津区测土配方施肥技术研究与推广：基于粮食作物的县域模式 / 蔡国学等主编 . —北京：中国农业出版社，2021.12
ISBN 978-7-109-28010-6

Ⅰ. ①江… Ⅱ. ①蔡… Ⅲ. ①土壤肥力－测定－江津区②施肥－配方－江津区 Ⅳ. ①S158.2②S147.2

中国版本图书馆 CIP 数据核字（2021）第 041249 号

江津区测土配方施肥技术研究与推广：基于粮食作物的县域模式
JIANGJINQU CETU PEIFANG SHIFEI JISHU YANJIU YU TUIGUANG：
JIYU LIANGSHI ZUOWU DE XIANYU MOSHI

中国农业出版社出版
地址：北京市朝阳区麦子店街 18 号楼
邮编：100125
策划编辑：贺志清
责任编辑：王琦瑢　贺志清
版式设计：杜　然　责任校对：吴丽婷
印刷：北京中科印刷有限公司
版次：2021 年 12 月第 1 版
印次：2021 年 12 月北京第 1 次印刷
发行：新华书店北京发行所
开本：787mm×1092mm　1/16
印张：13.75
字数：320 千字
定价：100.00 元